普通高等教育一流本科专业建设成果教材

环境材料概论

马 杰 于 飞 曹江林 主编

U0243384

化学工业出版社
·北京·

内容简介

《环境材料概论》共分为三个部分,第一部分系统综述了环境材料的概况,第二部分详细介绍了不同种类的环境材料,第三部分着重强调了环境材料的绿色设计原理和技术。本书内容翔实、角度新颖,全面系统地介绍了各类环境材料的功能和价值。全书总共分为9章,主体部分多角度总结和分析了吸附材料、过滤材料、絮凝材料、电催化材料、光催化材料、催化湿式氧化材料、环境生物材料的研究现状和发展趋势。

本书可作为高等学校环境、材料、生态及相关专业的教材或教学参考书,也可作为专业工程技术人员的自学教材或参考书,还可供相关专业的科研和技术工作人员参考阅读。本书的可读性很强,所有关心材料开发和应用的人都可能成为其读者。

图书在版编目(CIP)数据

环境材料概论/马杰,于飞,曹江林主编.—北京:化学工业出版社,2023.1(2023.11重印)
普通高等教育一流本科专业建设成果教材
ISBN 978-7-122-40335-3

Ⅰ.①环… Ⅱ.①马…②于…③曹… Ⅲ.①环境科学-材料科学-高等学校-教材 Ⅳ.①TB39

中国版本图书馆CIP数据核字(2021)第239825号

责任编辑:满悦芝 文字编辑:杨振美
责任校对:王 静 装帧设计:张 辉

出版发行:化学工业出版社(北京市东城区青年湖南街13号 邮政编码100011)
印 装:北京印刷集团有限责任公司
787mm×1092mm 1/16 印张13¼ 字数323千字 2023年11月北京第1版第2次印刷

购书咨询:010-64518888 售后服务:010-64518899
网 址:http://www.cip.com.cn
凡购买本书,如有缺损质量问题,本社销售中心负责调换。

定 价:49.80元

前　言

材料是国民经济和社会发展的基础和先导，环境材料的研究目的是在满足人类需要的基础上，开发出能满足环境负荷要求的材料，同时研发材料的加工、制备和再生技术。环境材料的提出不仅符合人类认识自然的规律，也符合材料科学的发展规律。目前环境问题日益突出，材料的生产和使用是控制环境污染的重要环节，协调材料和环境的关系至关重要，获得绿色环保的材料更是迫在眉睫。环境材料概念的提出和环境材料学的发展，使人们更加重视环境材料的开发，有助于获得性能良好、利用率高、无毒无害的新型材料以满足社会需求。环境材料学在材料开发过程中发挥了举足轻重的作用，不仅为环境材料的研发提供理论基础，而且大力提倡高效利用资源和能源，以期实现环境和材料的可持续发展。

本书是同济大学环境工程国家级一流专业建设成果教材，主体分为三个部分，第一部分为环境材料的概述，第二部分介绍了不同种类的环境材料，第三部分旨在强调环境材料的绿色设计原理和技术。本书共分为9章。第1章概述了环境材料的理论基础、研究内容、重要地位以及研究现状和发展趋势；第2章系统介绍了吸附材料的分类、表征等；第3章介绍了过滤材料的种类及特性，主要根据零维、一维、二维、三维进行材料的分类；第4章首先介绍了絮凝的概念及原理，接着概述不同种类的絮凝剂及其特性；第5章介绍了电催化材料，主要包括电催化材料的理论基础、电极制备以及性能分析；第6章总结了光催化材料的研究现状，如制备、改性、应用等；第7章围绕催化湿式氧化材料展开，主要论述其基本理论以及列举相关应用；第8章系统地介绍了环境生物材料，分别以生物絮凝剂、生物吸附剂、生物表面活性剂、生物降解材料、微生物固定化材料等展开；第9章提出了环境材料的绿色设计，主要包括设计理念、设计方法以及设计案例。

编写本书的目的在于系统全面地介绍各类环境材料的研究现状以及未来的发展趋势。本书将环境材料具体分为吸附材料、过滤材料、絮凝材料、电催化材料、光催化材料、催化湿式氧化材料、环境生物材料等，使读者较系统地了解各种材料的特点以及应用情况。编者力图使读者通过学习本书不仅能够掌握环境材料方面的基础理论知识，而且可以主动参与到绿色、环保、节能环境材料的开发中，实现真正意义上的理论与实践相结合。环境材料的开发和应用是环保领域的重要组成部分，编者期望越来越多的读者或者研究者参与进来，齐心协力推动环境材料这一新兴学科的发展，为环保事业做出更多的贡献。

　　本教材由马杰、于飞、曹江林主编，环境功能材料实验室袁建华、孙怡然、梁明星、任建燃、雷晶晶、刘宁宁、任一帆、周紫晴、邢思阳、翟春晓、王健祥、陈林林参编。在此次编撰过程中，为求使其更具系统性，更方便教学，适应环境材料技术发展的需要，编者广泛参考了国内外文献，章节编排经过仔细推敲，充实了部分内容。本书内容比较丰富、全面、详细，有一定的广度和深度，并注意保证基本理论、基本知识的掌握与训练，能够满足具有一定材料学基础的读者的要求。本书可作为高等学校环境、材料、生态及相关专业的教材或教学参考书，也可以作为化工、生物、化学、水利、土木等专业工程技术人员的自学教材或参考书，还可供相关专业的科研和技术工作人员参考阅读。

　　环境材料目前还是一门新兴学科，所以部分体系和内容仍不完善。再者，由于编者水平有限，经验不足，书中难免有不完善和疏漏之处，希望读者提出宝贵意见。

马杰

2022 年 12 月

目　录

第1章　绪论

第2章　吸附材料

第 3 章　过滤材料

第4章　絮凝材料

第5章　电催化材料

第6章 光催化材料

第7章 催化湿式氧化材料

第8章　环境生物材料

第9章　环境材料的绿色设计

第1章 绪 论

1.1 环境材料基础

1.1.1 环境材料的起源

材料是社会经济发展的物质基础和先导条件，其在促进人类文明与发展方面的作用举足轻重。所衍生的学科——材料学，是研究材料组成、结构、工艺、性质及性能等相互关系的学科。材料无处不在，应用广泛，然而材料的提取、制备、生产、使用以及废弃过程伴随着环境污染，不仅耗费了大量的能源与资源，还产生了大量危害人体健康的污染物质。20世纪80年代后，由于经济高速发展，全球性环境问题日益严峻。区域性环境污染和大规模生态破坏层出不穷，温室效应、臭氧层破坏、全球气候变化、酸雨等大范围和全球性的环境危机严重威胁着全人类的生存和发展。20世纪90年代初，世界各国的材料研发者开始从两方面重视材料的环境性能，一方面从理论上研究和评价材料对环境影响的定量方法和手段，另一方面则从应用上开发环境友好的新材料及产品。

环境材料学是环境学和材料学两大学科交叉衍生出的一门新兴学科（图1-1）。环境材料不同于普通意义上的无机材料或有机材料、传统材料或新型材料，而是赋予材料新的理念，将环境意识贯穿于材料的设计、加工和使用过程中。环境材料是人类主动考虑材料对生态环境的影响而提出的新理念，从材料的提取、制备、使用直至废弃再生

图1-1 环境材料学的产生

的整个过程降低对环境的影响。环境材料在中国被称为"绿色材料"或"生态材料"，最初环境材料在国外也被称为环境调和型材料、环境协调性材料、环境友好材料、生态产品、生态标记等。直至1995年在西安举行的第二届国际环境材料大会上，与会专家一致同意将环境友好材料等表达统一为"环境材料"，至此，环境材料的名称正式敲定，目前已在世界范围内普及。

1.1.2 环境材料的定义

环境材料的概念自提出以来就得到了广大学者的充分认同和肯定。首先，材料及其制品在提取、制备、使用过程中对环境造成了严重污染已成事实，为实现可持续发展，研发新的环境材料刻不容缓。其次，将环境意识引入材料研究中，在材料提取、制备、使用过程中充分考虑环境保护，可以将材料对环境造成的负荷降到最小。但时至今日，还没有可被广大学者普遍接受的关于环境材料的定义。

在环境材料发展的初始阶段，有学者认为，环境材料是指具有优异的使用性能，同时从制造、使用、废弃到再生的整个生命周期中都具有与生态环境相协调的共存性和舒适性的材料。环境材料满足以下四个特点：无毒无害，污染较小；全生命周期中对资源及能源消耗少；可循环利用，易于回收；具有较高的使用效率。随后，环境材料发展为具有卓越的环境协调性的结构材料、功能材料，或具备直接净化和修复环境等功能的材料，换言之，环境材料是具有一定系统功能的一大类新型材料的总称。与此同时，也有专家认为，环境材料是指既有优异使用性能又有最佳环境协调性的一类材料。总而言之，环境材料是那些对资源和能源耗费较少，对生态环境影响较小，再生循环利用率较高并且可降解的新材料。

目前关于环境材料的定义尚未统一。1998年，在北京召开的一次中国生态环境材料研究战略研讨会上，专家详尽地讨论了环境材料的名称以及定义，并且最终提议把环境材料、环境兼容性材料、环境友好材料等统一归纳为"生态环境材料"。同时，环境材料被基本定义为同时具备良好的使用性能和环境协调性，或能够改善环境的材料。所谓"环境协调性"是指资源和能源消耗少、环境污染小和循环利用率较高。专家认为，这个定义也并不完整，还有待进一步发展和完善。例如，经济成本的可接受性也应该被纳入环境材料的考虑范围，也就是除使用性能、环境性能外，还应考虑材料的经济性能。

也有相关学者提出了自己对环境材料的理解，如山本良一及其研究组认为环境材料就应

图 1-2　环境材料的基本特点

该具备以下特点。首先是可扩展性，即能为人类开拓更广阔的生活及活动空间。在发挥其优异性能的同时，也兼顾环境负担。其次是环境协调性，即人类的内部活动同外部环境相协调，在一定程度上减轻环境的负担，使日益枯竭的资源尽可能被循环利用。材料与技术兼具环境协调性是环境材料与传统材料的不同之处。最后是舒适性，即使人类活动范围中的环境更加和谐和舒适，提高人们的生活品质。仔细分析山本良一等关于环境材料的表述，发现其仍需进一步完善。经过三十多年的发展，对于环境材料，目前学者公认其应具有以下三个基本特点（图 1-2）。

① 具备良好的环境性能。主要表现在两个方面：第一，较低的环境负荷；第二，较高的可再生循环性能。

② 具备良好的使用性能。新材料要在兼顾材料环境性能的前提下，考虑材料本身的功用性能，为人类开拓更广阔的生活及活动空间。

③ 具备良好的经济性能。材料经济成本上的可接受度要高。在具备上述两个基本特点的前提下，要保证材料成本尽可能低，并可以更快地应用于实际生产之中。

除环境材料外，国内一些学者还提出了"环境材料学"的概念。他们认为环境材料学是一门研究材料的生产、开发与环境之间相互适应、相互协调的关系，进而寻找和开发在加工、制造、使用及再生过程中具有最低环境负荷的材料的学科。环境材料学的核心理念是基于材料的四大传统性能以及材料的环境属性，着重强调材料与环境的协调性。由此可见，环境材料学具有明确的目标，并致力于促进材料的进一步生态发展。但作为一门学科，环境材料学在基础定义、研究内容、研究对象和研究方法与手段等方面还有待进一步完善。

1.1.3 环境材料的分类

作为一类新兴材料，环境材料的分类目前还没有统一的标准。不同研究者通常根据自己所掌握的材料方面的知识和理解对环境材料进行分类。20 世纪 90 年代初，在环境材料的概念刚提出时，环境材料的研究内容尚未明确，所以其分类也并不清晰。到 1999 年，原田幸明提出了生态材料的三种类型：第一类为对生态环境改善有贡献的直接处理型材料，即可直接实现环境保护或净化的环境工程材料，包括环境催化净化材料、环境替代材料等；第二类为系统单元材料，即可实现能源节省或被用于新能源系统中的材料；第三类为低环境负荷型材料，即狭义的环境材料。但是这个分类较为笼统和宽泛，不利于环境材料的具体研究。之后，华中科技大学钱晓良教授结合国内外研究进展，将环境材料重新分类为环境相容材料（包括天然材料、仿生合成材料、低环境负荷材料等）、环境降解材料（包括生物降解材料和生物陶瓷材料）和环境工程材料（包括环境净化材料、环境替代材料和环境修复材料），具体见表 1-1。

表 1-1 环境材料的分类

环境材料分类		典型产品
环境相容材料	天然材料	石材、竹材、木材、天然高分子材料（纤维素、淀粉等）
	仿生合成材料	结构仿生材料、功能仿生材料等
	低环境负荷材料	绿色包装材料（可食性包装材料等）
		生态建筑材料（生态水泥等）
		传统材料的环境化等
环境降解材料	生物降解材料	光降解塑料、生物降解塑料、光生物降解塑料
	生物陶瓷材料	羟基磷灰石等
环境工程材料	环境净化材料	吸收吸附材料、催化转化材料、沉淀中和材料等
	环境替代材料	无磷洗衣粉、氟利昂替代物等
	环境修复材料	防土壤沙化的固沙植被材料等

上述两种分类方法皆是从环境材料的环境特点进行分类，本书从具体功能对环境材料进行了详细分类，以期从不同角度启发广大读者。本书所涉及的环境材料具体分类如下：吸附材料、絮凝材料、催化材料、过滤材料、环境生物材料等。

1.2 环境材料的研究内容

清华大学翁端学者在其编著的《环境材料学》中提出可以将环境材料的研究分为三步。首先是治标，即运用材料科学与技术对累积的污染问题进行末端处理，修复环境容纳和消化吸收污染物的能力。对于我国目前面临的环境问题，这将是最为关键的一步。例如，机动车尾气导致的严重大气污染，让人们充分认识到开发治理机动车尾气的技术和产品的重要性，而开发满足使用需求的汽车尾气催化材料就是治理尾气污染的核心技术之一。再如，造纸污水已对某些地区居民的饮用水安全造成了影响，所以需要迫切开发治理造纸污水的新材料和产品。针对冶金和化工等行业产生的大量废渣，则是要通过变废料为原料并将其用于生产新的材料，实现该类废物的循环再利用。第二步是治本。将材料科学与技术运用于环境保护中，即在设计阶段就考虑减少生产过程对环境的影响。比如通过改革生产工艺提高资源利用率、实行清洁生产技术等，从源头实现对污染物产生和排放的控制，才能有效地减少污染，改善生态环境。最后，环境材料发展的最终目标是制备能够与环境最大限度地相容和协调的材料和产品，届时，为实现材料产业的可持续发展，材料及产品大都具备环境兼容性、环境协调性、环境降解性等性能。

国外学者认为，环境材料的研究内容主要包括材料的环境负荷性评价技术及环境性能数据库、资源保护及循环再利用技术、生态系统相容性材料与加工技术等。结合我国现状，环境材料的研究内容主要包括以下几个方面（图 1-3）。

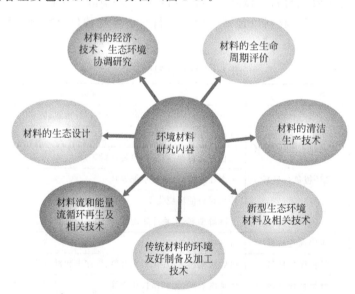

图 1-3　环境材料的主要研究内容

① 材料的经济、技术、生态环境协调研究。材料工业的可持续发展要求三者达到综合平衡，经济效益和市场需求是发展的动力和目标，技术进步是改善材料对生态环境影响的有效途径与方法，生态环境是对所达到目标的一种约束。

② 材料的全生命周期评价。在材料科学与工程中成功引入环境保护意识的关键是环境负荷的具体化、指标化、定量化，以及环境材料在全生命周期中环境影响的评价。生命周期

评价（LCA）就是以材料在其寿命全程中各个阶段的环境污染指标、资源消耗和能源消耗为基础，进行分类统计和分析的一种方法，此方法也被称为"从摇篮到坟墓"的评价方法。目前，生命周期评价方法是评价材料环境影响的一种主要方法。德国、日本、美国均已采用LCA方法研究包装材料、建筑材料和其他材料。

③ 材料的生态设计。生态设计的宗旨就是将生态环境意识贯穿于产品及其生产工艺之中。生态设计具有丰富的内涵和外延，对于现代材料工业生产制造过程普遍适用。在材料设计阶段应对其全生命周期进行综合考虑，即减少原材料的使用量，尽可能使用可再生原料，同时保证生产和使用过程能耗低、使用寿命长且安全，而且使用后易于回收和循环再利用。

④ 材料的清洁生产技术。包括零排放与零废弃加工技术，即通过综合分析材料生产加工过程，并充分考虑技术及经济成本两方面的可行性，采取有效技术最大限度减少乃至避免在材料生产加工过程中向环境排放废弃物和污染物，实现材料生产加工技术的清洁化。清洁生产不仅仅是一种概念，同时也是一种组织和管理工业生产的思路。如今，研究及开发清洁生产工艺和技术，实行生产清洁，大力推行清洁产品，已是世界各国工业界关注的热点。

⑤ 材料流和能量流循环再生及相关技术。有限的资源和环境容量决定了未来的材料应是可循环再生的。

⑥ 传统材料的环境友好制备及加工技术。传统材料在现代国民经济中占据重要地位，并处于大量生产、消费和废弃的状态。若实现其最优生产、最优消费及最少废弃，必然要研发四个方面的技术：最大限度减少资源和能源投入的技术、能够长期使用的产品制造技术、材料循环利用技术和尽可能减少环境破坏的清洁生产技术。

⑦ 新型生态环境材料及相关技术。主要包括：环境修复和净化材料；可以依据环境和使用条件变化，进行自我调整、自行恢复和修复、延长寿命的智能材料；纳米技术和纳米材料；超导材料；仿生材料及无纸办公、无线微波输电、微型化技术及材料等。

此外，也有研究者将环境材料的研究内容划分为基础理论研究与应用性研究两方面。环境材料的基础理论研究主要集中在评价材料的开发、应用、再生过程及其与生态环境间的相互关系上，其目的是使材料的使用周期与环境相互协调和适应。如今，LCA研究的热点主要是对典型材料产业和产品进行材料生命周期评价（MLCA）和环境影响评价（EIA）。研究材料及其产品整个生命周期或某个环节的综合环境效应，是改良甚至淘汰该材料、产品或生产工艺的基础，也是世界各国材料科学研究的热点。例如，基于ISO 14000标准中第五部分关于LCA的内容，对环境协调性评估的示范性进行了研究，通过收集、分析并跟踪其生产、制备工艺、运输等方面的资料，来选择一些具有代表性的材料；获取材料的基本数据，譬如力学和物理性能，工艺网络，材料流向，能源消耗，废弃物的产生和去向、种类和数量，等等；研究其环境负荷的特征以及评价方法，给出各个工艺和使用环节对环境的影响以及再生资源的核算体系。这些研究内容有利于加强环境材料的基础理论研究和指导新型环境材料的开发。近年来，LCA的应用案例集中在与人们生活密切相关的家具建材以及全新的纳米材料和器件等方面，其目的是揭示人类对材料和资源的过度开发情况以及生态环境因材料产生的变化，同时，探究这些变化对人类所需材料的质量和数量的影响规律。

基于目前LCA应用过程中存在的问题，需要通过补充和完善LCA的理论体系以及建设评估案例的数据库，来降低数据收集的难度并提高数据的可比性。因此，推动ISO 14000标准化进程，也成为我国材料科学工作者的奋斗目标。由于各国的生态环境、资源、工业结构、技术水平等方面存在巨大的差异，研究建立我国个性化的基础数据库并开发相应软件是当前重要的研究内容和主要研究方向。目前，我国无机非金属材料、金属材料、高分子材料中典型材料的环境负荷基础数据库已基本建立成功，相应的软件已开发完成，并通过国家材料环境协调评价中心对社会开放了服务。

根据环境材料的性质与应用领域的差异，环境材料的应用性研究可被分为以下三类。

① 环保功能材料的设计与开发。为了解决日益突出的环境问题，材料的开发和设计需要更多地考虑其功能性，如为应对水体污染、大气污染、固体废物处理与处置问题等，开发了各种混凝剂、吸附剂、膜分离材料等功能性材料。

② 低环境负荷材料的设计与开发。目的是提高资源利用率，降低生态环境负荷，如开发各种纯天然材料、仿生材料、清洁能源型材料、生态建材等。在这些材料的加工和使用过程中，新方法、新工艺或清洁生产技术的应用，在保障/提高材料各种性能的同时，降低了对环境的影响。

③ 材料再生和循环利用技术的研发。此类技术不仅能够降低材料的环境负荷，还能提高资源的利用效率。其关键在于先进的再生和循环利用工艺及系统的研发。主要包括粉煤灰、煤矸石等产业废弃物的综合利用技术，废旧家电、废旧包装等社会废弃物的回收和再资源化技术，生态工业园区的废弃物资源再利用技术，等等。

考虑内容的全面性，环境材料的研究内容还应包括相关法律、法规以及标准和规范的制定，以增强人们的环境保护意识，把生态环境的理念引入到材料的研发中。目前，为了引导相关行业的可持续发展，国家已颁布和实行了相关政策，如产业调整政策、回收管理政策、维修管理政策、投资限制与鼓励政策等，并分析和评价了产业的资源消耗和环境影响，制定了相应标准。相关主管部门的主要任务就是通过绿色税收、绿色技术标准、绿色环境标志制度、绿色包装制度和绿色补贴制度，营造有利于环境材料研发的环境，促使企业采用环境材料和相关技术来提高自身竞争力。

作为一门由材料和环境两大领域衍生的新兴交叉学科，环境材料学在保持资源、能量和环境的平衡，实现社会和经济可持续发展等方面有着极其重要的意义。在新材料的研发工作中应考虑材料的环境属性，完善评价材料环境负荷的理论体系，开发具有环境协调性的新材料。研发降低材料环境负荷的新技术、新方法和新工艺，也将成为新时代材料科学与技术发展的一个主要方向。

1.3　环境材料在环境保护中的重要性

工业系统思想是环境材料的另一个概念基础，环境材料所涉及的环境定义会随着工业系统概念的阐述而明确。系统是指所有为了完成确定功能的操作的总和。所有工业系统都可以由包含了所有相关操作的系统边界表示，边界外部区域则表示系统环境。系统输入是来自环境的物质与能量，而系统输出是排放到环境的产品和废弃物。因此，人类所有生产活动都相对于相互交错的工业系统群体。所有单一的生产过程均为一个或多个工业系统的组成部分，可以称其为子系统，它通过物质或能量流动与其他子系统联系并延伸至所属工业系统的边界。环境材料这个概念中的环境是指整个材料工业以及相关系统边界外的区域。环境污染则是环境中的物质或者能量的输入与废弃物向环境的输出。

依据工业系统和生命周期的概念，与产品相关的完整工业系统的明确和完整生命周期过程的构成应同时完成。假设把人从环境中独立出来，人类社会、工业系统与其他生态环境之间的相互关系由图 1-4 表示。

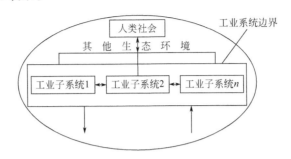

图 1-4　人类社会、工业系统与其他生态环境的相互关系

从图 1-4 中可以看到以下几个界面：工业系统与环境（由人类社会和其他生态环境两部分组成）、工业子系统与环境、工业子系统与工业子系统、人类社会与其他生态环境。在传统的环境保护和污染防治工作中，单个工业子系统与环境这个界面是主要关注的内容。因为没有将整个工业系统与环境以及工业子系统与工业子系统之间的关系纳入考虑范围，所以一般通过工业子系统之间的转嫁来减少单个工业子系统对环境的污染。但是从整个工业系统与环境界面看，总体环境污染往往非但没有减少，反而增加了。通过对工业系统与整个环境、人类社会与其他生态环境、工业子系统与工业子系统等界面的综合分析可以看出，工业系统向人类社会提供了可以满足物质和精神需要的产品，但同时也向环境中排放了大量的污染物。而被污染的生态环境会反过来影响工业系统和人类社会，阻碍工业的进一步发展，进而促进工业系统的改进。工业子系统之间是通过内部物质和能量的流动联通的，任何子系统从环境摄入物质和能量都会引起污染，然后污染会转移到其他子系统，最后造成污染在整个工业系统中转嫁。综上所述，要解决工业导致的环境问题，最根本的方法就是在不断满足人类自身物质、精神需求的同时，协调好工业系统与环境的关系以及各工业子系统之间的关系。环境材料概念正是这种思想在材料工业领域的产物。

纵观人类历史，不难发现材料的发展伴随着时代的更迭，比如远古时期的石器时代，随后的青铜器时代和铁器时代，再到现代的高分子时代，都是因为材料科学和技术的发展深刻影响了历史的进程。此外，材料科学和技术的发展也是满足社会发展需要的产物。表 1-2 给出了 20 世纪以来某些新材料的发展阶段。显而易见，类似于能源材料和信息材料的发展，环境材料也是顺应时代的要求而诞生和发展的。

表 1-2　某些新材料的发展阶段

年代	20 世纪 60 年代	20 世纪 70 年代	20 世纪 80 年代	20 世纪 90 年代
材料	半导体材料	能源材料	信息材料	环境材料

以能源材料为例，由于 20 世纪 70 年代的能源危机，诞生了一门新兴的材料学科——能源材料。能源材料是指可以用来产生能源或者改变能源状态的材料。至今，能源材料已经包括能够产生能源或与此相关的材料，如储氢材料、热电材料、太阳能电池材料、核电材料、炸药、化石燃料以及其他可燃烧的介质等。

信息材料也是如此。所谓"信息材料"是指应用在信息技术方面的新材料，如半导体材料、光学介质材料、光电子材料、发光材料、感光材料、电容和电阻材料、信息陶瓷材料以及微电子辅助材料等。显然，当谈及能源材料或信息材料时，很难用一种具体的材料来表征其整个含义。

自然资源的过度开发和消耗导致了全球性的环境问题，人类开始认识到高效利用资源、保护环境以及实现社会和经济可持续发展迫在眉睫。而实现有限资源的高效利用，减轻材料对环境的负荷则是材料科学工作者责无旁贷的任务。因此，环境材料的出现是材料科学发展的必然阶段和进步。

与能源材料、信息材料类似，环境材料指的是那些在制备和使用过程中能与环境相容和协调，或在废弃后容易被降解，或对环境有一定修复和净化能力的一类材料的总称。总之，环境材料是一大类与改善生态条件、降低环境污染有关的新材料，很难用某一种具体的特征材料来表征其内涵。

环境材料的出现，并不仅仅是材料发展的历史要求。因为从环境、社会发展和人类生存出发，反思材料的制造及使用对环境的影响可以看到，环境材料的发展也是自然界对人类行为反作用的结果。

20 世纪以来，地球上发生了三种意义重大的变化：一是社会生产力的大大提高和经济总量大幅度增长，创造了前所未有的物质财富，极大地推动了人类文明的进程；二是人口的爆炸性增长，世界人口总数由 20 世纪初的 14 亿增长到了 20 世纪 90 年代初的 57 亿，并且以超过每年 8000 万的速度持续增长；三是人类过度开发和消耗自然资源，而且向环境中排放大量的生产废物和污染物，这导致了一系列全球性的环境问题。于是，人口膨胀、资源短缺、环境恶化成为实现可持续发展必须解决的三大问题。这些问题日益严峻，激化了人类与自然之间的矛盾，严重威胁经济的可持续发展和人类的生存。严峻的形势迫使人类反思自己的发展历程，重新审视自己的社会经济行为，并且探索新的发展战略。从环境和资源的角度来看，材料的提取、制备、生产、使用和废弃过程同样是消耗资源和污染环境的过程，即材料一方面促进了人类社会经济和物质文明的发展，另一方面也会耗费大量资源和能源，造成环境的污染和破坏。

过度开发和消耗有限资源加剧了资源枯竭的威胁，并导致环境污染日益严峻，因此，环境材料的诞生与发展，不仅仅是材料自身发展的需求，更是地球环境、社会发展及人类生存向材料产业提出的要求。随着全民环境意识的不断提高，生态产品、生态商务等概念正在逐步地深入人心。在这种形势下，欧盟、美国、日本、中国等都制定并实施了一系列与环境材料相关的国家战略计划，还支持了许多环境材料相关的国家研究项目，并大力推进环境材料在国民经济建设及人民生活中的应用和普及。国内外许多产业集团、公司也开始不断地加大对绿色产品研究与开发的力度。新的环境协调性好的产品不断涌现，不仅获得了良好的经济效益，还获得了良好的社会效益。另外，目前已有上百所大学建立了环境材料相关研究小组，且开设了环境材料相关课程，不断加强环境材料领域的人才队伍建设。

综上所述，环境材料对环境保护有着至关重要的意义。自从环境材料概念被提出，已有许多具有环境意识的科学工作者参与其中，这个时代要求他们建立新的观念，在材料设计、制造和使用时要以人类社会的长远利益为根本，发展新材料时要从珍惜资源和保护环境的角度出发，最终解决现在使用的材料中存在的问题。只有提高科技工作者乃至全民的环境意识，才可能实现人类所需材料的可持续发展。其次，环境材料的基础理论研究可以预测材料的环境影响及变化，指导环境材料的开发。环境材料的相关研究目前与政治、经济、贸易紧密相连，直接关系到我国履行国际公约的责任和义务。此外，环境材料的开发有助于解决资源短缺、环境恶化等一系列问题，促进社会经济的可持续发展。

1.4 环境材料的研究现状和发展趋势

在环境材料的理论研究方面，目前许多学者正在努力的方向包括环境材料的性能指标及其表达方式，建立较为完善的环境影响数学物理模型以及材料的环境性能数据库等。为了有效推进 LCA 方法在材料环境影响评价中的应用，必须建立 LCA 的数据结构以及相应的评价软件。不同工艺、不同材料、不同使用性能以及不同的环境影响均是通用材料环境性能数据库的组成部分，而如何确定合理的 LCA 数据库框架以及编制数据库软件是当今环境材料理论研究领域的焦点。目前，环境材料的应用研究主要集中于开发与环境相容和相协调的新材料及其环境友好型加工技术等方面，比如绿色材料及其制品的研发、设计采用清洁生产技术，以及传统材料的环境友好型改进，等等。已有研究表明，纯天然材料、生态建材、绿色包装材料、仿生材料等方面的研发和应用已经有了不容忽视的进展。目前，环境材料方向上的研究热点还有环境降解材料的研发，例如可降解无机磷酸盐陶瓷材料、生物降解塑料等。此外，研发门类齐全的具有修复、净化等功能的环境工程材料，逐步减少环境污染和改善生态环境，以实现可持续发展，也是环境材料应用的重要研究方向。

目前国内外与环境材料相关的研究课题主要包括：环境材料与产品的环境设计；环境材料与生态环境的关系与相互作用；材料与产品的可再生设计及工艺技术；材料的超长寿命化技术；替代材料和替代工艺技术；环境分解材料；环境净化材料；废弃物资源化技术；材料中杂质的无害化技术；等等。从国内外来看，环境材料的发展趋势如下。

在国外，美国、欧盟、日本等发达国家和地区在生态环境材料、生态产品以及相关领域的研发方面投入了巨大的人力物力。例如，为了大力发展生态环境材料以及生态产业，有些国家通过调整立法和税收政策来提高资源的利用效率。

推广环境兼容的产品并且最终实现以资源再利用为导向的社会是日本的基本环境策略，所以将从"原料—产品—丢弃"的模式转变为回收生产新物质的循环模式，并且将环境友好的理念贯彻到材料的整个生命周期。图 1-5 反映了日本资源循环利用的模式，其中减量化的实例包括包装的简易化、产品的长寿命化和小型化；再使用的实例为啤酒瓶和牛奶瓶等可退回的玻璃瓶的再使用、跳蚤市场；再生利用的实例为废纸、废金属、废玻璃等的再资源化。图 1-6 为日本循环型社会建设模式示意图，它反映了与日本的循环型社会建设相匹配的法律体系。在进行材料加工、生产的同时伴随着强制性的法律法规和企业与消费者的自发合作。此外，近年来日本着手进行了大量的工业生态园区建设，大力发展静脉产业，建设了包括汽车再生、家电再生、办公设备再生、医疗器具再生、有色金属综合再生、建筑混合废物再生等项目的综合环保联合企业，不同企业的相互协作推进了零排放型环保产业联合企业化，并建立了资源循环基地。

近年来，欧洲各国也相继颁布了与生产者的责任和回收相关的立法。荷兰、德国和瑞典三个国家系统地分析了电子电气设备全生命周期中的能源物料消耗、资源转化、废物产生排放等方面的信息，还得到了收集和处理电子电气产品方面的定性资料以及成本的相关数据。

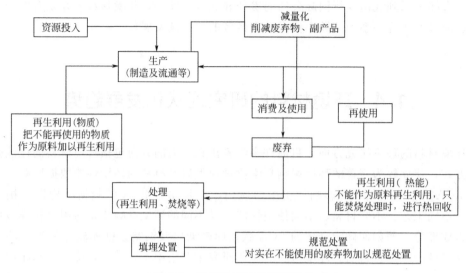

图 1-5 日本资源循环利用模式

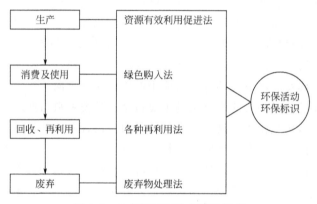

图 1-6 日本循环型社会建设模式

为了改善电子产品等相关产业的环境，德国提倡最大限度提高产品与技术的生物兼容性。随着研究的深入以及技术的升级，人们发现，在过去曾被认为是无公害的电了产品和移动能源载体（如电池）等科技也会在其全生命周期中对环境产生不良的影响。《关于电气电子设备中禁止使用某些有害物质指令》(*Restriction of Hazardous Substances*) 这样的环保政策也无法完全实现相关产品的资源再生和循环利用。所以，目前以非破坏性的方式对电子产品及其零配件进行产品生命周期评估在德国十分普遍。生产过程中应用清洁生产是以生产过程系统为基础对象，重点控制构成生产过程的单元操作的功能、状态，最终促进原材料或终端产品的环境友好性。在瑞典，环境相容及协调性的设计已成为产品发展中颇具分量的组成部分，普通消费民众对环境友好的要求标准也日趋增长，诸如此类的议题也被认为是发展环境协调性产品和技术的重要策略。瑞典皇家科学院为此特别开设了综合性产品研发部门，专门完成生命周期评估和研究环境管理系统，发现生产过程系统存在的缺陷与问题，寻求高效利用资源/能源及预防污染的途径和方法，从而完成清洁生产的方案。近十年，美国也非常重视发展环境材料，主要通过辨识和量化物质对能量的利用以及因其导致的环境废弃物的排放来实施有毒化学品生命周期评价，即跟踪与定量分析和定性评价从最初的原材料到最终处理废弃物的全过程。

在国内，可持续发展已成为国家的发展战略目标，生态环境材料的研发工作得到了政府的高度重视以及大力支持。国家高技术研究发展计划（863 计划）、国家重点基础研究发展计划（973 计划）、国家自然科学基金、国家发展和改革委员会高技术产业化新材料专项以及相关部委和地方政府的科技计划等都大力支持生态环境材料方向的研究。近年来，由于各类基金的大力支持，我国在生态环境材料及其环境协调性评价方面的研究已取得许多重要的进展，获得了较多成果，系统地研究了钢铁、铝、水泥、塑料等典型材料的环境负荷评价，探索了符合我国国情的材料环境负荷指标体系和计算方法，并且在调研和汇总了典型材料的基础数据之后，初步完成了我国 MLCA 数据库的建立以及材料环境协调性评估软件的开发。对于材料环境负荷评价基础理论和方法的研究，在建立相关数学模型和基础数据库方面也取得了进展。关于环境材料概念定位、新型环境材料、新型环境净化材料和太阳能转化材料、有毒有害和稀贵元素的替代材料、天然材料的有效利用以及工业固体废物再生利用等方面的研究也都取得了重大的进展。近年来，为应对欧盟"双绿指令"的影响，企业与有关大学、研究院所互相协作，以高端环保与绿色材料为主要研究对象，在开展电子电气产品中有毒有害元素的替代材料研究开发方面取得了显著成效。例如，在国内，已经有许多企业研发出了具有自主知识产权的环境友好型的封装材料、涂料、阻燃剂及无铅焊料等。除此之外，还研发出了许多替代有毒有害材料的新材料，如铋层状结构的钛酸铋锶钙系列和钙钛矿结构的钛酸铋钠钾系列的无铅压电陶瓷材料、复合稀土钨电极及钼阴极等。成功研制出这些新材料并实现其工业化应用说明我国在这些方面已经与国际水平相当。

目前，已经被广泛认可的关于环境材料的几点发展趋势如下：环境性能将会是新材料的一个基本性能；在 21 世纪，基于 ISO 14000 标准，通过 LCA 方法对材料产业的资源和能源消耗、三废排放等进行综合评价将成为一项常规的评价方法；与资源保护、资源综合利用相结合，对不可再生资源进行替代或使其再生资源化会成为材料产业研究的热点和趋势；环境材料以及绿色产品的研发将成为材料产业发展的一个主要导向。

复习思考题

1. 简述环境材料的概念以及特点。
2. 简述环境材料分类依据及类别。
3. 何为环境材料学？
4. 简述工业系统的概念及其与环境之间的相互关系。
5. 简述环境负荷的概念及意义。
6. 什么是 LCA？包括了哪几个阶段？
7. 何为以资源再利用为导向的社会？
8. 论述环境材料的意义。
9. 简述建立 LCA 数据库及开发相关软件的意义。
10. 总结环境材料的研究内容。
11. 谈谈对环境材料研究现状的认识。
12. 简述我国环境材料的研究现状。

第2章 吸附材料

吸附材料在生产和生活中的应用可追溯到古代：公元前5世纪古希腊医学家利用木炭去除腐败伤口产生的污秽气味；1972年马王堆汉墓考古发现，在墓底和椁室周围塞满厚达 0.4～0.5m、总质量约5000kg的木炭，利用木炭的吸水、防潮作用以保持墓穴干燥，使得汉墓女尸历经千年不腐烂。吸附工艺具有操作简单、成本低廉、去除效率高等优点，在生产生活中的应用越发广泛，如回收稀有金属，对混合物进行分离、提纯，溶剂回收，污水处理，空气净化，等等。随着新材料的不断发现和发展，新型高分子和纳米材料的出现也为吸附技术在现代的运用注入了崭新活力。

2.1 吸附概述

2.1.1 吸附的概念

吸附一般指发生在混合体系某一界面层中单组分或多组分物质富集、枯萎的现象，属于一种界面层中自发的传质过程，这些体系可以为固相-液相、固相-气相、液相-气相、液相-液相等。一般把吸附过程中吸附的目标物质称为吸附质，用于吸附目标物质的称为吸附剂，吸附质与吸附剂接触的介质为吸附介质。有别于吸收和电吸附，本章所提到的吸附特指发生在界面层中无外加作用力的自发现象，不会发生吸收过程中的不同相体之间互相进入、融合的过程，吸附过程中也不需要外加电源。

2.1.2 吸附的类型

吸附可以分为物理吸附和化学吸附，主要依据是吸附质和吸附剂间作用力的不同。

物理吸附是指吸附作用力为分子间的作用力，即以范德瓦耳斯力为主的吸附过程。物理吸附与凝聚现象相似，吸附质在吸附剂表面通过分子间的作用力以类似凝聚的物理过程与吸附材料表面结合，形成单层或者多层的吸附层。物理吸附一般为非吸热吸附，普遍认为物理吸附的吸附热小于40kJ/mol。物理吸附不具有选择性，吸附速率较快。物理吸附具有可逆性，通常采用加热等操作可使物理吸附为主的吸附材料发生脱附和再生。

化学吸附是指吸附作用力以化学键为主的吸附过程。化学吸附的吸附质和吸附剂之间发生化学作用，随之产生了化学键的变化。化学吸附中化学键的产生大多需要能量，所以化学吸附一般为吸热反应，普遍认为化学吸附的吸附热大于 40kJ/mol，一般认为化学吸附为单层吸附过程。通常化学吸附因为化学键的存在而具有选择吸附性，可以选择吸附介质中的目标物质，吸附速率较慢。化学吸附的可逆性较物理吸附差，一般需要添加酸、碱等辅助液以实现吸附材料的脱附和再生，且再生后的吸附材料难以达到之前的吸附能力。

物理吸附与化学吸附的对比如表 2-1 所示。

表 2-1   物理吸附与化学吸附的对比

对比项目	物理吸附	化学吸附
主要作用力	分子间作用力（范德瓦耳斯力）	化学键
吸附热	<40kJ/mol	>40kJ/mol
吸附层数	单层或多层	单层
吸附速率	较快	较慢
吸附质选择性	较差	较好
可逆再生效果	较好	较差

2.1.3　吸附机理

由于存在不同种类的吸附材料、吸附质和吸附类型，吸附的机理也各有差异。对于孔隙发达、比表面积大的吸附材料而言，其表面自由能相对较大，作为一个体系中能量相对较高的不稳定体系，吸附材料并不能通过自主收缩来降低自由能，但可以通过捕获介质中的目标物质使表面自由能下降，达到稳定。除此以外，发达的孔隙也为吸附过程中的传质提供了良好的条件。除比表面积较大的吸附材料可以通过捕获介质中的目标物质使表面自由能下降以外，许多吸附材料本身就具有可以发挥吸附作用的结构和官能团，这些基团对吸附起到了关键的作用。吸附过程中的主要作用力有化学键、范德瓦耳斯力、静电作用力、氢键等。下面重点介绍物理吸附的主要作用力。

2.1.3.1　范德瓦耳斯力

范德瓦耳斯力又称为分子间作用力，是一种广泛存在于分子和原子之间的非共价键作用力，它是吸附过程中的主要作用力之一。根据产生原理，范德瓦耳斯力又可以分为色散力、诱导力和取向力。范德瓦耳斯力的大小与吸附质的分子量呈正相关，即分子的分子量越大，范德瓦耳斯力越大。Ji 等利用碳纳米管吸附四环素，在分析污染物吸附机理时发现，范德瓦耳斯力是其吸附作用的主要作用力之一。

2.1.3.2　静电作用力

静电作用力包括静电引力和静电斥力。吸附材料与吸附质之间的静电引力有利于目标污染物的吸附，静电斥力则会影响吸附材料的吸附性能。吸附过程中的静电作用力会受溶液的 pH 值影响，当吸附质处于酸性或碱性环境时，吸附质表面官能团就会发生质子化或去质子化作用而带正电或负电。同时，由于溶液中 H^+ 和 OH^- 随溶液 pH 值的变化而增减，会在一定程度上与吸附质产生竞争吸附，从而影响吸附效能。Fan 等采用壳聚糖修饰的新型磁性氧化石墨烯材料对阴性染料甲基蓝进行吸附处理，发现壳聚糖中存在丰富的氨基基团，在pH值为5.3的酸性条件下，氨基发生质子化，吸附材料通过静电引力吸附甲基蓝，具有最佳的吸附性能。

2.1.3.3　氢键

与电负性较大的X原子结合的氢原子往往带有部分正电，当靠近电负性大、半径小的Y原子（N、O、F等）时，会产生一种大于范德瓦耳斯力、小于化学键的特殊作用力——氢键，将X原子以氢为媒介与Y原子连接起来，生成X—H⋯Y的特殊形式。分子间氢键如图2-1所示。

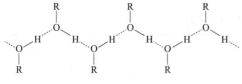

图 2-1　分子间氢键

常用吸附材料（活性炭）经过活化后，表面往往带有丰富的羟基、羧基等含氧官能团，这些官能团能与溶剂中有机污染物的部分基团生成氢键，增强了吸附材料的吸附能力。在部分极性溶剂（水、乙醇等）中，氢键作用会受到一定程度的抑制，而在非极性溶剂（四氯化碳、烷烃等）中，氢键作用则可以充分发挥，这可能是因为极性溶剂本身可以与污染物形成氢键等作用力，阻碍了污染物在溶剂中的传输和吸附。Pan等在研究碳纳米管吸附材料对有机污染物的吸附机理时指出，氢键作为主要的作用力，在吸附过程中具有重要作用。

2.1.3.4　其他作用力

实际吸附过程中往往会存在多种吸附作用力，同时也会伴随其他形式的相互作用，比如疏水作用、π-π作用、络合作用、离子交换作用等。疏水作用是存在疏水位点的吸附材料吸附疏水性污染物的主要作用机理之一；π-π作用是芳香族污染物的主要吸附机理，芳香环等不饱和结构可以作为π电子受体，吸附材料上π轨道的电子可以作为供体，进而形成π-π电子供体-受体体系；络合作用是指利用吸附材料表面的特殊官能团与溶剂中的目标污染物发生反应，生成稳定的络合物，达到去除的目的；离子交换作用是溶液中的污染物（主要是重金属阳离子）与吸附材料之间发生离子交换而被去除。

2.1.4　吸附理论模型

2.1.4.1　吸附等温线理论

吸附等温线的概念最早出现于气相吸附，是指在温度恒定条件下，对应一定的吸附质压力，固体表面上的气体吸附量一定。通过测定相对压力下对应的吸附量，可得到吸附等温线。随着研究的不断深入，吸附等温线逐渐被推广到液相，用来描述在吸附平衡状态下，吸附溶剂中吸附材料的吸附量和吸附质浓度之间的关系。常见吸附等温线类型如图2-2所示。

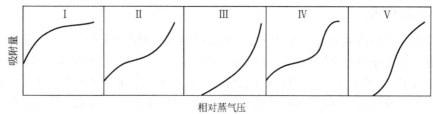

图 2-2　常见吸附等温线类型

　　Langmuir 和 Freundlich 等针对吸附等温线提出了不同的吸附理论。面对不同的吸附类型，选择正确的吸附等温式对研究吸附材料至关重要。

（1）Langmuir 吸附等温式

　　Langmuir 吸附等温式假设：在吸附材料表面发生的吸附为单分子层吸附；吸附材料表面均一；被吸附的相邻吸附质之间不发生相互作用；吸附平衡是动态平衡。液相中的 Langmuir 吸附等温式的直线模型可以简单归纳为式（2-1）：

$$\frac{c_e}{q_e} = \frac{1}{q_0 b} + \frac{c_e}{q_0} \tag{2-1}$$

式中　c_e——溶剂中吸附质浓度，mg/L；

　　　　q_e——吸附材料的吸附量，mg/g；

　　　　q_0——吸附材料理论饱和吸附量，mg/g；

　　　　b——Langmuir 吸附平衡常数，L/mg。

　　Langmuir 吸附等温式也存在一定的缺陷：在临界温度以下的物理吸附中，多分子层吸附远比单分子层吸附普遍；吸附剂真实的表面都不是均匀的，因此在实际使用中需对表面的不均一性进行修正。

（2）Freundlich 吸附等温式

　　Freundlich 吸附等温式是一个经验方程，它假设发生的吸附过程是多分子层吸附，并且活性吸附位点在吸附材料表面的分布并不均匀。Freundlich 吸附等温式表现形式如式（2-2）所示：

$$q_e = K c_e^{1/n} \tag{2-2}$$

　　其直线形式如式（2-3）所示：

$$\lg q_e = \lg K + \frac{1}{n} \lg c_e \tag{2-3}$$

式中　c_e——溶剂中吸附质浓度，mg/L；

　　　　q_e——吸附材料的吸附量，mg/g；

　　　　K——Freundlich 吸附平衡常数；

　　　　n——表征吸附作用强度的参数。

　　一般认为，$1/n$ 数值在 0.0～1.0 之间，数值大小表示浓度对吸附量影响的强弱。数值越小，吸附性能越好。数值在 0.1～0.5 之间，则易于吸附；数值大于 2.0 时难以吸附。Langmuir 吸附等温式与 Freundlich 吸附等温式的对比如表 2-2 所示。

表 2-2　Langmuir 吸附等温式与 Freundlich 吸附等温式的对比

对比项目	Langmuir 吸附等温式	Freundlich 吸附等温式
吸附层数	单层	多层
吸附位点分布假设	均匀	非均匀
经验公式	否	是
线性表达形式	$\frac{c_e}{q_e} = \frac{1}{q_0 b} + \frac{c_e}{q_0}$	$\lg q_e = \lg K + \frac{1}{n} \lg c_e$

　　吸附等温线理论是研究的热点问题，近年来，BET（Brunauer-Emmett-Teller）吸附等温式、Dubinin-Radushkevich 吸附等温式、Polanyi 吸附等温式等不断被提出来，因此可以

选择合适的吸附等温线理论进行吸附的分析和解释。

2.1.4.2 吸附动力学理论

吸附是个复杂的传质过程，大多数理论认为，被吸附的目标污染物从介质中转移到吸附材料表面一般可以分为三个主要阶段：外扩散阶段、内扩散阶段、吸附转移阶段。外扩散又称为边缘层扩散，指吸附质通过相边界层从吸附介质中扩散到吸附材料的外表面；内扩散又称为粒子内部扩散，指已经吸附在吸附材料表面的目标污染物向吸附材料内部孔隙和微管转移的过程；吸附转移指通过外扩散或内扩散转移到吸附材料表面的目标污染物与吸附材料上的活性吸附位点结合。普遍认为第三阶段的吸附过程发生速度很快，所以该过程一般不是吸附材料吸附污染物的限速步骤。

为了表征吸附过程中吸附材料的吸附量随时间变化的关系，吸附动力学应运而生，该理论研究了吸附速率及吸附过程达到吸附动态平衡的问题。吸附平衡时间受吸附材料的物理性质、化学性质、吸附质以及吸附材料的作用力的影响。常见的吸附动力学理论为一级反应动力学理论、二级反应动力学理论、内扩散模型理论和外扩散模型理论。

(1) 一级反应动力学理论

一级反应动力学理论认为吸附速率与吸附材料上未被占用的活性吸附位点的数量成正比。其数学方程式如式（2-4）所示：

$$\frac{\mathrm{d}q_t}{\mathrm{d}t} = k_1(q_e - q_t) \tag{2-4}$$

其线性表达式为：

$$\lg(q_e - q_t) = \lg q_e - \frac{k_1}{2.303}t \tag{2-5}$$

式中　q_t——时间 t 所对应的吸附材料吸附量，mg/g；

　　　q_e——吸附材料达到吸附平衡的吸附量，mg/g；

　　　k_1——一级反应的吸附速率常数；

　　　t——吸附时间，min。

(2) 二级反应动力学理论

二级反应动力学理论是基于化学吸附假设而提出的吸附动力学模型，它对数据常具有很好的拟合能力。其数学方程式如式（2-6）所示：

$$\frac{\mathrm{d}q_t}{\mathrm{d}t} = k_2(q_e - q_t)^2 \tag{2-6}$$

式中　q_t——时间 t 所对应的吸附材料吸附量，mg/g；

　　　q_e——吸附材料达到吸附平衡的吸附量，mg/g；

　　　k_2——二级反应的吸附速率常数；

　　　t——吸附时间，min。

其积分后的表达式为：

$$\frac{t}{q_t} = \frac{1}{k_2 q_e^2} + \frac{t}{q_e} \tag{2-7}$$

(3) 内扩散模型理论

内扩散模型由 Weber 和 Morris 提出，其表达式为：

$$q_t = k_i t^{\frac{1}{2}} + C \tag{2-8}$$

式中　q_t——时间 t 所对应的吸附材料吸附量，mg/g；

　　　k_i——内扩散模型的吸附速率常数；

　　　t——吸附时间，min；

　　　C——内扩散吸附常数，mg/g。

（4）外扩散模型理论

外扩散模型由 Boyd 提出，其表达式为：

$$B_t = -\ln\left(1 - \frac{q_t}{q_e}\right) \tag{2-9}$$

式中　q_t——时间 t 所对应的吸附材料吸附量，mg/g；

　　　q_e——吸附材料达到吸附平衡的吸附量，mg/g；

　　　B_t——二级反应的吸附速率常数。

该模型认为当 B_t 与吸附时间 t 拟合的曲线具有较好的线性相关性并经过原点时，外扩散便是吸附过程的主要限速步骤。

2.2　吸附材料的分类

吸附材料种类繁多，按照吸附材料的来源，一般可以分为碳质吸附材料、无机吸附材料、有机吸附材料和生物吸附材料；按照吸附材料的形态，可以分为球形吸附材料、柱形吸附材料、纤维吸附材料和颗粒吸附材料；按照吸附材料的孔结构，可以分为大孔吸附材料、介孔吸附材料、微孔吸附材料和无孔吸附材料；按照吸附材料的功能用途，可以分为环境治理材料、药物食品材料、能源储存材料、建筑施工材料；按照吸附材料的主要吸附机理，可以分为物理吸附材料、化学吸附材料和亲和吸附材料。对吸附材料进行科学的分类归纳有助于更好地进行学习对比，并在实际应用中选择合适种类的吸附材料。吸附材料分类如表 2-3 所示。

表 2-3　吸附材料的分类

分类方式	吸附材料种类			
材料来源	碳质吸附材料	无机吸附材料	有机吸附材料	生物吸附材料
材料形态	球形吸附材料	柱形吸附材料	纤维吸附材料	颗粒吸附材料
孔结构	大孔吸附材料	介孔吸附材料	微孔吸附材料	无孔吸附材料
功能用途	环境治理材料	药物食品材料	能源储存材料	建筑施工材料
吸附机理	物理吸附材料	化学吸附材料	亲和吸附材料	多种吸附材料

来源相同的材料具有相似的物化性质和吸附特性，因此对吸附材料按照材料来源的分类是研究及实际操作中最常见和实用的分类方式，本节将按照吸附材料的材料来源对吸附材料进行分类和介绍。

2.2.1　碳质吸附材料

碳质吸附材料是以碳为基质经过加工、处理而具有吸附性能的一类材料，其组成成分主要是无机物碳元素，而经过活化加工的碳质吸附材料往往具有丰富的有机活性官能团。常见的碳质吸附材料有颗粒活性炭、活性炭纤维、柔性石墨和碳化树脂等。另外，新型的碳纳米吸附材料（石墨烯、碳纳米管等）也属于碳质吸附材料。碳质吸附材料来源广泛且制作成本相对较低，如部分化石燃料及其副产物、草木果壳、动物骨骼等都是合成碳质吸附材料的优质来源。大多数碳质吸附材料本身具有良好的力学性能和可再生性，在空气净化、土壤治理和水处理中都有广泛的应用。

2.2.2 无机吸附材料

无机吸附材料以无机物作为活性组分，是目前应用比较多的一类吸附材料。无机吸附材料主要包括氧化锆、粉煤灰、氢氧化铝、天然沸石、改性分子筛、活性氧化镁、蛇纹石、活性氧化铝、羟基磷灰石、载铝离子树脂、载铝离子骨炭、聚合铝盐、活化铝、二氧化钛、硅胶负载二氧化钛等。天然的无机岩石和矿物土，如黏土、膨胀页岩、硅藻土、海泡石等，由于具有一定的孔隙结构和离子交换作用，不仅可吸附水中的有机污染物、氮磷等营养元素，而且还能与水中的重金属离子等发生离子交换吸附，也是常用的一类无机吸附材料，同时部分吸附剂还具有良好的选择吸附性。

2.2.3 有机吸附材料

有机吸附材料是指源于自然界的天然高分子，例如纤维素、壳聚糖、淀粉、蛋白质及其改性后形成的衍生物。有机吸附材料具有一定的比表面积与亲水性，有利于污染物的迁移和扩散，其表面往往含有丰富的羟基、氨基等活性官能团，这些官能团可以提供活性吸附位点，并选择性吸附目标污染物。同时，有机吸附材料也可以由人工制备而成，例如利用苯乙烯和二乙烯苯人工合成高分子吸附树脂。这类吸附材料与目标污染物之间可以发生离子交换作用，还存在范德瓦耳斯力、氢键、静电引力、螯合等作用力。它们在实际生产生活中有广泛的应用，可以用来进行水的软化，去除水中的钙、镁等离子，可进行海水的脱盐，还可以去除水中的重金属、色度、油脂等。

2.2.4 生物吸附材料

有别于生物的物质运输和生物积累等活性作用，生物吸附一般指生物及其衍生物非活性的吸附作用，即污染物通过范德瓦耳斯力、静电引力等作用力吸附在生物体的表面。生活中的生物吸附材料随处可见，如树叶可以吸附大气中的尘埃，藻类可以吸附水中的杂质，泥土中的微生物可以吸附土壤中的污染物，等等。生物吸附材料如表 2-4 所示。

表 2-4　生物吸附材料

种类	生物吸附材料
细菌	枯草杆菌、芽孢杆菌、假单胞菌等
酵母	啤酒酵母、假丝酵母、产朊酵母
霉菌	黄曲霉、米曲霉、产黄青霉、白腐真菌、黄绿青霉、黑曲霉、芽枝霉、黑根霉、毛霉属
藻类	褐藻(墨角藻、马尾藻、囊藻、海带)、鱼腥藻、墨角藻、小球藻

细菌、真菌和藻类是生物吸附材料的主要组成部分。细菌广泛存在于自然界中，对环境有良好的适应能力。Yalcinkaya 等利用平菇孢子生物吸附材料吸附水中的 Cd^{2+} 和 Hg^{2+}，其饱和吸附量分别达到 207.89mg/g 和 287.43mg/g，具有出色的吸附能力。

真菌在自然界中普遍存在，丝状真菌和酵母菌等真菌由于其菌丝体粗大，具有吸附量较大、吸附平衡后易于分离等特点，成为当前研究的热点。Ozer 等采用酵母菌吸附 Pb^{2+}、Ni^{2+} 和 Cr(Ⅵ)，在 25℃ 时，其饱和吸附量分别达到 270.3mg/g、46.3mg/g 和 32.6mg/g，具有优异的吸附能力。

藻类是一类天然的光合自养生物，其来源广泛，常用来吸附多种重金属离子。藻类细胞壁含有氨基、羟基、羧基、磷酸基等活性官能团，能通过离子交换和络合作用吸附水中的重金属。有研究表明红藻、绿藻和褐藻都具有吸附重金属离子的能力，Romera 等归纳的这三种藻类对部分重金属离子的吸附量如表 2-5 所示。

表 2-5　不同藻类对部分重金属离子的吸附量

重金属离子	红藻的吸附量/(mmol/g)	绿藻的吸附量/(mmol/g)	褐藻的吸附量/(mmol/g)
Cd^{2+}	0.930	0.260	0.598
Ni^{2+}	0.865	0.272	0.515
Zn^{2+}	0.676	0.370	0.370
Cu^{2+}	1.017	0.295	0.504
Pb^{2+}	1.239	0.651	0.813

同一类吸附材料具有部分相似的性质，也存在着各自的特点和差异。在有效地选择合适的吸附材料时，应当遵循以下两个主要原则。

（1）相似相容原理

相似相容原理是指当吸附材料与吸附质的化学组成和结构相似或者接近时，两者会具有很强的亲和力，此时吸附材料可以发挥较好的吸附效能。如六边形 sp^2 结构的石墨烯与同是 sp^2 结构的芳香族化合物可以发生 π-π 作用，从而具有出色的吸附效果；无机吸附材料硅藻土因其表面的金属-氧化学键而对无机电解质有强烈的吸附能力。

（2）孔径匹配原则

孔径匹配原则是指当吸附材料的内部孔径适当大于（3～6 倍）吸附质的尺寸时，吸附材料才会具有出色的吸附效能。由于分子间作用力的存在，那些大于或者刚好等于吸附材料内部孔径的污染物在吸附材料内部的传质过程会受到阻碍。然而当孔径过大时，又会一定程度上降低材料的孔隙率和比表面积，导致吸附性能的降低。

2.3　吸附材料的表征

表征技术是科学分析材料、认识其多样化结构、评价其性能及物理化学性质、评估其毒性与安全性的根本途径。吸附材料的物化性质和表面特性影响其吸附效果，采用现代测试手段，如吸附比表面测试（BET）、扫描电子显微镜（SEM）、X 射线衍射（XRD）等，对材料进行表征，并利用比表面积、吸附量、再生性能等指标对其进行量化评价是认识吸附材料本质、选择合适的吸附材料进行实验和具体应用的重要手段。

2.3.1 物理表征

2.3.1.1 比表面积

比表面积是评价吸附材料的重要指标，比表面积指单位质量的材料所具有的总面积，单位为 m^2/g。比表面积可以分为外表面积、内表面积两类，非孔性吸附材料只具有外表面积，有孔和多孔吸附材料具有外表面积和内表面积，因此多孔吸附材料往往具有更大的比表面积和更出色的吸附性能。测量比表面积最常用的方法是BET法，通过测量样品在不同氮气分压下的多层吸附量，利用BET方程进行线性拟合，得到直线的斜率和截距，从而求得（氮气单层饱和吸附体积 V_m 值）并计算出被测样品比表面积。BET方程如式（2-10）所示：

$$\frac{p}{V(p_0-p)}=\frac{1}{V_mC}+\frac{C-1}{V_mC}\times\left(\frac{p}{p_0}\right) \tag{2-10}$$

式中　p——吸附平衡时的压力，kPa；

p_0——液氮温度下，氮气的饱和蒸气压，kPa；

V——平衡压力为 p 时氮气的吸附体积，L；

V_m——氮气单层饱和吸附体积，L；

C——与吸附有关的常数。

2.3.1.2 孔径大小和孔隙率

吸附材料的孔径大小和孔隙率决定了吸附质能否进入吸附材料，对吸附材料的吸附效率与选择性具有一定的影响。根据国际纯粹与应用化学联合会的定义：孔径小于2nm的孔隙称为微孔，孔径为2~50nm的孔隙称为介孔，孔径大于50nm的孔隙称为大孔。通常大孔为吸附质提供通往吸附材料内部的通道，然后吸附质逐步扩散到介孔和微孔中去，但大孔所占比例很小，对吸附的作用可以忽略不计；介孔是吸附质进入微孔的通道；微孔在吸附中发挥主导作用，占总表面积的95%以上，是影响吸附的主要因素。

孔隙率指材料的孔隙体积占自然状态下的总体积的比例，其具体计算公式如式（2-11）所示：

$$P=\frac{V_0-V}{V_0}\times100\%=\left(1-\frac{\rho_0}{\rho}\right)\times100\% \tag{2-11}$$

式中　P——吸附材料的孔隙率，%；

V_0——吸附材料的自然堆积体积，m^3；

V——吸附材料的绝对密实体积，m^3；

ρ_0——吸附材料的堆积密度，kg/m^3；

ρ——吸附材料的表观密度，kg/m^3。

一般来说，对于相同的吸附材料而言，孔隙率越大，对应的比表面积也会越大。吸附材料的孔径大小和孔隙率一般也可以通过BET测试获得。

2.3.1.3 形貌

吸附材料的形貌特征可以直观地反映材料的诸多性状，特别是对于纳米吸附材料而言，吸附材料的形貌表征可谓是必备的表征手段。随着量子级显微镜技术的发展，越来越多先进的技术可以用来表征吸附材料的形貌。SEM 技术是通过一束极细的电子束轰击样品表面，电子与样品相互作用产生次级电子、背散射电子等，利用这些电子信号可对样品表面或断口形貌进行观察和分析，得到吸附材料表面的微观图像。Ma 等通过 SEM 表征了碱活化的多壁碳纳米管吸附污染物甲基橙、亚甲基蓝前后的微观形貌特征。

除了扫描电子显微镜技术外，常用的表征技术还包括透射电子显微镜和原子力显微镜。透射电子显微镜可以显示材料内部的二维结构，原子力显微镜可获得作用力分布信息，从而获得材料的纳米级表面形貌及粗糙度等信息。

2.3.2　化学表征

2.3.2.1　表面官能团

表面官能团影响吸附材料在吸附介质中的亲和力、稳定性和对特殊吸附质的选择性等。常用的表面官能团表征手段有傅里叶红外光谱技术（FTIR）、核磁共振（NMR）和 X 射线光电子能谱（XPS）等。FTIR 利用干涉后的红外光进行傅里叶变换，通过比对最终处理得到的透过率、吸光度随波长变化的红外吸收光谱，可以表征吸附材料的表面官能团。Zhuang 等通过 FTIR 表征对比了几种不同种类吸附材料的表面官能团，实验发现，他们合成的石墨烯-大豆蛋白气凝胶吸附材料在 $1227cm^{-1}$ 处有明显的吸收峰带，这表明此吸附材料表面含有 C—OH 官能团。

2.3.2.2　晶型和缺陷

吸附材料的晶型结构可以影响吸附性能，X 射线衍射技术是用来分析材料晶体类型的最常用手段，通过比对标准图谱，可以确定吸附材料的晶体种类。Ai 等通过 X 射线衍射技术分析吸附材料 $CoFe_2O_4$ 和活性炭/$CoFe_2O_4$ 的晶体结构，通过对比 JCPDS 卡片，$CoFe_2O_4$ 为立方尖晶石结构，活性炭/$CoFe_2O_4$ 为单相尖晶石结构。碳吸附材料的晶体缺陷一般采用拉曼光谱（Raman）进行表征和分析，如 Li 等通过拉曼光谱分析了氧化石墨烯和磺化石墨烯吸附材料的缺陷，发现石墨烯的缺陷会反映在其拉曼衍射 D 峰上，并可以通过 I_D 和 I_G 的比值来反映材料的缺陷程度。分析拉曼光谱数据发现，磺化石墨烯吸附材料相比氧化石墨烯具有更多的缺陷。

除上述物理、化学表征方法和指标外，对吸附材料的密度、机械强度、溶胀性、表面电荷和等电势点等指标的表征和分析在应用中也发挥着重要的作用。

2.3.3　吸附材料的评价指标

在实际工程应用中，吸附材料的物化表征参数往往并不是评价吸附材料吸附效能优劣的最直观指标。吸附材料的吸附量与处理效率、吸附速率与平衡时间、再生性能与经济性等评价指标使用更为广泛。

2.3.3.1　吸附量与处理效率

吸附量是评价吸附材料吸附能力的主要指标，一般的吸附量可以用单位质量的吸附材料对吸附质的吸附质量表示，常用单位为 mg/g、g/g，气液吸附界面吸附量可以用 mol/cm^2 来表示。吸附材料的吸附量主要由材料本身的性质和对吸附质的亲和性决定，吸附材料的吸附量也受到溶质浓度（气体分压）的影响，同时吸附介质的温度、pH 值、盐度等指标也会对不同吸附过程的吸附量产生一定的影响。通常，吸附材料的吸附量既可以在吸附过程达到平衡后，通过实际测量获得，也可以通过拟合的吸附等温式，计算出理论的最大吸附量。处理效率是评价吸附处理过程实际处理效果的另一重要指标，对于动态的吸附实验和实际应用的吸附处理过程来说，处理效率相比吸附量更能直观地反映吸附处理的效果。处理效率可以通过式（2-12）来计算：

$$\eta = \frac{c_0 - c_e}{c_0} \times 100\% \tag{2-12}$$

式中　　η——处理效率，%；

c_0——吸附介质中吸附质的初始浓度，mg/L；

c_e——吸附介质中处理后的吸附质浓度，mg/L。

2.3.3.2　吸附速率与平衡时间

吸附速率是评价吸附材料的重要指标之一，指吸附材料在单位时间内吸附的吸附质的质量或物质的量，常用单位为 mg/s、mg/min、mol/s 或 mol/min 等。吸附材料的吸附速率受吸附质在吸附介质和吸附材料表面传质速率的影响，吸附材料的表面官能团、孔隙大小、孔径率等都会影响吸附材料的传质条件和吸附速率，吸附介质的温度、pH 值、溶质浓度（气体分压）、盐度等也会对吸附速率产生影响。吸附操作包含着吸附质的吸附和解吸两个过程。最终的吸附平衡，是吸附材料对吸附质吸附与解吸过程速率相等而达到的动态平衡状态。吸附平衡时间是吸附过程达到动态平衡的最短时间。通常，吸附平衡时间很难通过实际测量确定，研究者可以利用吸附动力学方程拟合，通过计算确定理论的吸附平衡时间。

2.3.3.3　再生性能与经济性

在吸附操作中，吸附材料既需要具有出色的吸附性能，同时吸附材料的再生性能及成本也是评价吸附材料实际可行性的重要指标。吸附材料再生的过程是吸附材料吸附的吸附质在外加条件下的脱附过程，吸附材料的再生性能影响其成本。常见的再生方式包含高温加热脱附再生，降压真空解吸再生，通过无机酸、碱、盐或有机溶剂与吸附材料反应再生，等等。常见吸附材料的市场价格如表 2-6 所示。

表 2-6　常见吸附材料的市场价格

吸附材料	价格/（元/t）	吸附材料	价格/（元/t）
活性氧化铝	4500～6000	硅胶	5000～7000
分子筛	1500～3000	硅藻土	2000～3500
椰壳活性炭	5000～7000	氢氧化钙	5000～6500
普通活性炭	2000～4000	石墨烯	>1000000
白土	1500～3000	碳纳米管	>5000000

2.4　碳质吸附材料概述

2.4.1　活性炭

2.4.1.1　活性炭的概述

活性炭（AC）是经过活化处理的主要成分为碳元素的黑色多孔固体物质，是使用最为广泛的吸附材料之一。活性炭主要由碳元素组成，由于有机物未完全炭化而残留在炭中，或者在活化过程中，外来的非碳元素与活性炭表面化学结合，活性炭还含有氢和氧等元素。

（1）活性炭的物理和化学性质

① 活性炭的物理性质。比表面积是表征活性炭吸附性能的重要参数，常规活性炭的比表面积为 $500\sim1700\text{m}^2/\text{g}$，特殊方法制备的超级活性炭的比表面积可以高达 $3000\sim4000\text{m}^2/\text{g}$。经过炭化和活化的活性炭具有发达的孔隙结构，平均孔径为 $1\sim2\text{nm}$，孔体积为 $0.6\sim1.1\text{mL}/\text{g}$，孔隙率为 $35\%\sim75\%$。活性炭不同大小孔隙的结构示意图如图 2-3 所示。

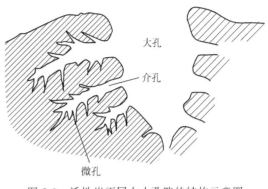

图 2-3　活性炭不同大小孔隙的结构示意图

② 活性炭的化学性质。活性炭的吸附能力不仅受到比表面积、孔隙率等物理性质的影响，还与化学性质密不可分。活性炭中碳元素含量一般大于 85%，还含有氧、氢、硫、氮、氯等元素和灰分等。活性炭为非极性的材料，但可以通过表面不饱和的共价键与氢、氧元素结合，形成丰富的活性官能团。这些活性官能团有助于污染物吸附质在吸附介质中的传递，并提供了一定的表面吸附位点，增强了活性炭的吸附性能。含氧官能团和含氮官能团是活性炭主要的表面官能团。含氧官能团主要为酸性官能团，通常活性炭的含氧量越高，其酸性就越强，这些含氧酸性官能团可以表现出阳离子的交换特性。活性炭中代表性的含氧官能团如图 2-4 所示。

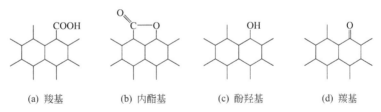

(a) 羧基　　　　(b) 内酯基　　　　(c) 酚羟基　　　　(d) 羰基

图 2-4　活性炭中代表性的含氧官能团

活性炭的含氮官能团可以通过活性炭与含氮试剂直接反应引入，也可以用含氮的活性炭原料直接制备。活性炭表面的含氮官能团通常表现出碱性特征以及阴离子交换特性。活性炭中代表性的含氮官能团如图 2-5 所示。

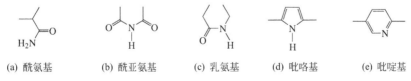

(a) 酰氨基　　(b) 酰亚氨基　　(c) 乳氨基　　(d) 吡咯基　　(e) 吡啶基

图 2-5　活性炭中代表性的含氮官能团

（2）活性炭的分类

可以按照孔径大小、外观形状和原料来源等对活性炭进行分类。

① 孔径大小。根据活性炭中占主要地位的孔隙的孔径大小，可以将活性炭分为微孔活性炭（孔径小于 2nm）、介孔活性炭（孔径介于 $2\sim50\text{nm}$ 之间）和大孔活性炭（孔径大于

50nm）。

② 外观形状。如图 2-6 所示，按照形状可以将活性炭主要分为粉末状活性炭、颗粒状活性炭和纤维状活性炭。

(a) 粉末状活性炭　　　　(b) 颗粒状活性炭　　　　(c) 纤维状活性炭

图 2-6　不同形状的活性炭

粉末状活性炭与颗粒状活性炭的区别是其粒度的大小，大于 0.18mm 的颗粒占多数的活性炭为颗粒状活性炭（granular activated carbon，GAC），小于 0.18mm 颗粒占多数的活性炭为粉末状活性炭（powdered activated carbon，PAC）。颗粒状活性炭的原料来源一般为椰壳或果壳，粉末状活性炭一般以木屑或煤等为原料。纤维状活性炭（fiber active carbon，FAC）是由纤维状含碳原料在特定条件下经炭化、活化等处理而制得的材料。纤维状活性炭主要用来吸附气体污染物。研究表明，它对有机蒸气有较大的吸附量，对一些恶臭物质的吸附量高于颗粒状活性炭，在吸附质浓度较低的条件下，它仍保持着出色的吸附能力和速率。

③ 原料来源。按原料来源可将活性炭分为木质活性炭、煤质活性炭和合成材料活性炭。

a. 木质活性炭：常见木质活性炭的主要原料可以是木屑、果壳、椰壳等生物质。这些材料一般为可再生的绿色资源，具有很好的生物亲和性和丰富的活性官能团，本身具有多孔性的毛细管体系，灰分低，杂质少，容易活化，微孔结构也便于调整。椰壳活性炭是目前应用最为广泛的木质活性炭材料之一，经过活化，它具有较大的比表面积和孔隙率，比表面积可达 $1000 \sim 1600 m^2/g$。

b. 煤质活性炭：煤质活性炭是以特定煤种或配煤为原料，经炭化及活化制成。主体成分为层状结构的类石墨炭质，炭质成分为 $80\% \sim 90\%$，也含有氢、氧、硫、氮等元素以及一些无机矿物质。煤质活性炭的机械强度高，易反复再生，造价低，可以用于有毒气体的净化、废气处理、工业和生活用水的净化处理、溶剂回收等方面。

c. 合成材料活性炭：除了用自然界本身存在的木质或煤质材料制作活性炭外，一些人工合成材料也可以成为制作活性炭的材料来源。工业上的塑料如聚氯乙烯、聚丙烯、呋喃树脂、酚醛树脂、脲醛树脂、聚碳酸酯等都可以用来生产活性炭。

不同材质和形状的活性炭在环境领域的主要用途如表 2-7 所示。图 2-7 给出了制备活性炭的几种不同类型的原料。

表 2-7　不同材质和形状的活性炭在环境领域的主要用途

原料材质	形状类型	主要用途
煤质活性炭	柱状煤质颗粒活性炭	烟气净化、脱硫脱硝、水质净化、污水处理等
	破碎状煤质颗粒活性炭	气体净化、水体净化、污水处理等
	粉状煤质活性炭	应急处理、垃圾焚烧、化工脱色、烟气净化等
	球形煤质颗粒活性炭	炭分子筛、催化剂载体、防毒面具等

原料材质	形状类型	主要用途
木质活性炭	柱状木质颗粒活性炭	水质净化等
	破碎状木质颗粒活性炭	空气净化、溶剂回收、水质净化等
	粉状木质活性炭	水体净化、脱色等
合成材料活性炭	柱状合成材料颗粒活性炭	气体分离与净化、水体净化、烟气净化、污水处理等
	破碎状合成材料颗粒活性炭	空气净化、异味脱除、给水与污水处理等
	粉状合成材料活性炭	水质净化、垃圾焚烧、脱色、烟气净化等
	成形活性炭	净水滤芯、净水滤棒、净空蜂窝体、过滤吸附等
	球形合成材料颗粒活性炭	水体净化等
	布类合成材料活性炭	防毒服、气相除臭等
	毡类合成材料活性炭	气相除臭、净空滤器、净水滤器等

(a) 椰子壳　　　　　　　(b) 无烟煤　　　　　　　(c) 聚氯乙烯

图 2-7　不同类型的活性炭原料

2.4.1.2　活性炭的制备

从原始材料到实际使用的活性炭主要分为四步，分别为原料的预处理、原料的炭化、炭化料的活化、后处理。其中，原料的炭化和炭化料的活化阶段是活性炭制备最重要的步骤，它们对活性炭的品质和吸附能力起着重要的作用。活性炭制备的简易流程如图 2-8 所示。

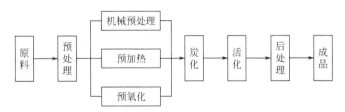

图 2-8　活性炭制备的简易流程图

（1）原料的预处理

对原料进行预处理，可以给后续的操作步骤提供更有利的条件，提高活性炭的制备效率，提高最终产品的质量。预处理时，可以利用机械对原料进行剪切、研磨、粉碎，通过筛分得到满足后续生产工艺需求的活性炭原料；可以将原料于低温（200～300℃）和较高温度（700～1200℃）的惰性气体氛围中进行预加热处理；也可以通过预氧化对原料进行改性，促进原料表面的官能团在活化过程中发挥作用。

（2）原料的炭化

炭化是指原料在隔绝空气与强热（500℃左右）的环境下发生的脱水、脱酸的热分解和缩聚等反应。炭化过程中大部分的非碳元素（如氢、氧）因原料的高温分解首先以气体形式去除，而剩下的碳元素则组合成有序的结晶物。炭化温度和时间不仅决定最终活性炭产品的机械强度等级，还影响产品的孔结构特性和吸附性能等指标。

（3）炭化料的活化

活化阶段是制备活性炭的最关键步骤。活化是利用活化剂与炭化料的相互作用，在材料基本孔道的基础上发展新的孔道和扩孔，以产生发达的孔隙结构的过程。活化反应可以通过开放原闭塞孔、扩大原有孔隙和形成新的孔隙三种方式达到活化造孔的目的。活性炭的活化方法主要包括物理活化法、化学活化法、物化联合活化法。物理活化法是将炭化料在高温（800～900℃）下用水蒸气、二氧化碳或空气等氧化性气体与原料发生反应，在原料内部形成发达的微孔结构。常见气体活化的基本反应式如下：

水蒸气活化：$\qquad C+H_2O \longrightarrow H_2+CO$

二氧化碳活化：$\qquad C+CO_2 \longrightarrow 2CO$

空气活化：$\qquad C+CO_2 \longrightarrow 2CO$

物理活化法具有工艺简单、二次污染小、制备产物可以不需要清洗、对设备腐蚀小等优点。相比于化学活化法，物理活化法可以通过控制反应温度和加入氧化气体量等条件，得到更好的微孔结构。

化学活化法是指利用化学试剂对活化对象进行活化的方法。通常将合适的化学活化剂与原料混合，在惰性保护气体的条件下进行加热活化。由于化学活化剂大多具有脱水功能，化学活化法的炭化和活化操作可以一步完成，有效简化活性炭的制备流程。化学活化法所需的温度较低，具有能耗低、活化时间较短、步骤简单的优点。但是，化学活化法对设备的腐蚀性较大，制备的活性炭需要进行清洗，进一步后处理之后才能使用。碱金属和碱土金属的氢氧化物、无机盐类及一些酸类物质是目前常用的活化剂。几种常用活化剂的活化温度和活化特点比较如表2-8所示。

表 2-8　不同活化剂活化温度和活化特点比较

活化剂	活化温度/℃	活化特点
$ZnCl_2$	600～700	活化产物收率高,微孔、介孔发达
KOH	800～900	活化产物比表面积大、微孔发达,活化反应快
H_3PO_4	400～600	较 $ZnCl_2$ 的活化产物孔径小,介孔发达

物化联合活化法是在活性炭原料中加入一定数量的化学活化剂，再经过炭化和物理活化的联合活化法。物化联合活化法在活化前需将待活化活性炭进行浸渍处理，使原料内部形成传输通道，从而有利于气体活化剂进行刻蚀造孔。该方法可通过控制浸渍比和浸渍时间来调控活性炭的比表面积大小和孔径分布，还可以修饰活性炭的表面得到特殊的官能团。

（4）后处理

经过化学活化的活性炭往往带有残留的化学活化剂，不能直接作为吸附材料使用，需要通过清洗等后处理操作对活化的活性炭进行加工。通过炭化和活化直接生产出的活性炭大多呈粉状结构，不利于运输和保存，需要通过后处理工艺将活性炭黏结成形，制备出实际所需的形状和粒径大小的活性炭。

2.4.1.3　活性炭的改性和再生

（1）活性炭的改性

未经改性、直接制备得到的活性炭大多存在比表面积较小、孔径分布不均匀、污染物选择性能较差等缺点。因此，需要对活性炭进行改性，以满足实际应用的需要。活性炭的改性技术即采用物理、化学或微生物的手段对活性炭进行处理，改变活性炭物理结构特性或表面化学特性，使其吸附能力提升的同时增强对特殊污染物的亲和力。

活性炭的物理结构特性包括活性炭的比表面积、孔径分布及大小、表观形状等，它们可以通过物理和化学的手段进行控制和改变。传统的物理改性方法是热控制法，可以通过改变活性炭加热过程中的参数，进行开孔和扩孔，通过热收缩法进行缩孔，通过气相热解法完成堵孔。通过控制加入的化学活化剂种类，也可以进一步使孔隙结构更加丰富，孔径分布更均匀。另外，近几年采用的微波法和超声法改性也是活性炭改性研究的方向。

活性炭的表面化学特性对其在介质中的亲疏性和吸附能力具有决定性影响。化学官能团作为活性中心影响活性炭表面化学性质，其中含氧官能团作为表面改性的重点，起着重要的作用。目前活性炭表面改性的手段较多，主要包括氧化改性、还原改性、负载金属改性和电化学改性。

① 氧化改性。氧化改性是利用强氧化剂对活性炭的表面进行氧化处理的改性方法。氧化改性主要为了提高表面含氧酸性基团（如羟基、羧基、羰基、醌基等）的含量，达到增强活性炭的表面极性、提高其对极性物质吸附能力的目的。氧化剂选择较多，目前常用氧化剂为 HNO_3、$HClO$、H_2SO_4、Cl_2、H_2O_2、$(NH_4)_2S_2O_8$ 等。

② 还原改性。与氧化改性相反，还原改性主要是通过还原剂在适当的温度下对活性炭表面官能团进行还原改性，主要通过提高含氧碱性基团的比含量，从而增强表面的非极性。经还原改性的活性炭对非极性物质具有更强的吸附性能。目前比较常用的还原剂为 H_2、N_2、$NaOH$、KOH、氨水等。

③ 负载金属改性。负载金属改性是指首先将金属离子（铜离子、铁离子和银离子等）负载在活性炭的表面，然后利用活性炭的还原性，将金属离子还原成单质或低价态的离子，再利用负载金属或金属离子对吸附物较强的结合力，增加活性炭对污染物的吸附能力。

④ 电化学改性。电化学改性的原理是利用微电场使活性炭表面的电性发生改变，从而提高其对污染物的吸附性能。该方法无须加热，也无须添加化学试剂，而且具有二次污染少、能耗低、操作方便等优点。活性炭表面的官能团会受到溶液电势的影响：当活性炭电势增高时，活性炭表面的官能团易质子化而带正电，增加对带负电污染物的选择吸附性；反之，当活性炭电势降低时，活性炭表面的官能团会去质子化而带负电，增加对带正电污染物的吸附性能。

（2）活性炭的再生

相对于其他无机吸附材料，活性炭的价格相对较高，使用后如果不对其加以再生而直接丢弃，不仅会增加吸附处理的成本，而且会对环境造成二次污染。因此，活性炭的回收和再生非常必要。活性炭的再生就是将吸附达到平衡的活性炭经过特殊处理而使吸附质发生脱附，从而使活性炭恢复绝大部分的吸附能力，便于重新用于吸附污染物。活性炭的再生技术主要包括热再生法、化学药剂再生法、生物再生法、电化学再生法、催化湿式氧化再生法等。

① 热再生法。热再生是目前应用最多、工业应用最成熟的活性炭再生方法之一。该方

法通过升高吸附饱和的活性炭的温度，使吸附质分子脱离活性炭表面进入液相或气相，或发生化学反应，使吸附质分子降解去除。该过程分为干燥、高温炭化及活化三个阶段。a. 干燥：利用机械物理作用将活性炭表面的水分去除。b. 高温炭化：在约 800℃ 加热活性炭，使大部分有机物分解、气化，并使生成的小分子脱附，剩余的部分以固定碳的形态残留下来。c. 活化：在 800～1000℃ 范围内加热活性炭，使残留的炭与水蒸气、二氧化碳或氧气等反应，以清理活性炭的孔隙，恢复其吸附性能。热再生法具有再生效率高、时间短、二次污染小等优点，但其炭损失较大，会造成再生活性炭的机械强度下降，无法多次使用。同时，热再生法还具有耗能大、设备投资成本高等缺点。

② 化学药剂再生法。化学药剂再生法是利用不同的化学药剂与吸附材料上的吸附质反应，使吸附质发生脱附或者降解，从而获得再生的活性炭的方法。目前常用的无机化学药剂有硫酸、盐酸、氢氧化钠等；常用的有机化学药剂包括苯、丙酮和甲醇等。化学药剂再生法可以对完成脱附的部分吸附质进行分离，从而实现有用物质的回收。该方法具有针对性强、设备简单、能耗相对低的优点，但也存在再生率低、易堵塞微孔、剩余溶剂易产生二次污染等缺点。

③ 生物再生法。生物再生法是利用驯化的微生物对活性炭上吸附的污染物进行降解，从而实现活性炭的再生的方法。由于活性炭能够将有机物长时间吸附在其表面，微生物能够通过自身代谢的酶等对一些不易降解的有机物进行降解，使活性炭再生。但对于那些不能被微生物降解的有机物，生物再生法的使用会受到限制。生物再生法具有工艺简单、投资和运行费用较低等优点，但存在再生时间长、微生物受水质和温度的影响很大、微生物需经过专门驯化等问题。

④ 电化学再生法。电化学再生法是将活性炭填充在两个电极之间，通入直流电使活性炭在电场作用下发生极化，从而形成微电解单元，以实现活性炭再生的方法。再生过程包括两方面作用，一方面是依靠电泳力使炭表面有机物脱附，另一方面是依靠氯气、次氯酸等电解产物氧化分解吸附质，使吸附质发生脱附和分解。常用的填充电解液包括氯化钠、盐酸、硫酸、氢氧化钠等。电化学再生法的再生效率可达 80%～95%，具有二次污染小、再生活性炭性能好等优点，但同时也存在能耗高等问题。

⑤ 催化湿式氧化再生法。催化湿式氧化再生法是指在高温（200～250℃）、高压（3～7MPa）下，用氧气或空气作为氧化剂，将处于液相状态下的活性炭吸附质氧化分解的一种处理方法。该方法处理对象广泛，同时反应时间较短。但再生效率不高、所需设备需要耐腐蚀和耐高压氧化、废气和废液需进一步处理等缺点限制其推广和应用。

2.4.1.4 活性炭的应用

(1) 给水处理中的应用

活性炭在给水处理中的应用已有超过 50 年的历史，最早用于美国芝加哥的自来水处理，开始主要用于去除水中的臭味和颜色，并很快在各地自来水厂普及。我国传统的给水处理工艺为：混凝、沉淀、过滤和消毒。因活性炭工艺成本相对较高，一开始并没有包括活性炭的处理。随着水体污染的多元化和人们对饮用水质量要求的提高，活性炭及其联用工艺可有效去除自来水中色、嗅、味和有机物，成为我国自来水厂给水处理的常规处理工艺或应急给水处理的常见工艺。

臭氧-生物活性炭工艺目前在自来水厂应用较多，主要是用于给水的深度处理。该工艺首先利用臭氧的预氧化作用，初步氧化分解水中的有机物及其他还原性物质，然后利用生物活性炭去除水中残留的溶解性有机物、浊度、臭味和色度，同时改善水的口感。活性炭除了去除污染物，还可以作为水中微生物的载体，使其形成具有氧化降解和吸附双重作用的生物膜。其具体工艺流程图如图 2-9 所示。

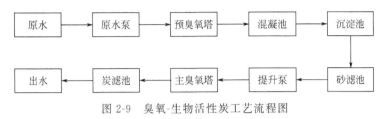

图 2-9　臭氧-生物活性炭工艺流程图

（2）污水处理中的应用

生活污水和工业废水是水污染的两大主要来源，在其处理过程中，都可以见到活性炭吸附工艺的身影。活性炭吸附工艺作为生活污水的辅助处理措施，不仅可以去除其中的臭味和浊度，还可以有效降低化学需氧量（COD）和氮磷等营养元素的含量，减轻其他操作的负担。与生活污水不同，工业废水的典型来源有印染厂、电镀厂、制药厂等工业场所，其水质复杂、COD 含量高、可生物降解性差，部分具有较高的色度和浊度，含有高浓度的重金属离子，如铜、铅、铬等，部分残留有毒有害、酸碱性高的化学试剂。由于以上特性，工业废水通过单一的传统生物法进行处理的效果不佳。活性炭吸附工艺可以作为工业废水的辅助或者深度处理方式，有效提高工业废水的处理效果，在工业废水的处理中具有广泛的研究和应用。

（3）气体处理中的应用

活性炭吸附在气相中的应用主要包括室内空气净化和工业废气的吸附处理。甲醛是最具有代表性的室内污染气体，它刺激人的眼部和呼吸道，影响中枢神经系统，严重危害身体健康。利用活性炭对甲醛进行吸附处理，是目前研究和应用的热点。工业废气中含硫和含氮化合物的含量是废气排放的两大重要指标。传统脱硫脱硝工艺（如湿式石灰石/石膏法等）具有设备成本高、占地面积大、存在二次污染等缺点。因此，作为一种"物美价廉"的处理方式，活性炭吸附工艺在烟气的脱硫脱硝过程中也有着广泛的应用，是目前研究的热点。

2.4.2　碳纳米管

2.4.2.1　碳纳米管的概述

碳纳米管（CNTs）是种新型的一维碳纳米材料，是碳元素的同素异形体之一。碳纳米管可以看作石墨烯片层卷曲而成，每个管状层由碳六边形构成，与石墨的结构相似，其中的碳原子以 sp^2 杂化为主，混合有部分的 sp^3 杂化，彼此还可以形成 p 轨道重叠的高度离域化的大 π 键。如图 2-10 所示，其按照石墨烯片的层数可分为单壁碳纳米管（SWCNTs）和多壁碳纳米管（MWCNTs）。

MWCNTs 的层数可以在两层到几十层之间，层与层之间保持固定的距离，约为 0.334nm，其直径一般为 2～20nm。SWCNTs 又称为富勒管，其直径分布范围小、缺陷少，具有更高的均匀一致性，管径一般为 0.7～3.0nm，是一种理想的纳米通道。

碳纳米管的特殊结构决定了其出色的机械、电学和吸附性质，其具有极高的机械强度和

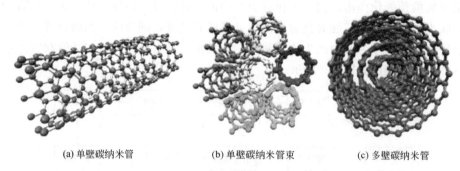

(a) 单壁碳纳米管　　　　　(b) 单壁碳纳米管束　　　　　(c) 多壁碳纳米管

图 2-10　碳纳米管层数分类

理想的弹性，其杨氏模量与金刚石相当，约为 1.8TPa，是钢的 5 倍左右。由于电子的量子限域，电子表现出典型的量子限域效应，因此碳纳米管表现出独特的电学性能。碳纳米管具有金属性和半导体性，而且具有很高的热稳定性和化学稳定性，以及优异的热传导能力和光学性能等。

2.4.2.2　碳纳米管的制备和纯化

（1）碳纳米管的制备

目前制备碳纳米管常用的方法包括电弧放电法、化学气相沉积法和激光蒸发法等。

① 电弧放电法。电弧放电法是最早用来合成碳纳米管的方法，其原理是利用电极间气体放电电弧产生的高温进行石墨的蒸发，使其发生结构重排，最后通过沉积形成碳纳米管。该方法通常选择面积较大的纯石墨为阴极，以含有催化剂的细石墨棒作为阳极，反应在充有一定惰性气体、氢气或其他气体的低压电弧室内进行。电弧放电法具有生长速率快、工艺易控制等特点，可实现单层或者多层碳纳米管的制备，而且所制成的产品具有结晶度高、纯度高等优点。但该法也存在温度相对较高、制备装置复杂、产量低、成本高等缺点，不宜进行大规模生产。

② 化学气相沉积法。化学气相沉积（CVD）法也称为催化热解法，是指在一定裂解温度和金属催化剂的作用下，以烃为碳源，在催化剂细小颗粒表面分解出碳原子团簇，并经重新组合生成碳纳米管结构的方法。常见金属催化剂有 Fe、Co、Ni、Pt、Cr、Mo 等，碳源主要包括甲烷、乙烯、乙炔、丙烯、正己烷、芳香烃等。与电弧放电法相比，CVD 法制备的碳纳米管虽然具有缺陷多、结晶度低等缺点，但该法简单易行且产率较高，能够有效实现碳纳米管的大批量工业生产。

③ 激光蒸发法。激光蒸发法是一种新型碳纳米管制备工艺。其原理是利用高能量密度的激光，在反应温度 1200℃和惰性气体的保护下，轰击掺杂有 Fe、Co、Ni 等过渡金属的石墨靶材，所形成的气态碳与催化剂颗粒被气流从高温区带向低温区，利用催化剂的作用使碳相互碰撞生成碳纳米管。该法所制备的碳纳米管纯度高，调控性强，但是能耗高、实验设备复杂、制备成本高，同样不适合大规模的生产。

（2）碳纳米管的纯化

以上方法制备的碳纳米管通常都会含有一些杂质，如无定形碳、富勒烯、金属催化剂颗粒等，这些杂质对碳纳米管的相关性能及广泛应用都具有较大影响。因此，需对碳纳米管进行纯化处理。纯化的目的在于去除杂质，消除碳纳米管生长过程中的结构缺陷。物理法和化学法是目前碳纳米管纯化的主要方法。

① 物理法。物理法是指根据纯碳纳米管与杂质之间的物理差异，如粒度、密度、导电性、形状等，利用空间排阻色谱法，再通过离心、过滤、电泳等操作，实现杂质碳与碳纳米管的有效分离，以获得纯度较高的碳纳米管。空间排阻色谱法是一种按分子大小顺序进行分离的色谱方法，该色谱法的填充剂是一种含有许多大小不同的孔洞的立体网状物质，这些孔洞可以将不同尺寸的碳纳米管与杂质分开，达到提纯的目的。离心分离法是一种利用离心机高速旋转时产生的离心力将密度不同的物质分离出来的方法。电泳纯化法利用碳纳米管的电各向异性，在交变电场作用下碳纳米管会向阴极移动，从而达到纯化的目的。

② 化学法。化学法是指利用碳纳米管与所含杂质间存在的化学稳定性差异，通过加入强酸、强碱等化学试剂使得杂质转化为易挥发或者可溶性的物质，从而实现碳纳米管的纯化。目前最为常用的化学法是气相氧化法和液相氧化法。气相氧化法可以通过控制反应温度、反应时间、氧化气体流速等实验参数达到提纯目的。液相氧化法与气相氧化法的原理相同，但其克服了气相氧化法的氧化时间和氧化深度难以掌握、氧化过程中氧化气体的局部不均匀性以及产率低等不足。

2.4.2.3　碳纳米管的修饰

碳纳米管本身也存在一定的缺陷，限制了其在吸附领域的应用。碳纳米管之间存在很强的范德瓦耳斯力，极易产生团聚或缠绕现象，减少了实际的比表面积和吸附性能；碳纳米管为疏水性非极性材料，在水溶液等介质中很难分散并与污染物很好地接触；碳纳米管由单一的碳原子组成，化学活性偏低，在制备复合材料时较难与基体紧密结合。通过对碳纳米管进行有效的修饰，可以改善其在吸附介质中的分散性能，提高其与目标污染物之间的亲和力，增强它们之间的相互作用。碳纳米管的表面修饰主要分为物理修饰和化学修饰。

（1）物理修饰

机械改性是碳纳米管物理修饰的主要方法之一，其原理是运用粉碎、摩擦、球磨、超声等手段对碳纳米管的表面进行激活，从而达到改变其表面物理化学结构的目的。物理修饰主要的方式是将碳纳米管的内能增大，在外力作用下，碳纳米管活化的表面与其他物质发生反应、附着。此外，外膜修饰和高能修饰也是目前发展的新工艺。

（2）化学修饰

化学修饰是利用化学手段改善碳纳米管表面的特性，增加其吸附性能的修饰方法。化学修饰主要分为共价修饰和非共价修饰。共价修饰主要是利用碳纳米管与化学修饰试剂之间建立强烈的化学键来修饰碳纳米管表面。Lu 等采用混合酸和强氧化剂对氧化的碳纳米管进行修饰改性，并用于 Zn^{2+} 的吸附实验研究。结果表明，氧化处理后的碳纳米管表面具有更多负电荷，具有较好的亲水性能和吸附能力。非共价修饰则是碳纳米管利用范德瓦耳斯力、氢键、π-π 作用等非化学键与修饰试剂进行作用。例如碳纳米管的碳原子杂化形成了高度离域的 π 电子，这些 π 电子可以用来与含有 π 电子的其他化合物通过 π-π 作用、非共价键作用相结合，进而实现修饰。

2.4.2.4　碳纳米管的应用

（1）重金属离子

重金属离子易与 CNTs 的活性官能团发生络合、离子交换、静电引力等作用，而且重金属离子的吸附量随 CNTs 表面含氧量的增加而增加。CNTs 在纯化之后，会在其末端及缺陷处引入含氧官能团，这些含氧官能团增加了碳管表面的负电荷，能够给金属离子提供更多孤对电子，增强了它们之间的阳离子交换能力。Ma 等利用 KOH 固相活化工艺法，制备了化学性质稳定的磁性碳纳米管吸附材料，并用于水中 AsO_4^{3-} 和 AsO_3^{3-} 吸附效果的考察。实验结果表明，磁性碳纳米管吸附材料对 AsO_3^{3-} 和 AsO_3^{3-} 具有出色的吸附效果，吸附量分别达到 9.74mg/g 和 8.13mg/g，并可以通过磁场进行有效分离。

（2）有机污染物

碳纳米管表面具有疏水性，而且表面通常带有负电荷，又因其具有较大的比表面积和较强的反应活性，所以可以通过疏水作用、π-π 杂化作用和静电引力等作用与芳香族有机物、染料或抗生素等结合。Ma 等利用经次氯酸钠改性和磁性修饰的纳米管原始样品吸附水中的亚甲基蓝污染物，结果发现改性的碳纳米管在水中有出色的吸附性能，最大吸附量达到了101.6mg/g，同时，溶液中的碳纳米管还可以利用磁场进行分离，不仅实现了碳纳米管吸附剂的高效回收，而且减少了碳纳米管吸附材料可能对环境带来的二次污染。

（3）气体污染物

碳纳米管也可以作为气相吸附材料去除氮氧化合物、氨气、有机化合物等气体污染物。例如，Long 等将 MWCNTs 用作处理气相中二噁英的吸附材料。实验结果表明，碳纳米管的单一结构和电子特性对其吸附二噁英发挥了重要作用，碳纳米管对二噁英的吸附量明显高于活性炭。

碳纳米管具有较大的比表面积和丰富的孔隙结构，通过进一步的改性处理还可以获得活性官能团和亲水能力。其具有吸附速率快、吸附能力较强、适用 pH 值范围大的优点，是一种具有发展潜力的高效吸附材料。但其在吸附方面的研究和实际应用仍然存在一些问题，例如，有关碳纳米管吸附材料的研究主要集中在液相重金属和染料的处理领域，有关其他污染物特别是气相污染物和液相复合污染物的研究还有所欠缺，尚待后续研究。

2.4.3 石墨烯

2.4.3.1 石墨烯的概述

石墨烯是 21 世纪最具有发展潜力的材料之一，它是一种由单层碳原子经 sp^2 杂化形成的二维蜂窝状晶格结构。2004 年，安德烈·盖姆和康斯坦丁·诺沃肖洛夫两位科学家通过胶带反复剥离，成功制备了石墨烯，他们还因此荣获了 2010 年的诺贝尔物理学奖。石墨烯是目前世界上最薄的一种二维材料，它的厚度仅为 0.35nm，最大理论比表面积可以达到 2630m^2/g。如图 2-11 所示，石墨烯还可作为合成其他维度碳材料的基础构件。

由于其特殊的结构，石墨烯具有许多独特的性能，例如，石墨烯的杨氏模量高达 1000GPa，它的电子迁移速率可达 200000cm^2/（V·s），热导率最大约为 5000W/（m·K）等，这些参数都远优于常用的金属、有机等材料。近年来，利用石墨烯及其衍生物作为吸附材料处理环境中污染物质的研究日益增多。

氧化石墨烯和还原氧化石墨烯是实际研究中最常见的石墨烯衍生物。氧化石墨烯是石墨烯的氧化物，与石墨烯相比，它的表面具有羟基、羧基、环氧基等丰富的含氧官能团，这些官能团不仅能提供丰富的吸附位点，还可以和溶剂水形成氢键，有效地改善石墨烯的疏水性。氧化石墨烯具有两性分子的特征，氧化石墨烯薄片的边缘到中央呈现亲水至疏水性的分布，同时它的芳基结构也有利于通过 π-π 堆叠与疏水类物质产生相互作用。此外，与碳纳米管相比，氧化石墨烯的生物相容性更好；与石墨烯相比，氧化石墨烯材料的成本更低。还原

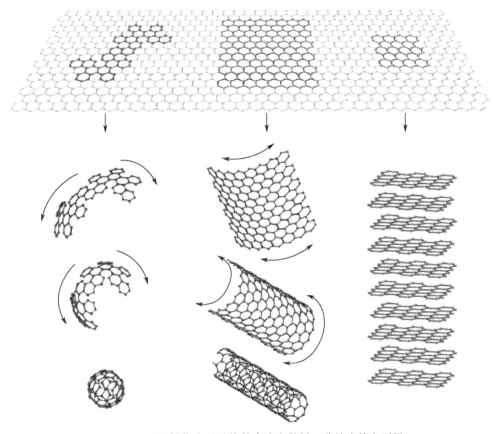

图 2-11　石墨烯作为基础构件合成富勒烯、碳纳米管和石墨

氧化石墨烯是将氧化石墨烯通过还原试剂、高温加热等方式还原得到的石墨烯材料，还原过程可以将部分的氧除去，恢复石墨烯原有的性能。石墨烯、氧化石墨烯和还原氧化石墨烯的分子结构单元如图 2-12 所示。

(a) 石墨烯　　　　　　　　　(b) 氧化石墨烯　　　　　　　　　(c) 还原氧化石墨烯

图 2-12　不同类别石墨烯的分子结构单元

2.4.3.2　石墨烯的制备

（1）机械剥离法

机械剥离法是借助物理手段，从堆叠的石墨材料中层层剥离，最终获得单层石墨烯的制

备方法。最典型的机械剥离法就是其发现者安德烈·盖姆、康斯坦丁·诺沃肖洛夫的"胶带剥离法",即在特定的石墨表面刻蚀出槽面,并将其压制在附有光致抗蚀剂的基底上,接着焙烧,然后用透明胶带反复剥离出多余的石墨片,并在大量的水与丙醇中超声清洗,去除大多数的较厚片层,最后在原子力显微镜下挑选出厚度仅有几个单原子层厚的石墨烯片层。虽然工艺过程简单,成本不高,但制备时间较长,重复性偏差,很难实现石墨烯的大规模制备。

(2) 氧化石墨还原法

氧化石墨还原法是目前最常用的制备石墨烯的方法,其中最常用的是 Hummers 法,该方法以石墨为原料,利用浓硫酸和高锰酸钾的强氧化性,在石墨的层间插入羟基、环氧基及羧基等含氧基团。强氧化过程拉大了石墨的层间距,使石墨层间距由 0.34nm 扩大到约 0.78nm。强氧化之后得到了石墨的氧化物,再通过超声等外力作用剥离,得到单原子层厚度的石墨烯氧化物,之后进一步还原制备得到石墨烯。这种方法制备的石墨烯通常为单层的石墨烯片。

(3) CVD 法

CVD 法是制备石墨烯的一条有效途径,该法主要是将金属薄膜、金属单晶等基底置于高温可分解的前驱体气体中,接着利用高温退火使碳原子沉积在基底表面形成石墨烯,最后用化学腐蚀法去除金属基底后得到石墨烯片。该法具有较好的可控性,可通过控制基底类型、生长温度、前驱体流量等参数调控石墨烯的生长,所制备的石墨烯不仅质量较好,而且还能获得完整且表面积较大的石墨烯单层薄膜。

(4) 其他方法

有机合成法,即将由 sp^2 碳原子杂化而形成的稠环芳烃通过一定方法聚合在一起构成石墨烯;外延生长法,即在单晶表面外延生长石墨烯,再通过化学刻蚀将其从基片上转移下来;碳纳米管切割法,即将纳米管沿轴向剪开制备石墨烯;电弧法,即在高电压、电流和氢气存在的条件下,两个石墨电极靠近到一定程度时会产生电弧放电,在反应室内壁区域可得到石墨烯。

2.4.3.3 石墨烯的功能化

(1) 共价键功能化

共价键功能化是目前研究最为广泛的功能化方法,即将用于修饰的化学基团通过共价键与石墨烯表面结合。虽然石墨烯具有稳定的蜂窝状六元环结构,但是其边沿或缺陷处往往具有较高的反应活性,可以为石墨烯共价键功能化提供位点。通常利用酸化处理,使石墨烯带有亲水性的含氧基团,通过与含氧基团反应引入新的官能团或分子链,从而进一步对石墨烯进行功能化。

(2) 非共价键功能化

非共价键功能化是通过静电作用、氢键、π-π 作用、疏水作用等非共价键作用,引入功能化的分子或离子以改善石墨烯性能的功能化方法。石墨烯表面本身带负电,静电作用是利用正负电荷之间的静电吸引力,实现加入化学试剂与石墨烯结合的非共价键功能化的方法。石墨烯分子具有大 π 键共轭体系,可以和芳香系化合物、杂环类化合物等共享 π 电子,通过 π-π 作用结合,实现功能化。由于石墨烯表面具有疏水性,利用疏水作用在其基层上接枝功能分子也是非共价键功能化的一种重要方法。相比于共价键功能化,非共价键功能化对结构的破坏相对较小,能较好保持其原有结构,且修饰的分子或离子在石墨烯材料中的分散相对均匀,操作步骤相对简单。

(3) 复合材料

石墨烯材料本身的价格较高，其表面的疏水性和层间易于团聚等缺点限制了其在吸附处理水相污染物中的应用。传统的天然高分子，如壳聚糖、淀粉、纤维素等吸附材料，来源广泛，价格相对较低，具有很好的亲水性和生物相容性。将这些材料通过超声等方式与石墨烯均匀混合，可以制备新型复合吸附材料，有效降低成本，提高材料的吸附性能。除此之外，二氧化钛和零价铁等功能纳米材料与石墨烯复合，也有效地提高了复合材料对污染物的处理能力。

2.4.3.4 吸附领域中石墨烯的应用

(1) 重金属离子

石墨烯材料具有超高的比表面积和丰富的孔结构，是天然的优良吸附材料，它表面本身带有负电荷，可以与重金属阳离子产生静电引力，增加了石墨烯材料对重金属的亲和能力和吸附性能。通过改性，石墨烯表面含有大量的活性官能团，这些官能团为吸附重金属提供了额外的吸附位点，重金属离子还可以通过离子交换、螯合等作用力，吸附在功能化石墨烯材料表面，具有较高的吸附量。

(2) 有机污染物

石墨烯及其衍生吸附材料对染料表现出出色的吸附性能，石墨烯表面的负电性可以和水溶液中的染料阳离子产生静电吸引作用，其碳六元环可与有机染料芳香环形成 π-π 键。Ma 等制备了石墨烯与海藻酸钠复合的气凝胶吸附材料，用于亚甲基蓝染料的吸附。实验表明，亚甲基蓝与氧化石墨烯之间的作用机理主要是静电吸引力，而 π-π 作用则是亚甲基蓝与还原氧化石墨烯之间的主要吸附机理。

(3) 油水分离

大部分传统的吸附材料在吸附油脂的同时会吸收一定量的水，导致油水分离的选择性和效率降低。石墨烯材料可通过 π-π 作用吸附水中的油脂，它们之间的疏水作用增强了二者的亲和力和对水的排斥性，因而缩短了吸附的时间，提高了油水分离的效果。

(4) 气体污染物

石墨烯吸附材料在空气净化领域也发挥着重要的作用，由于石墨烯自身的非极性和六元环单元结构，它对苯系物等非极性挥发性有机化合物（VOCs）有着较好的吸附能力和处理效果。石墨烯较大的比表面积和丰富的孔隙，使其对空气中的硫化氢、氨气、甲醛、二氧化氮等极性气体污染物有着较好的吸附效果。石墨烯由于具有比表面积大、可修饰改性、可添加活性官能团等优点，在吸附领域具有广阔的应用前景，改性石墨烯和三维石墨烯的出现使石墨烯大规模的实际应用迈出了坚实的一步。但是，目前有关石墨烯去除单一污染物的机理研究相对较少，复合污染的吸附机理研究则更少涉及。另外，石墨烯相比其他吸附材料，仍具有较高的材料制备成本。

2.5 其他吸附材料

2.5.1 沸石

2.5.1.1 沸石的概述

沸石是一种含有碱金属或碱土金属并具有三维空间结构的硅铝酸盐，因其在灼烧时会产

环境材料概论

生沸腾现象而被命名为沸石。沸石可以分为天然沸石和人工沸石两种，可作为一种廉价而实用的吸附材料。沸石的常见化学通式为：

$$M_{x/p}[(AlO_2)_x(SiO_2)_y] \cdot nH_2O$$

M 代表 Ca、Na、K、Ba、Sr 等的阳离子，x 为 Al 原子数，p 为 M 原子的化合价，y 为 Si 原子数，n 为水分子数。

沸石最基本的结构单元是〔SiO$_4$〕和〔AlO$_4$〕四面体，相邻的四面体之间以氧桥键的方式共用氧原子。其中 Si 或 Al 位于四面体的中心，分别与氧键合，氧位于四面体各顶点。其结构示意图如图 2-13 所示。

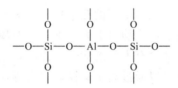

图 2-13　沸石结构示意图

沸石具有较大的比表面积，可以达到 $600 \sim 800 m^2/g$，内部孔隙发达，孔隙率可以达到 $40\% \sim 50\%$，孔径一般为 $0.3 \sim 1nm$。沸石晶体的内部存在阳离子，这些阳离子位于骨架外，是进行离子交换的离子源，部分硅（铝）氧四面体骨架间的氧原子带有负电荷。由于以上物化特性，沸石具有以下性能。

（1）离子交换性能

沸石晶格中的阳离子可以与溶液中的其他阳离子发生交换，因为沸石的铝氧四面体结构中有一个价电子没有被中和的氧原子，故而带负电，为了维持电中性，其会吸附一个阳离子（碱金属或碱土金属），这个阳离子与铝氧四面体中的氧原子结合较弱，因而容易与外界的阳离子发生离子交换作用，故沸石具有一定的离子交换性能。

（2）选择吸附性

基于离子交换性能的沸石对不同阳离子具有选择性吸附作用。这种选择性与阳离子的电荷数、离子半径和水合度等因素有关。沸石的分子筛作用也是影响沸石选择吸附性的重要因素，通过控制沸石孔隙的大小，可以进行对吸附质的筛分和选择。除此之外，研究表明，沸石对极性分子和不饱和化合物具有更强的亲和力和选择吸附性。

（3）稳定性

沸石的三维四面体骨架结构赋予了其较好的耐酸性和热稳定性。研究表明，沸石经 10mol/L 的 HCl 处理后，其晶格无明显破坏，耐酸性可达 12mol/L（HCl）以上；沸石在较高的温度（$500 \sim 600℃$）下，仍旧能保持比较完整的内部结构，在 800℃时，骨架依然没有发生断裂。

2.5.1.2　沸石的制备

沸石的主要制备工艺可以分为模板法、后处理法和水热法。

（1）模板法

模板法主要是通过引入一种或多种模板，从而使晶体沿着模板生长，最终形成具有一定介孔结构的沸石吸附材料。高分子聚合物、表面活性剂、有机硅烷、纳米 CaCO$_3$、纳米 MgO 以及玉米淀粉等都可以作为模板。模板法可以有效调控制备所得沸石吸附材料的孔径大小，获得高质量的沸石吸附材料；但其制作成本较高，存在工艺复杂、耗时和耗能等缺点。

（2）后处理法

后处理法一般用于处理成形的沸石材料，是指利用水蒸气或不同浓度的酸、碱等化学试剂来处理沸石原料，制备出具有更加丰富的孔隙结构的沸石吸附材料。碱处理法是后处理法的典型制备工艺，其原料一般来自天然的沸石材料，可以是高岭土、膨润土、硅藻土等天然矿物。碱处理所采用的碱试剂中 OH⁻ 与材料中的 Si 相结合，使得 Si 从骨架中脱落出来，从而形成具有不规则的孔径分布的吸附材料。碱处理法可以对天然沸石原料进行直接利用，因而制备所需的材料成本较低，而且，成形的沸石吸附材料在无交联剂的情况下，仍具有很高的强度和稳定性。但是，碱处理法所得到的沸石吸附材料大多含有一定量的杂质，孔径分布也不均匀，影响了制备所得沸石的吸附效果。

（3）水热法

水热法是人工合成沸石吸附材料的最典型工艺，是指将含硅化合物和含铝化合物等原料与一定浓度的碱溶液按一定比例混合置于反应釜后，在一定温度和压力下进行水热反应，最后经过冷却、洗涤、过滤、干燥等操作得到沸石产品。硅胶、硅酸钠、石英、氧化铝、铝酸钠等是水热法常用的合成原料，氢氧化钠、氢氧化钾等是常用的碱性试剂。水热法可以有效地合成自然界中原本没有的沸石材料，也可以通过调整试剂浓度、温度、压力等参数来控制合成沸石材料的特性，这些优点为沸石大规模工业生产提供了有利的条件。但是，水热法也存在一些缺点，如合成所用试剂较多、原料和设备成本相对较高、操作比较复杂，最关键的是水热合成沸石后会产生大量的废碱溶液，需要进一步的处理。

2.5.1.3 沸石的改性和再生

（1）沸石的改性

沸石常用的改性方法有加热改性、酸碱改性和负载改性等。加热改性是指通过加热操作（200℃左右），使沸石中的部分水蒸发逸散，从而形成疏松多孔、表面积更大的内部结构，以增强沸石的吸附性能。酸碱改性，即利用酸或碱处理沸石，脱去骨架中的铝或硅原子，去除孔道中的杂质，改变沸石的硅铝比、比表面积和亲疏水性，调整沸石对特定污染物的吸附性能。负载改性是指沸石可以通过负载其他功能材料，如二氧化钛光催化材料、活性氧化镁等组成复合材料，以赋予其新的功能，增强吸附能力。

（2）沸石的再生

目前，常用的再生方法有物理再生法和化学再生法。

① 物理再生法。物理再生法可以通过高温焙烧，使热稳定性差的有机物高温分解，或者使具有挥发性的吸附质挥发再收集。高温焙烧后，沸石本来堵塞的孔道得以疏通，可以恢复部分吸附能力；还可以利用惰性气体对沸石进行吹脱，以提高再生的效率。

② 化学再生法。化学再生法是将吸附饱和的沸石通过化学试剂浸泡，洗脱吸附的污染物，以恢复其吸附性能的方法。常用的化学试剂组合是酸碱洗脱剂，首先通过酸液洗脱回收沸石已经吸附的阳离子吸附质（如重金属离子等），然后再用碱液对过量的酸液进行中和，并对沸石进行改性。

2.5.1.4 沸石的应用

（1）水处理

沸石可以用来吸附水中的有机物，如苯、甲苯、三氯乙烷、四氯乙烯、四氯化碳等；可以去除、回收水中的重金属离子，如 Pb^{2+}、Cu^{2+}、Zn^{2+}、Ni^{2+}、Co^{2+} 和 Cd^{2+} 等；还可以用来吸附水中的氟离子和氮、磷及其化合物等常见无机污染物。

（2）废气处理

沸石对 NH_3、SO_2、CO_2 等极性分子有很高的亲和力，即使在废气浓度和相对湿度较低、高温等不利条件下，仍能有出色的吸附能力，可用于工业废气的处理和室内空气的净化。沸石在工业废气的治理方面已经有所应用，可以用来脱除硫酸厂或浓硝酸厂尾气中的硫氧化物或氮氧化物。

（3）放射性元素处理

沸石的离子交换能力对某些放射性元素有很好的吸附、稳定能力，并且沸石本身不受辐射的影响。研究表明，斜发沸石对放射性元素 ^{137}Cs 和 ^{60}Co 有很好的吸附能力，菱沸石对放射性元素 ^{90}Sr 的去除率可以达到 99% 以上。

2.5.2 活性氧化铝

2.5.2.1 活性氧化铝的概述

氧化铝具有许多同质异晶体，由于结构的不同，性质也有很大差异。活性氧化铝一般是指 γ 型氧化铝即 $\gamma\text{-}Al_2O_3$，是一种带有缺陷的尖晶石结构，可以由 $Al(OH)_3$ 在 450～600℃ 的高温环境下脱水制得。活性氧化铝具有较大的比表面积（250～350m^2/g）和孔体积（0.4～0.46mL/g），化学性质稳定，可以耐受一定的温度和腐蚀，还有不错的力学性能，其材料来源丰富，在工业上有着广泛的用途，可以用作干燥剂、吸附材料、催化剂等。由于其多孔的骨架结构、较高的比表面积，活性氧化铝在吸附领域有着广阔的应用前景，不同大小的毛细孔道和微孔直径还赋予了其对不同粒径污染物出色的选择吸附能力。在环境净化领域，活性氧化铝材料主要用来吸附水中的氟离子等污染物。

2.5.2.2 活性氧化铝的制备

加热脱水法是制备活性氧化铝的最主要方法。$Al(OH)_3$ 是制备活性氧化铝的最佳原料，可以在 450～600℃ 条件下，通过加热脱水直接转化成高纯度的活性氧化铝。在工业上，由于设备、材料和成本等因素，还可以采用其他原料和方法制备活性氧化铝。例如，利用水矿铝加热脱水，可以生成活性氧化铝，但其杂质含量较高，孔型及表面结构难以改善。偏铝酸钠（$NaAlO_2$）溶液中通入 CO_2，利用 CO_2 和 $NaAlO_2$ 反应，也可以制备活性氧化铝。

2.5.2.3 活性氧化铝的改性与再生

（1）活性氧化铝的改性

对活性氧化铝原料和成品进行改性，能够有效提升它的纯度和吸附性能，防止其在生产过程中转变成其他晶型的氧化铝而出现表面积减小、孔结构破坏、活性下降等问题。水热处理是在一定温度和水蒸气作用下，提高活性氧化铝孔体积、增大孔径的重要改性方法。无机添加剂也可改善活性氧化铝性能，稀土金属、碱土金属、二氧化硅等是常用的无机添加剂，它们的负载可以有效抑制 $\gamma\text{-}Al_2O_3$ 发生相变，改善了活性氧化铝的热稳定性。胶溶剂可以增加氧化铝粒子间的黏结性，提高材料强度，改善孔结构。在活性氧化铝制备过程中，可掺入部分可挥发的造孔剂，通过焙烧使碳或有机物等造孔剂挥发，留下孔穴，产生丰富的孔道。

（2）活性氧化铝的再生

目前，活性氧化铝常用的再生方法有热处理法和酸碱处理法。热处理法包括干燥和煅烧两个步骤，热处理过程中可以改变活性氧化铝孔径大小，实现吸附污染物的脱附和氧化铝活性的恢复。干燥是利用热能将活性氧化铝中的湿分汽化并除去的过程。干燥温度过高，会导致活性氧化铝颗粒产生断裂，强度下降。因此，在干燥过程中，需要在搅拌的条件下缓慢升温。热处理可以对活性氧化铝起到出色的再生效果，但能耗较大。酸碱处理可以有效处理吸附饱和的活性氧化铝，使孔道内堵塞的吸附质得以扩散脱附，也可以与吸附的离子发生交换作用，在保持活性氧化铝结构和晶型几乎不变的情况下，恢复其吸附能力。但是，活性氧化铝在酸碱条件下会发生一定的溶解，造成材料的损失，导致用酸碱处理法多次再生后的活性氧化铝吸附性能下降。

2.5.2.4 活性氧化铝的应用

氟离子是人体不可缺少的元素，但长期饮用氟浓度超标的饮用水会导致氟斑牙、氟骨病的发生。活性氧化铝吸附法是处理高氟水应用最广的手段。除氟过程中，活性氧化铝和水中的氟离子发生沉淀反应。实验研究表明，活性氧化铝对氟的吸附能力强，可将含氟浓度为 5.5mg/L 的高氟水降至约 0.5mg/L，具有出色的饮用水除氟性能。活性氧化铝吸附材料不仅可以去除水中的氟化物，还可以去除磷化物和重金属离子等。

2.5.3 吸附树脂

2.5.3.1 吸附树脂的概述

吸附树脂一般指分子结构中不含离子性交换基团，依靠范德瓦耳斯力等非共价键力吸附污染物的高分子树脂吸附材料。根据孔径大小，吸附树脂可以分为大孔、介孔和微孔吸附树脂。微孔和介孔的吸附树脂常用来处理空气中的微量 VOCs 等污染物，而大孔吸附树脂则是水处理中应用较多的吸附材料。大孔吸附树脂的孔径在 50nm 以上，一般为白色球状颗粒，具有较高的比表面积（$500\sim600\mathrm{m}^2/\mathrm{g}$）和孔隙率（50% 左右）。根据极性大小，吸附树脂可分为非极性吸附树脂、中极性吸附树脂和极性吸附树脂。非极性吸附树脂是由偶极矩很小的单体聚合而成的，其表面基本不含亲水的官能团，具有很强的疏水性，可通过疏水作用吸附水溶液中的非极性污染物。中极性吸附树脂含有酯基等官能团，兼有疏水和亲水的性质。极性吸附树脂含酰氨基、氰基、酚羟基等含氮、氧、硫的极性官能团，一般通过静电作用吸附极性物质。根据合成树脂的原材料，吸附树脂可以分为天然高分子改性吸附树脂、人工合成吸附树脂。吸附树脂的化学性质稳定，不溶于酸、碱及有机溶剂，受无机盐等低分子化合物的影响小，具有孔分布窄、机械强度高、容易脱附再生等优点，在环境保护领域有着广泛的应用。

2.5.3.2 吸附树脂的制备

吸附树脂的制备一般指人工吸附树脂的合成过程，其实质是有机物单体聚合和功能化，需要聚合单体、交联剂、造孔剂、分散剂等的参与。苯乙烯、丙烯酸、丙烯腈等化合物是常见的加聚单体，酚类、醛类及胺类是常见的缩聚单体。交联剂的种类和比例对吸附树脂的性能有着很大的影响，二乙烯苯、甲基丙烯酸多元醇酯等是常见的交联剂，交联剂的选择与聚合单体的性质密切相关，其加入比例影响着吸附树脂的力学性能、吸附速率、密度、孔结构等性质。

2.5.3.3 吸附树脂的改性及应用

　　未经修饰的吸附树脂在结构上只有高分子骨架，不含任何化学官能团，所以其对水中重金属、染料等污染物的选择吸附性能不理想。通过化学修饰，将某种无机物或有机物负载在吸附树脂上，既可以充分发挥吸附树脂多孔、机械强度高、比表面积大的优点，又可以使吸附树脂表面负载与特定污染物结合交换的功能基团，提高其吸附量和选择性。Tharanitha-ran 等用阴离子表面活性剂磺基丁二酸二辛酯和螯合剂乙二胺四乙酸二钠共同改性酚醛树脂 XAD-761。改性剂通过其所带烷基与酚醛树脂上的苯基发生疏水作用、极性力和静电力作用结合。实验表明，改性后的吸附树脂对水溶液中重金属的去除性能要明显好于未改性的树脂，且易用 NaCl 溶液再生和重复利用。

复习思考题

　　1. 物理吸附与化学吸附的异同点有哪些？

　　2. 常见的吸附过程中主要作用力有哪些？

　　3. 比较 Langmuir 吸附等温式与 Freundlich 吸附等温式的不同之处。

　　4. 遵循什么原则可以有效地选择合适的吸附剂？原因是什么？

　　5. 阐述活性炭孔隙的形成机理、孔隙分类方法以及各种孔隙的作用。

　　6. 活性炭改性和再生方法有哪些？作用机理分别是什么？

　　7. 碳纳米管纯化和修饰的作用是什么？

　　8. 相比活性炭，碳纳米管在吸附方面的优势有哪些？

　　9. 请介绍至少 3 种制备石墨烯的方法，并说明各自的优缺点。

　　10. 你认为石墨烯在吸附方面未来的发展方向在哪里？

　　11. 对比活性炭、碳纳米管和石墨烯作为吸附剂的优缺点。

　　12. 比较沸石、活性氧化铝和吸附树脂在吸附领域使用的优劣。

第3章 过滤材料

近年来，世界环保产业保持快速发展，环保产业领域已由传统的城市污染治理产业扩展到新兴的节能和清洁能源等产业，其业务也扩展到环保设备、节能产品和环境服务等，产业的发展模式不断创新，世界各国对环境保护的重要性认识增强，尤其是欧美的一些发达国家，较早地致力于环境治理，并取得了很多成就，实现了高水平的规模化发展，形成了成熟的法律法规体系，不断向尖端科技方向发展。随着经济的日益增长和环境整治的不断推进，中国、印度等发展中国家的政府对环保产业逐渐加大了重视，人们的环保意识逐渐增强，水污染问题、大气污染问题备受关注，作为治理污染物和改善空气质量的重要原材料之一，环保滤料产业取得了较大的发展。

3.1 过滤材料概述

3.1.1 过滤机理

过滤是将气体或液体提纯净化的一种操作，使固体及其他物质与液体（或气体）分离，主要是通过过滤介质和过滤设备来完成该过程。过滤介质又称为过滤材料。目前无论在污水还是废气的治理上，过滤技术的应用都非常普遍。而过滤材料的选择，包括其材质、价格、过滤效率、清洗是否方便等对整个过滤效果都有重大影响。

过滤过程是一个包含多种作用的物理过程，过滤微粒的性质、过滤材料的性质以及它们间的相互作用对过滤过程具有重要影响。悬浮粒子可通过扩散作用、惯性作用、拦截作用、重力作用和静电作用五种过滤机理输送到滤料表面（图 3-1）。

(1) 扩散作用

由于气体分子热运动产生作用力，微粒发生布朗运动，使粒子的运动轨迹与流线产生偏移。在常温下，颗粒越小，流速越快，布朗运动越剧烈，此时粒子能够偏离流线扩散至滤料

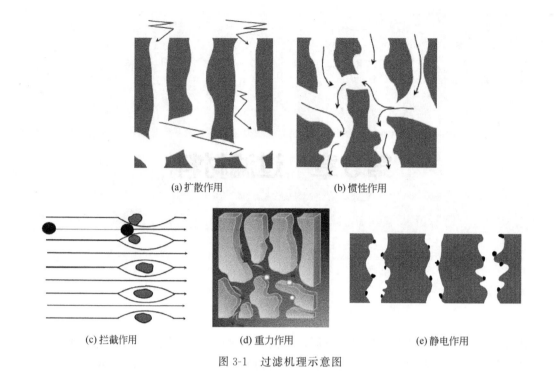

(a) 扩散作用　　　　　　　　(b) 惯性作用

(c) 拦截作用　　　　(d) 重力作用　　　　(e) 静电作用

图 3-1　过滤机理示意图

表面，扩散作用越强。对于颗粒大的粒子，流速较慢，布朗运动减弱，不足以使粒子接触到滤料表面并沉积下来，扩散作用就弱。

（2）惯性作用

由于纤维之间排列紧密，当流体穿梭在纤维层间，其流线要经历多次急拐弯。在流线弯道处，由于受到惯性作用，运动的微粒保持原先的流动方向及速度，脱离流线而撞击到纤维表面，被滤料捕集。微粒的粒径越大，流速越快，具有的惯性越大，越容易脱离流线而与滤料表面接触。

（3）拦截作用

滤料的纤维层间排列紧密，网络错综复杂。当运动的微粒沿流线轨迹流动到纤维表面附近，流线到纤维表面的距离足够小，小到等于或小于微粒的半径时，微粒就被纤维表面捕集，这种作用称为拦截作用。滤料间的孔隙可以看作"筛子"，尺寸大于孔隙的颗粒容易被拦截下来，称为筛子效应。

（4）重力作用

水中悬浮物及胶体物颗粒在重力作用下抛到滤料介质表面，滤料表面有无数微小的"沉淀池"，提供了巨大的沉降面积，因而有较多的微粒在此沉降下来。滤料尺寸与过滤速度会对沉降效果产生影响。微粒尺寸越小，滤速越慢，沉降面积越大，则水流速度越平稳，沉降效果越好。如果微粒尺寸太大或滤料孔隙太小，滤速过快，易形成表面机械筛滤，悬浮物被滤层表面截留下来，易集中沉积在表层，滤料孔隙容易堵塞。

（5）静电作用

纤维和微粒因为摩擦或某种作用可能会带上电荷，这些电荷往往会产生静电作用。带相反电荷的微粒相互吸引而形成大颗粒，容易因惯性作用改变运动轨迹脱离流线并撞上障碍物而被捕集；带相同电荷的微粒相互排斥，微粒做剧烈的布朗运动，促使微粒和滤料纤维碰撞并增强滤料对微粒的吸附力，从而使微粒被捕集，产生的静电作用使微粒在纤维表面粘得更牢。但若是在纤维处理过程中由于摩擦或微粒感应而产生静电作用，这种静电作用产生的作用力较小，不起决定性作用。

3.1.2　过滤材料的性能

过滤材料能使含有微粒的流体流过，而其中的微粒被过滤出来，从而达到分离的目的。在过滤的过程中，滤料的材质、性能等因素极大地影响过滤效果，主要包括以下几个方面。

（1）机械强度

滤料需要足够的机械强度。例如在反冲洗过程中，滤料处于流化状态，滤料颗粒不断地相互碰撞和摩擦，若其机械强度低，就会造成大量滤料破损，颗粒粒径变小。这些破碎滤料在反冲洗时会被反冲洗水带走，引起不同程度的破损而丧失过滤功能。另外，若不将破碎滤料冲走而残留在过滤层中，则过滤时会使水头损失增大，增加处理成本。

（2）化学稳定性

废水中含有大量的腐蚀性物质，能够与滤料发生化学反应而降低其功能性，所以滤料必须具有较高的化学稳定性，以免运行时材料与废水发生化学反应，从而影响水质以及降低材料的性能和使用期限。

（3）孔隙率和比表面积

滤料的孔隙率是指在一定体积的滤层中孔隙所占的体积与总体积的比值，用 M 表示。

$$M = (1 - \rho/\rho_0) \times 100\% \tag{3-1}$$

式中，ρ 为滤料的密度，表示单位体积滤料的质量，g/cm^3；ρ_0 为滤料的堆积密度，表示单位堆积体积滤料的质量，g/cm^3。石英砂滤料的孔隙率一般在 42% 左右，无烟煤滤料的孔隙率在 50%～55%，陶粒滤料的孔隙率为 65%～70%。

滤料的比表面积是指单位质量或单位体积滤料所具有的表面积，单位为 cm^2/g 或 cm^2/cm^3，以 S 表示。S 值越大，则滤料吸附杂质的能力越强。比表面积是评价滤料过滤性能的重要指标，几种粒度（用 d 表示）一定的粒状滤料的 S 值为：石英砂滤料，$d = 0.15 \sim 1.2mm$，$S = 25.5 \sim 174cm^2/g$；无烟煤滤料，$d = 0.15 \sim 1.2mm$，$S = 2.8 \sim 30.4cm^2/g$；陶粒滤料，$d = 0.5 \sim 2.0mm$，$S = 5 \times 10^3 \sim 5 \times 10^4 cm^2/g$。

（4）纳污能力

滤料层承纳污染物的容量常用纳污能力表示，即在保证出水水质的前提下，在过滤周期内单位体积滤料能截留的污染物量，单位为 kg/m^3 或 g/m^3，其大小与滤料的粒径、形状、滤层厚度等因素有关，即取决于滤层厚度 L 和滤料粒径 d_e 的比值。L/d_e 值越大，处理效果越好，因为 L/d_e 值与单位过滤体积上的总表面积和颗粒数目成正比。所需的 L/d_e 值因水质、滤速、去除率及要求的过滤持续时间而异。当进水含悬浮物量较大时，宜用粒径大、厚度大的滤料层，以增大滤层的含污能力。如果含悬浮物量较小，宜用粒径小、厚度大的滤料层。

如果孔隙尺寸及纳污能力从上到下逐渐变大，在下向流过滤中，水流先经过粒径小的上部滤料层，再到粒径大的下部滤料层，大部分悬浮物截留在床层上部数厘米深度内，水头损失迅速上升，而下层的纳污能力未被充分利用。理想滤池滤料排列应是沿水流方向由粗到细，与实际滤池矛盾，解决矛盾的方法包括：改变水流方向，即原水自下向上穿过滤层；改用双层或多层滤料，即选择不同密度的滤料组合，在上部放置粒径较大、密度较小的轻质滤料，在下部放置粒径较小、密度较大的重质滤料；采用新型的密实度或孔隙率可变的滤料，这种滤料由柔性材料人工制成，如纤维球、轻质泡沫塑料珠、橡胶粒等。

（5）滤料的粒径与级配

滤料的粒径和级配应当适应悬浮颗粒的大小和去除率的要求。粒径表示滤料颗粒的大小，通常指把滤料包围在内的一个假想球体的直径。级配表示滤料中各种粒径颗粒所占的质量比。

粒径分为平均粒径和有效粒径，例如，平均粒径 d_{50} 指 50%（质量分数）滤料能通过的筛孔孔径，单位为 mm，有效粒径 d_{10} 表示有 10% 滤料能通过的筛孔孔径。不同的过滤工况对滤料粒径有不同的要求，使用时应视具体情况选取。滤料粒径过大时，细小悬浮物可以很容易地穿过滤层而泄漏，且在反冲洗的过程中滤层无法充分松动，导致其清洗不彻底，容易使沉积物积聚在滤料上部，产生水流不均匀、有效滤池分布不均匀、过滤效果降低和截污装置很快失效的问题；粒径过小时，影响滤层的含污能力，增加水流阻力，过滤时滤层中水头损失增长快，过滤工作周期缩短，而且增加反冲洗次数及冲洗水的消耗，相应的过滤效果降低。

不均匀系数 k_{80} 反映了滤料颗粒粗细的不均匀程度。不均匀系数的计算公式如下：

$$k_{80} = d_{80}/d_{10} \tag{3-2}$$

k_{80} 越大，则粗细颗粒的尺寸相差越大，颗粒越不均匀，对过滤和反冲洗都会产生不利的影响。因为 k_{80} 较大时，滤层的孔隙率小、含污能力低，从而导致过滤时滤池工作周期短。反冲洗时，若满足细颗粒膨胀要求，粗颗粒将得不到很好的冲洗；若满足粗颗粒的膨胀要求，细颗粒可能会被冲出滤池。k_{80} 越接近 1，滤料越均匀，过滤和反冲洗效果越好，但滤料价格越高。为了保证过滤和反冲洗效果，通常要求 k_{80} 小于 2.0。

生产中也有规定以最大和最小两种粒径来表示滤料的规格。为满足过滤对滤料粒径级配的要求，应对采购的原始滤料进行筛选。在过滤和反冲洗过程中，滤料由于碰撞、磨损会出现破碎和磨蚀而变细，从而造成滤料层孔隙率减小，对过滤产生不利影响。因此，应根据实际情况更换滤料。

3.1.3　过滤材料的分类

3.1.3.1　按材质分类

根据过滤材料的材质不同，可将其分为天然矿物滤料、生物滤料、化工滤料和金属矿物滤料等。其中，天然矿物滤料包括石英砂、鹅卵石、无烟煤、沸石等；生物滤料包括活性炭滤料、果壳类滤料等；化工滤料可分为纤维类滤料、聚合物类滤料；金属矿物滤料可分为活性氧化铝、铁质类滤料等。

3.1.3.2　按来源分类

过滤材料既可以是天然材料，也可以是人工合成材料。天然材料不由人类加工，是自然存在的，具有较强的过滤功能，如无烟煤、石英砂、鹅卵石等；人工合成材料是人类按照需要对原有材料进行加工改造制成的具有高效过滤功能的材料，如聚合物滤料、滤布等。

3.1.3.3　按形状分类

根据过滤材料的形状可以分为不规则形状、球状、彗星式形状等。一般情况下，天然滤料多为不规则形状，而人工合成滤料的形状相对规则一些。

3.1.3.4　按结构维度分类

按滤料的结构维度，可将具有颗粒状结构的过滤材料称为零维过滤材料，如石英砂滤料、无烟煤滤料、磁铁矿滤料、陶粒滤料、锰砂滤料等；将具有纤维状结构的滤料称为一维过滤材料，如纤维束滤料、纤维球滤料、彗星式纤维滤料、旋翼式纤维滤料等；将类布状结构的滤料称为二维过滤材料，如针织物滤料、纤维织物滤料、非织物滤料等；将具有多孔结构的称为三维过滤材料，如多孔陶瓷滤料、多孔金属滤料、蒙脱土、沸石滤料等。

本章中按结构维度进行分类，通过对滤料的特点、过滤机理、影响因素、研究现状和应用等方面的分析介绍，说明不同滤料在过滤过程中的应用，使读者对过滤材料有一定的了解。

3.2　零维过滤材料

3.2.1　石英砂滤料

石英砂滤料一般以天然石英矿为原料，经粉碎、水洗、筛选、酸洗、烘干、二次筛选制成，是一种水处理滤料。石英砂滤料的主要化学成分是 SiO_2，质量分数占 90% 以上，此外还含有氧化铁、黏土和有机杂质等，熔点为 $1610℃$。由于 SiO_2 是原子晶体，其晶格点上排列着原子，原子之间由共价键联系，这种作用力比分子间作用力强得多，因此石英砂质地坚硬，且熔点很高。

3.2.1.1　石英砂滤料的特点

石英砂滤料具有杂质少、硬度大、耐磨性好、力学性能强、截污效果好、抗腐蚀性好等特点，在水处理行业中用途广泛。它在单层过滤池、双层过滤池、过滤器和离子交换器中均适用，各项指标均能达到《水处理用滤料》（CJ/T 43—2005）标准，而且可加工为精制石英砂、纯白石英砂、酸处理剂、普通石英砂等，可满足不同的使用需求。

3.2.1.2　石英砂过滤机理

在石英砂过滤的过程中，主要去除作用包括颗粒和滤料之间的吸附、颗粒与颗粒之间的吸附以及黏附作用。可通过两个方面的原理来解释：第一是水中悬浮颗粒物发生迁移，脱离水流流线被滤料表面捕集，即迁移机理；第二是当悬浮颗粒运动到滤料表面时，某种或某几种力（其中有范德瓦耳斯力、表面张力及库仑力）的作用导致它们黏附在滤料表面上，即黏附机理。在黏附机理中，为保证过滤出水质量，滤料要具有一定的表面积，使悬浮颗粒在表面上有足够的吸附空间，使颗粒物有效地吸附于滤料表面。在过滤过程中，滤料所提供的颗粒表面积越大，对水中悬浮物的黏附力越强，滤料的表面积只有满足一定标准，出水的水质才能达到预期的要求。

3.2.1.3　影响因素

在过滤过程中，水的温度和 pH 值、使用周期、石英砂滤料的粒径以及滤层的厚度都会对过滤产生影响。

（1）温度

温度对滤料过滤的影响是明显的。温度高，水的黏度低，有利于过滤；温度低，水的黏度高，不利于过滤。温度一般控制在 20～30℃，不同水质的情况不同。在使用石英砂过滤时，最佳温度可以先在实验室里进行小试，然后再行确定。

（2）pH 值

普通石英砂在 pH 为中性的条件下比较稳定，在碱性条件下石英砂有微溶的现象，化学水处理中 SiO_2 增量不应超过 2mg/L，这属于正常范围，而如果选择精制石英砂（含硅量达到 99％以上）就不会出现此类现象。另外，石英砂滤料主要特点就是杂质少，其二氧化硅的含量一般都可以达到 99％以上，且在生产过程中对其进行去皮、破碎等处理后杂质变得更少。石英砂滤料不溶于盐酸、硫酸和一般的强碱，在水中稳定性较好。

（3）使用周期

石英砂滤料在使用过程中，使用周期会随水质的不同而变化，所以为了保证出水水质达标，要及时检验石英砂滤料的运行状况，并且随时检验出水的浊度。当出水不再清澈，水质浊度高时，要及时进行反冲洗。在日常的实验中，确定石英砂滤料的使用周期时，一般可以以水头损失为石英砂滤料是否到期的依据，当水头损失为 1.5～1.8m 时，说明滤料周期已到，应停止过滤，进行反冲洗。

（4）石英砂滤料的粒径

石英砂滤料常用规格有 0.5～1.0mm、0.6～1.2mm、1～2mm、2～4mm、4～8mm、8～16mm 和 16～32mm。研究表明，单位滤层滤料颗粒表面积相等及运行参数相同的情况下，过滤之后，出水的浊度基本相同，粗石英砂过滤的水头损失比细石英砂低。这是由于粗粒径的有效孔隙率比细粒径的有效孔隙率高，相较于细粒径滤料，粗粒径滤料截留浊质后滤层内部水流变化慢且小，在污水处理过程中，一般采用较粗粒径的滤料。

（5）石英砂滤料滤层的厚度

石英砂滤料滤层的厚度本没有硬性的规定，各单位或企业可根据不同的水质自行制定滤层厚度。如单滤层滤料过滤中，使用石英砂粒径为 0.5～1.2mm，而滤层厚度为 0.7m；法国普遍采用的石英砂滤料，粒径为 0.7～2.0mm，滤层厚度为 0.95～1.5m；美国日处理 130 万立方米污水的水厂，使用的石英砂粒径为 1.7mm，滤层厚度 1.8m；中国北京的第九水厂二期工程日处理水量为 50 万立方米，粒径为 1.1mm，滤层厚度为 1.5m。

综合（4）和（5）两条，石英砂滤料的粒径和滤层厚度对过滤性能具有重要的作用。在使用滤层过滤时，滤料滤径越大，可容纳悬浮物的空间越大，过滤能力越强，截污量越大，在相同滤层厚度的情况下，能够截留的悬浮物越多，使中下层滤料起主要作用。

3.2.2　磁铁矿滤料

磁铁矿主要成分为 Fe_3O_4，晶体属等轴晶系，常呈八面体、十二面体和致密粒状或块状集合体。呈菱形十二面体时，菱形面上常有条纹（平行于该晶面对角线方向），颜色为铁黑色，条纹呈黑色，半金属光泽，不透明。磁铁矿不溶于水，也难完全溶于酸，剩下不溶部分需要用 NaOH 或 $K_2S_2O_7$ 作熔剂进行熔融。磁铁矿在水中较稳定，将未经水洗的粒径为 0.25～16mm 的磁铁矿 2kg 在 4L 水中浸泡不同时间后，浸泡水中除了总硫化物以外，其他水质分析项目均符合我国《生活饮用水卫生标准》，其理化指标见表 3-1。

表 3-1　磁铁矿滤料的理化指标

分析项目	测试数据	分析项目	测试数据
Fe_3O_4 的质量分数/%	45	密度/(g/cm^3)	4.6
磨损率/%	0.04	堆积密度/(g/cm^3)	2.8
破碎率/%	0.05	莫氏硬度	5.5~6
孔隙率/%	47	不均匀系数	≤1.8

磁铁矿滤料是双层（多层）滤料过滤中必不可少的主要过滤材料，它具有过滤速度快、截污效果强、使用寿命长等特点。磁铁矿滤料由于使用的颗粒粒径最小，在双层（多层）滤料过滤中作为水处理最后一道关口，因此，磁铁矿滤料质量直接影响水处理的最终水质。在我国城市给水处理中，磁铁矿一般不单独作为某一种滤池的滤料使用，通常与无烟煤滤料、石英砂滤料配合使用，对改进承托层和配水系统有着良好的适应能力，滤速可达 30~40m/h。大多数工业水处理主要采用压力过滤的形式，这种过滤形式导致过滤器的过滤和反冲洗压力较大，在垫层中用密度大的磁铁矿垫料可承受该压力。如果使用密度小或不符合标准的垫料，难以承受较大压力，反冲洗过程中易导致滤料和垫料混层，过滤器很快失效。

3.2.3　陶粒滤料

陶粒滤料的主要原料为硅铝质和外加剂，经过混磨、制粒和烧结等工艺制得。按原料组成可分为：劲土陶粒滤料、页岩陶粒滤料、粉煤灰陶粒滤料和污泥陶粒滤料等。按制备工艺可分为：烧结陶粒滤料和免烧陶粒滤料。与传统滤料相比，该滤料孔隙率高、比表面积大、易挂膜、吸附性强，且原材料获取方便。

3.2.3.1　陶粒滤料烧结机理

陶粒滤料烧结机理主要包括三个方面：原材料的化学成分、焙烧过程中的物理化学反应和烧结膨胀模式。焙烧过程中，达到一定温度（一般高于 950℃）时，产生适宜黏度的液相，其化学组成为：SiO_2 为 53%~79%，Al_2O_3 为 10%~25%，其他氧化物助熔剂为 13%~26%。在整个过程中，生料球进行一系列复杂的固相及液相反应，包括 SiO_2、Al_2O_3 及其他碱性氧化物的成陶反应，形成晶体矿物和玻璃体，使滤料具有较高的机械强度。另外，陶粒滤料在加热过程中产生气体，部分气体从液相中逸出，形成大量细小气孔，因此陶粒滤料具有表面坚硬、孔隙率高等特点，其微孔大小在几十微米。

3.2.3.2　陶粒滤料研究现状

（1）传统陶粒滤料

20 世纪 80 年代，我国使用的陶粒滤料主要是页岩陶粒滤料。到 20 世纪 90 年代末期至 21 世纪初期，陶粒滤料以页岩和黏土为主，该滤料具有黏合性强、易膨胀和易烧结等优点，因此该陶粒滤料得以快速推广和普及。随后又出现了天然陶土生产的陶粒滤料和以黏土、天然页岩等为原料分别生产的陶粒滤料。在生产工艺的不断改进下，生产者们逐渐掌握了制作陶粒的最优方法，这种以页岩和黏土为原料制得的陶粒得以广泛应用和发展。

（2）节能环保型陶粒滤料

由于近些年国家及地方政府大力推动绿色发展，对工业污染治理采用节能环保方式，推进了工业固体废物的资源化利用，陶粒滤料的生产也逐渐向绿色环保的方向发展。工业固体废物包括有色金属渣、赤泥、粉煤灰、高炉渣、煤渣、煤矸石、电石渣、污泥等。其中，粉煤灰、煤矸石、污泥等含有硅铝质的固体废物是生产环保型陶粒滤料的主要原材料，这大大降低了环保型陶粒滤料的生产成本，也促进了工业废物的再利用，并且环保型陶粒滤料相比传统陶粒滤料，过滤效果显著提升。其中，环保型陶粒滤料以粉煤灰陶粒和免烧陶粒为主。

① 粉煤灰陶粒滤料。粉煤灰陶粒滤料是一种绿色陶粒滤料，主要原料是从煤炭燃烧烟气中收集的细微固体灰粒，加入一定量的胶结料和水，加工成球后烧结而成。其主要组成为硅铝质、助熔成分以及产气成分等。我国学者王建等成功制造出了一种轻质的多孔球形陶粒滤料，这种陶粒滤料以粉煤灰为主要原料，使用黏土充当黏结剂，加入造孔剂制造孔隙。与传统滤料相比，这种陶粒滤料具有比表面积大、表面粗糙、挂膜率高等优点。

② 免烧陶粒滤料。免烧陶粒滤料依靠添加胶凝材料（例如水泥、石膏）等经养护而成，不需要高温焙烧，这种方式不会消耗大量热量，但是缺点是生产出的陶粒密度较高、强度低、后期养护成本高、生产周期长。目前关于免烧陶粒滤料的研究逐渐增多，但是其生产技术仍然不够成熟，仅停留在研究水平。

3.2.4 锰砂滤料

锰砂滤料以优质、晶粒致密、力学性能强、催化活性高、难溶于水的天然锰矿石为原料，经机械破碎、水洗打磨除杂、干燥、磁选、筛分、除尘等工艺制成。

3.2.4.1 锰砂滤料的特点

锰砂滤料外观呈黑褐色，近圆球形，主要成分是二氧化锰，含量在 35%～45% 之间，它是 Fe^{2+} 氧化成 Fe^{3+} 的良好催化剂，它的级配比例在水处理滤料中是最优异的，单位体积内比表面积最大，截污能力最强，氧化催化作用最强，反冲洗流失率最小。含锰量（二氧化锰）不小于 35% 的天然锰砂滤料既可用于地下水除铁，又可用于地下水除锰。含锰量为 20%～30% 的天然锰砂滤料，只宜用于地下水除铁，含锰量低于 20% 的则不宜采用。用锰砂滤料处理地下水，具有操作简单、体积小、价格低廉、长期运行稳定、服务周期长、滤水效果极好等优点。盐酸可以溶解锰砂滤料，因此不能在偏酸性的水中应用锰砂滤料。

3.2.4.2 锰砂除铁、除锰机理

根据我国饮用水标准，饮用水中铁含量应小于 0.3mg/L，锰含量要小于 0.1mg/L，长期饮用铁和锰含量较高的水会影响人的身体健康，所以饮用水必须要除去过量的锰和铁，才能达到饮用的条件。

用锰砂滤料来处理含铁、锰的地下水，主要是利用天然锰砂中二氧化锰的催化氧化作用，将溶解性的 Fe^{2+} 和 Mn^{2+} 氧化为非溶解性的三价铁和四价锰，并通过投加的絮凝剂将三价铁和四价锰化合物颗粒絮凝增大，然后通过过滤去除。地下水除铁和锰的任务是通过锰砂上面沉积的棕黄色活性滤膜完成的，并非锰砂本身，除铁的膜称为铁质活性滤膜，除锰的膜称为锰质活性滤膜。石英砂、无烟煤等滤料也能产生除铁、除锰的活性滤膜，但它们形成活性滤膜的成熟期较长，在同样的实验水质条件下，锰砂为 36 天，无烟煤为 71 天，石英砂为 96 天。由此可见，石英砂的成熟期最长，无烟煤次之，锰砂最短。利用锰砂滤料处理铁、

锰含量高的地下水，成熟期较短，可降低水处理生产成本和提高去除率。

（1）除铁机理

锰砂滤料的除铁机理：采用接触氧化法，使地下水中的 Fe^{2+} 与溶解氧一同进入锰砂滤层，在锰砂滤层的接触催化作用下，完成 Fe^{2+} 的氧化和截留。初始阶段，主要是吸附除铁过程，一段时间后，滤料吸附铁的能力逐渐降低，滤后水含铁量逐渐升高。滤料表面同时开始生成铁质滤膜，具有催化活性，但此时的接触氧化能力较弱，所以在形成滤膜的过程中，吸附和接触氧化两种作用同时存在，直到后期形成成熟的活性铁质滤膜。当活性滤膜除铁能力的增长速率比吸附除铁能力的减小速率快时，滤层出水含铁量又开始减少。这样，活性滤膜的接触氧化除铁作用逐渐增强，取代了新滤料的吸附除铁作用。滤料成熟后，滤层出水的含铁浓度便趋于稳定。

在除铁过程中，滤料表面逐渐形成了铁质活性滤膜，新鲜铁质活性滤膜的催化活性最强，随着使用时间的延长，铁质活性滤膜逐渐老化，其催化性能也逐渐降低。因此，为了保证在除铁过程中有高的催化活性，在原来的滤料上连续补充新的滤膜，始终保持有新鲜滤膜和很高的催化活性。锰砂滤料成熟期较短主要是因为其表面粗糙，但形成铁质活性滤膜最重要的条件是水中 Fe^{2+} 的含量，Fe^{2+} 占总铁的比例越高，成熟越快，无 Fe^{2+} 时，不能形成活性滤膜。锰砂滤料表面铁质活性滤膜的不断更新是锰砂滤料接触氧化除铁过程正常进行的必要条件。

（2）除锰机理

锰砂滤料除锰同样采用接触氧化法，与除铁机理相似。含锰地下水曝气后经锰砂滤层过滤，高价锰的氢氧化物不断吸附在滤料表面，逐渐形成锰质活性滤膜，成为暗黑色的"锰质熟砂"。这种熟砂起到了加快氧化速度的催化作用，在酸性条件下，水中的二价锰被氧化成高价锰而被去除。另外，根据溶胶粒子优先吸附与其组成相同或相近粒子的原理，含有 MnO_2 的锰砂能够有效地吸附水中的 Mn^{2+}，MnO_2 吸附 Mn^{2+} 后使之氧化成锰的四价氧化物沉淀，经过滤料去除，同时，MnO_2 本身被还原为 Mn_2O_3。其除锰机理可以用下面两个步骤来表示。

① 锰砂通过离子交换作用吸附水中的 Mn^{2+}：

$$MnO_2 \cdot An^+ + Mn^{2+} \longrightarrow MnO_2 \cdot Mn^{2+} + An^+ \quad （An^+ 为锰砂表面的阳离子）$$

② 水中溶解氧在 MnO_2 催化作用下把被吸附的 Mn^{2+} 氧化成 MnO_2。与此同时，MnO_2 起催化氧化作用，本身被还原为 Mn_2O_3。

3.3 一维过滤材料

传统硬质粒状滤料（如石英砂）在清洗过程中存在水流阻力大、过滤速度慢、过滤周期短、纳污能力低、易污染、易板结等问题，加上目前水污染问题日益严重，开发新型过滤材料刻不容缓，纤维滤料便是其中的一种。纤维是柔性丝状过滤介质，具备作为滤料的基本条件，可以根据工艺特点采用束状、球状、彗星状等填充方式。纤维性能稳定，直径为微米级别，具有过滤精度高、流量大、易清洗、不易污染、水流阻力小等特点。

3.3.1 纤维束滤料

纤维束滤料以优质聚丙烯腈纤维（腈纶）、聚丙烯纤维（丙纶）、聚对苯二甲酸乙二酯纤维（涤纶）为原料，单丝直径达到微米级，与污水反复接触时，可以截留大量微小悬浮物并降解有机物，水中悬浮物去除率高达100%。一般滤速为35m/h，比石英砂滤料高4～4.5倍，反冲洗效率高。而且由于其工艺特殊，能方便更换和维修，在电镀、化工、轻工等行业的高标准用水、循环、冷却和污水处理等领域广泛应用。表3-2列出了纤维束的其他技术指标。

表3-2 纤维束技术指标

外观	束状	孔隙率/%	98
纤维直径/μm	20～50	滤速/(m/h)	35～85
纤维长/nm	15～25	截泥量/(kg/m^3)	8
束粗/mm	100～150	比表面积/(m^2/m^3)	3500
束长束重	1m以上的按用户要求长度定做,200～400g/束	充填密度/(kg/m^3)	20～40

3.3.1.1 纤维束滤料特点

纤维束滤料在水处理过程中具有诸多优点。

① 化学稳定性好，过滤过程中不会反应产生有毒有害物质。

② 反冲洗水高强度的机械冲力、反复摩擦不会损坏和流失跑料。

③ 在水中长久稳定，耐腐蚀，使用寿命长达5～10年。

④ 过滤阻力可忽略不计，滤速快，在25～35m/h的滤速条件下过滤效果最佳。

⑤ 过滤时自主形成沿水流方向孔隙度由大到小依次分布的无级变孔隙滤层，避免了颗粒滤料必要的人工级配过程。

⑥ 滤层有序。纤维束滤料悬挂在过滤器或滤池内，坚固耐磨，机械强度高，不流失，可承受高强度压力。

⑦ 截污量大，一般为5～15kg/m^3（以滤材体积计），是传统过滤器的2～3倍。

⑧ 占地面积小，相同情况下仅为传统过滤器的1/8～1/3。

⑨ 吨水造价低，低于传统过滤器。

⑩ 反冲洗耗水量低，仅为周期制水量的1%～3%，可用原水进行反冲洗。

3.3.1.2 与传统滤料对比

传统粒状滤料具有过滤速度慢、过滤效率低、过滤精度差、截污量小、水头损失大、滤料容易板结、自耗水率高、滤料寿命短等很多问题，纤维束滤料可有效解决上述问题。表3-3为纤维束与石英砂滤料参数对比。

表3-3 纤维束与石英砂滤料参数对比

参数	纤维束		石英砂
直径/μm	20	50	850～1200
孔隙尺寸/μm	3.2～59.1	8.1～148.3	136
比表面积/(m^2/m^3)	20000～200000	8000～9000	4928
滤料截污量/(kg/m^3)	5～10		2～3
滤料孔隙率/%	70～90		40

与传统过滤材料相比，纤维束滤料可以最大限度地降低水的浊度。与颗粒滤料相比，纤维束滤料过滤出的水中氨氮、亚硝酸盐氮的含量低 20％～25％，铁、锰含量低 20％～30％，此外，耗氧量和微生物等指标也均有大幅度降低。在同种情况下，纤维束滤料滤池和传统滤料滤池相比，纤维束滤料滤池的滤速、过滤周期、滤水量及水头损失等运行参数均优于传统滤料滤池。计算得知，均粒滤料 MSC（过滤性能指数，一种综合评价滤池过滤性能的指标）为 664kg/m^3，纤维束滤料的 MSC 为 2024kg/m^3，比传统过滤材料池高 2 倍多，说明纤维束滤料的去除率高于传统过滤材料。纤维束滤料可以不受传统过滤材料的粒径不能向下缩小的限制，使滤料的直径达到微米级，提升了滤料的比表面积，提高了水中滤料对悬浮固体的捕获机会和滤料的吸附能力，更好地保证过滤水的品质，纤维束滤料的孔隙度大于 0.9，不加大阻力就可增加截污量，提高过滤速度，并延长使用周期。纤维束过滤材料的使用周期长达 10 年之久，避免了传统过滤材料需要更换和维护的过程，减少了工作量及检修费用。

3.3.1.3　纤维束滤料的应用

纤维束过滤技术作为一种新型过滤技术，从研究到工程应用已有二十多年的历史。应用初期主要用于炼油、石化、冶金、造纸等工业水处理中，随着纤维束过滤技术的改进以及进一步的发展，该技术已在生活用水处理中得到应用。

纤维束过滤技术中最常见的一种使用方式是高效纤维束过滤器，其过滤单元是一种新型的软填料丙纶纤维束，其填料单丝直径可小至几十微米甚至几微米（一般情况下为 50μm），这种填料比表面积极大，大大增加了滤料的表面自由能，同时增加了滤料的吸附能力和滤料对水中杂质颗粒的捕获能力，从而提高了过滤效率和截污能力。高效纤维束过滤技术目前主要采用纤维束过滤器的形式，其运行原理为：过滤时，通过调节纤维密度装置和滤层阻力作用向滤层加压，孔隙率和过滤孔径沿水流动方向由大到小依次分布，具有深层过滤功能。当清洗纤维束滤料时，利用密度调节装置使滤料松散，水气一同冲洗可实现过滤性能恢复，所以滤料可长期保持高效状态。

3.3.2　纤维球滤料

纤维球滤料是一种球形滤料，由直径 10～50μm 的纤维丝扎结而成。纤维球滤料可以捕获难用沉淀法去除的微小悬浮物，与传统砂滤料相比，滤速高出 3.5 倍，滤料可自动化反冲洗再生，其中粗滤进水 100mg/L，出水≤5mg/L，精滤进水 20mg/L，出水≤2mg/L。在过滤时，纤维球滤料滤层孔隙率沿水流方向逐渐降低，滤料孔隙分布状态为理想的上大下小，过滤效果优良，已广泛应用于各领域的水处理过程。纤维球滤料具有如下特点。

① 滤速快。纤维球的滤速可高达 40m/h。

② 出水水质好。国产纤维球可将沉淀池出水的悬浮物降到 1.4～3.0mg/L，去除率达 80％～90％。

③ 适用性强。纤维球滤层孔隙多，不容易堵塞，能直接过滤沉淀池和氧化池出水。

④ 截污效果好。水从沉淀池过滤出来时，截污量为 3～4.7kg/m^2，为砂滤层的 1.6～2.4 倍；过滤氧化池出水时，截污量高达 4.4～10.8kg/m^2，是砂滤的 6.5～15.9 倍。过滤速度越慢，纤维球滤层的截污量越高。

⑤ 周期产水量大。水从沉淀池过滤出来时，周期产水量为 360～700m^3/m^2，是砂滤的 3.6～7 倍。滤速越慢，周期产水量越大。

⑥ 反冲洗水少。纤维球滤层的反冲洗水量为 $3\sim6m^3/m^2$，不会超过滤水量的 1%；砂滤反冲洗水量在 $7.2m^3/m^2$ 左右，约占过滤水量的 50%，如果同时用气水反冲，反冲洗水仍为过滤水的 2.5% 左右。

⑦ 面积小。在过滤单元大小相同的条件下，纤维球过滤的占地面积约为砂滤的 1/50。

⑧ 能去除化学需氧量（COD）。水体有机物的存在形式影响 COD 的去除率。废水从沉淀池过滤出来时，COD 去除率在 $20\%\sim60\%$ 之间。

⑨ 反冲洗气用量较大。实际应用中为方便纤维球过滤推广使用，应改变反冲洗方式，减少反冲洗气用量。

3.3.3 彗星式纤维滤料

彗星式纤维滤料（图 3-2）是纤维滤料中较为新颖的一种组合方式，它集合了颗粒滤料与纤维成形体滤料各自的优点，既能发挥纤维材料比表面积大的优势，又具有颗粒滤料在滤池内可以方便清洗的特点，能够快速提高出水水质，是一种新型不对称分型结构的高效过滤材料。

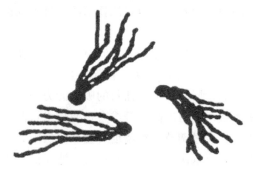

图 3-2　彗星式纤维滤料

该过滤材料最显著的特点是采用优质聚酯纤维和 ABS 树脂（丙烯腈-丁二烯-苯乙烯共聚物），通过纺丝、注塑压球制作而成，形状为一颗颗粒状的丝束，像彗星一样拖着长长的"尾巴"，故命名为彗星式纤维滤料。其一端为发散的纤维丝束，纤维丝径 $20\sim40\mu m$，该端被称为"彗尾"，另一端纤维丝束由密度较大的实心球"彗核"固定。过滤时，"彗核"由于密度大对纤维丝束起到压密作用。该滤料具有过滤精度高、截污量大、反冲洗洗净度高和耗水量少等优点，是一种全新的过滤材料。彗星式纤维滤料适用于去除水中悬浮物的过滤操作。

彗星式纤维滤料滤层孔隙率沿过滤方向呈高度梯度分布，整个滤床的孔隙率由上至下越来越小，下面的过滤介质紧密程度高，孔隙率最小，保证过滤精度。这种梯度分布的特性使其过滤速度快、过滤精度高，过滤精度大于 $5\mu m$，推荐滤速达 $20\sim100m/h$，剩余积泥率为 $1\%\sim2\%$，滤床的纳污量达到 $21.7\sim41.5kg/m^3$。彗星式纤维滤料反冲洗过程中，纤维丝束两端具有密度差，反冲洗水流把彗尾纤维束冲散开并使其随之摆动，赋予较强的甩拽能力，导致滤料之间发生碰撞，强烈的机械作用力使纤维在水流作用下发生旋转，以达到丝束附着物脱落的效果，提高了过滤材料清洁程度。经实验研究，确定彗星式纤维滤料的规格为 $3.5\mu m\times0.5\mu m\times(35\sim40)\mu m$（彗核直径×丝束直径×彗尾长度）。

随着水处理技术中新材料的不断开发和利用，彗星式纤维滤料在过滤技术和水处理方面的应用前景更加广阔。该滤料适合装填于纤维过滤器内，也可在过滤池中使用，主要应用于石油化工、煤化工、冶金钢铁、纺织、生活污水等领域。

3.3.4 旋翼式纤维滤料

旋翼式纤维滤料（图 3-3）外形具有多种形式，以适应不同介质、不同工况、不同过滤精度的要求。它由旋翼核和纤维丝束组成，纤维丝束穿过旋翼核的中心并被旋翼核所固定。旋翼核是一个核心上长有旋翼的整体，在纤维束上的分布一般包括四种形式：单个、一串多个、网面交叉和立体交叉。其核心形状有四种形式：圆球形、椭圆球形、雨滴形和其他多面体形。旋翼核的旋翼表现有两种形式：核心外的实体和核心上的凹槽。旋翼的旋转分为左旋和右旋，旋转角度范围为 $45°\sim450°$。

图 3-3　旋翼式纤维滤料

旋翼式纤维滤料采用了表面活性处理技术，经过表面活性处理的纤维滤料具有蓬松、相互间摩擦力减小、不易缠绕和打结、耐反冲洗等多种优良特性，从而更能满足各种介质过滤的特殊要求。

旋翼式纤维滤料由纤维丝束制成，主要用于分离含有固体颗粒的液体和油水，特别适合于水处理工艺中悬浮颗粒的截留和分离。由于纤维丝束体积较大，滤床容积率较高，且滤速快，也可应用于水的精过滤，能有效地分离水中的悬浮物、胶体、微生物。该滤料可以去除水中呈分散悬浮状的有机质和无机质粒子，包括各种浮游生物、细菌、滤过性病毒与漂浮油等，其滤速、过滤精度是其他过滤材料所不及的。实验证实旋翼式纤维滤料一般能有效去除水中的以下污染物：悬浮物 80%～98%，有机物 30%～70%，磷 60%～80%，病毒 98%～99%，细菌 70%～90%，农药 10%～80%，重金属 30%～65%。亲水性旋翼式纤维滤料在油田采出水处理回注工艺中的实验表明，反冲洗水中的含油量提高了 100 多倍，反冲洗效果优于纤维球。

旋翼式纤维滤料既具有颗粒滤料反冲洗清洁度高、用水量少的优点，又具有纤维滤料孔隙率高、过滤精度高、截污量大的特点。过滤时，旋翼式纤维滤料在滤器中形成孔隙由上而下逐渐梯度变小的滤床，这种构造便于流体中固体悬浮物的高效分离，大的固体悬浮物将在上部被截留，而小的未能被截留的固体悬浮物将下行。因滤床的孔隙逐渐变小，未能被截留的固体必将在下部被截留。在滤器中，由旋翼式纤维滤料形成的滤床不仅具有高精度，而且具有高滤速。滤器反冲洗时，在水流和气流强烈冲击下，滤床不断膨胀，滤料上浮，纤维束逐步呈蓬松状态，由于旋翼式纤维滤料长有旋翼，旋翼带动纤维束做不充分的旋转、摇摆、相互冲击，从而大大提高了附着在纤维束上的悬浮颗粒的分离速度，加快滤料的清洗速度，节约了大量反冲洗用水和能耗。

3.4　二维过滤材料

织物是由细小、柔长物通过交叉、绕结、连接构成的平软片状物，通常将织物视为二维集合体。织物滤料是各种过滤介质中使用最为广泛的材料，根据纤维集合成形方法的不同，可将织物分为机织物、针织物和非织造物。其中，机织物和针织物以纱线为基本结构单元，而非织造物以纤维为基本结构单元。

3.4.1　机织物滤料

机织物滤料是一种二维滤料，由相互垂直相交的经、纬纱线用织布机规律交织而成，其结构是平面交叉的。在机织物滤料袋式除尘器中，由于纤维间孔隙远大于被捕集的粉尘颗粒，刚开始过滤时，第一批粒子由于惯性碰撞、截留及静电作用而被捕集，扩散作用很小。这些粉尘粒子所处的位置不同，小型粒子可能会到达织物内部更深层。当粒子被捕集后，纤维之间的内部孔隙减小，在粉尘与滤层孔隙的表面形成尘桥，新的粒子触碰到已经截留的粒子后形成粒子集合体。于是，纤维间的孔隙随着粒子集合体的增加越来越小，最后逐渐形成一层堆积的粉尘过滤层，粉尘过滤层又会起过滤作用，成为新的补充滤料。

机织物最初根据纤维种类的不同分为棉织物、毛织物、麻织物和丝织物。后来在这些织物中不同程度地混用各种化学纤维，目的在于取代一部分天然纤维，以改善织物的性能。

3.4.1.1 机织物滤料的分类

常见机织物有平纹组织、斜纹组织及缎纹组织三种（图 3-4），常称为三原组织。在三原组织的基础上还可再变化出许多其他组织。

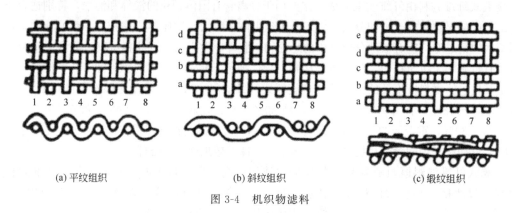

(a) 平纹组织　　　　　　　(b) 斜纹组织　　　　　　　(c) 缎纹组织

图 3-4　机织物滤料

① 平纹组织是最简单的织物组织，它由两根经纱和两根纬纱组成一个组织循环，经纱和纬纱每隔一根纱交错一次，是所有织物中交织次数最多的组织。由于交织点多，平纹组织的孔隙率低，但相对位置较稳定。平纹过滤材料的透气性差，在较高滤速的情况下很少使用。

② 斜纹组织中一个组织循环至少含三根经纬纱，经纱、纬纱交织点在织物表面呈现一定角度的斜纹线，斜纹线的纹路有左斜纹和右斜纹。当斜纹线由经纱浮点组成时，称为经面斜纹。当斜纹线由纬纱浮点组成时，称为纬面斜纹。在斜纹组织的织物中，经纬纱线的交织次数比平纹组织少，孔隙率较大，透气性较好，所以过滤时滤速会比平纹组织高些。

③ 缎纹组织是以连续五根以上的经纬线织成的织物组织。缎纹组织有经面缎纹和纬面缎纹两种，经面缎纹织物的正面主要由经纱显示，而纬面缎纹织物的正面主要由纬纱显示。缎纹组织的正反面可以明显地区分，特别平滑而富有光泽的为正面，比较粗糙、无光泽的则为反面。缎纹组织的交织点比平纹组织和斜纹组织都少，透气性最好。但由于有较多的纱线浮于机织物表面，较易破损。

3.4.1.2 机织物滤料的形式

用作过滤材料的机织物是以合股加捻的经、纬纱线或单丝（单孔丝）做经纬线织成的过滤布，称为二维结构的过滤布。由单丝纱织成的单丝滤布，孔隙分布规则均匀，孔径分布范围很窄，滤布没有纤维间的细小孔隙，因而有很高的分离能力。单丝滤布还具有表面光滑整齐、卸饼容易、单位面积开孔多、流通量大、不易阻塞、抗污染强等优点。复丝纱织成滤布的缺点是阻力大、孔隙结构复杂、抗污染能力低、使用寿命短，但其抗拉强度高，再生性能较好。短纤维纱织成滤布的特点是颗粒截留性能好，并可提供极佳的密封性能。

机织物经、纬线及其交织处密度都比较大，过滤物基本上只能从经纬线间的孔隙通过，织物的孔道与缝隙是贯通的，对流体阻力较小，因此适用于含有相关尺寸颗粒物的液体过滤。此外，由于此类滤布多选用无伸缩性能的纱线织成，孔眼尺寸固定，在过滤时一般不会截留较小粒径的颗粒物，同时易于清除存在于孔眼间的颗粒。

3.4.2　针织物滤料

将纱线编织成线圈并相互套串所形成的织物称为针织物。针织过滤材料常用的纤维原料主要分为传统纤维和高技术纤维两类。传统纤维有棉、涤纶等。高技术纤维又分为高性能纤维、功能性纤维和精细加工纤维。高性能纤维不易产生反应，在极端条件下能保持性能稳定，包括聚酰亚胺（PI）纤维、聚四氟乙烯（PTFE）纤维等；功能性纤维包括抗菌纤维、耐热纤维等；精细加工纤维包括超细纤维、纳微复合纤维和异形纤维等。

3.4.2.1　针织物滤料分类

线圈是组成针织物的基本单元。根据线圈的结构及组合方式的不同，针织物主要有衬经衬纬针织圆筒织物和针织长毛绒织物。

衬经衬纬针织圆筒织物由成圈纱、衬经纱、衬纬纱三系统的纱线在单面罗纹机上编织而成。由于在成圈纱中衬有经纱和纬纱，且经纬纱无交织产生的织缩，其尺寸的稳定性与机织物类似。由于成圈纱上下左右相互勾结起主要编结作用，故会形成直通的、较大的孔隙，过滤效率较低。

针织长毛绒织物的起绒纤维一部分同地纱编成圈，它们的头端突出在针织物的表面，过滤层呈绒毛状，具有孔隙多、透气性好的优点，在后处理工序中，易于调整毛高，使表面长短齐平。但产品机械强度低，尺寸均一性差。

3.4.2.2　滤料性能的影响因素

纤维的种类、纤维的特性、纱线的捻度和纤维的分布等都是过滤材料性能的主要影响因素。纱线的线密度、织物的紧度和厚度对过滤材料的渗透性、漏透性和力学性能有很大的影响。针织物中的孔洞和缝隙弯曲迂回的通道能阻挡比孔隙小得多的颗粒，具有较好的除尘效果，除尘率可达 99% 以上。纬平针织物沿纵向或横向拉伸时，线圈形态会发生变化，故纬平针织物纵向和横向的伸长率都很大，纵向断裂强度比横向断裂强度大。这种组织的织物较薄，透气性较好，可根据过滤工程与设备织成需要的材料。具有较高玻璃化转变温度的纤维材料生产出的经编针织物在高温下具有高体积弹性、耐热冲击和耐机械振动的性能，因此经编针织物适合在需要筒状过滤的场合使用。

3.4.3　非织造滤料

非织造织物曾被称为无纺织物、无纺布等，是指定向或随机排列的纤维通过摩擦、抱合、黏合或这些方法的组合而相互结合制成的片状物、纤网或絮垫。

3.4.3.1　非织造滤料的分类

根据非织造织物成形原理和制造方法的不同，可以将其分成毛毡、树脂黏合或热黏合非织造织物、针刺毡状非织造织物、缝结非织造织物、纺黏法非织造织物、熔喷法非织造织物、水刺法非织造织物几大类。

非织造滤料也可分为有基布和无基布两种。有基布针刺非织造过滤材料承受过滤压力能力强且稳定性好。基布由一定厚度的纤维均匀织成，用上下纤维网将基布夹于其中，然后通过预针刺和主针刺加固。过滤材料也可以根据用途加工成毡状、袋状或管状，袋式除尘器用的过滤材料绝大部分是针刺毡。针刺毡加工完成后，表面会有许多突出的绒毛，这不利于粉尘从纤维过滤材料表面脱落，于是就需要进行烧毛、热定形、热轧光等表面热处理。进行针刺毡表面处理的目的是：提高过滤效率和清灰效果，增强耐热、耐酸碱、耐腐蚀性能，降低过滤材料阻力，延长使用寿命，等等。

3.4.3.2 非织造滤料的形式

非织造滤料可通过针刺法、纺丝成网法（纺黏法）和熔喷法制得。纺黏法和熔喷法是采用高聚物的熔体进行熔融纺丝成网，或用浓溶液进行纺丝和成网，纤网经机械、化学、热黏合加固后制成非织造材料。纺黏法非织造滤布具有强度高、整体性好、均匀度高的特点，主要使用丙纶和涤纶为原料。而利用熔喷法制得的熔喷布是一种高级空气过滤材料，能除去空气中的微小尘埃和细菌，耐酸耐碱，使用寿命长。

常用的针刺毡过滤材料具有如下特点。

① 过滤材料中的纤维呈交错随机排列，孔隙率高达 70%～80%，这种结构没有直通的孔隙，过滤效率高而稳定。

② 针刺毡过滤材料的孔隙率比纺织纤维的孔隙率高 1.6～2 倍，透气性好，阻力低。

③ 针刺毡过滤材料的生产速率快，生产率高，产品成本低，产品质量稳定。

目前最常用的工艺是采用针刺法将纤维网加固成无纺布，针刺非织造织物用量最大，针刺过滤材料约有 90% 是常温合成纤维过滤材料，其余 10% 是采用耐高温合成纤维、无机纤维、纤维束纤维以及其他纤维生产的特殊用途的过滤材料。

针刺非织造过滤材料的制备工艺如图 3-5 所示。

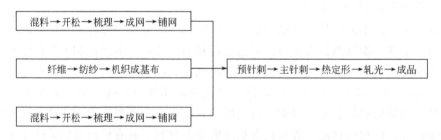

图 3-5　针刺非织造过滤材料的制备工艺

典型的非织造织物都是直接由纤维形成网状结构的集合体纤维网。为了达到结构稳定的目的，纤维网必须通过黏合、缠结等方式加固。因此，大多数非织造织物的基本结构都是由纤维网与加固系统组成。非织造织物有四种最基本的黏合方法，即化学黏合法、机械黏合法、自身黏合法和热融黏合法。化学黏合法和热融黏合法形成的网状构造中，黏合点是由高分子材料提供的，而机械黏合法和自身黏合法的黏合则是通过纤维间的缠结或自锁而形成的。

非织造过滤材料的孔隙通过纤维在三维空间交错排列的立体结构形成，孔隙分布均匀，是机织物孔隙率的两倍。在过滤过程中，它的过滤单元采用的是单纤维，当流体从纤维形成的曲折通道通过时，随机分布的单纤维会随机地合在一起，对含颗粒流体进行两相分离。相较于机织布而言，非织造布的过滤效率明显提高，而且还可以提高载体相的流动速度。

3.5　三维过滤材料

三维过滤材料是一种由三维连通或封闭的孔洞网络构成的材料。典型的孔洞结构分为两种：一种是形状类似于蜂穴的正六边形结构，称为"蜂窝"材料；另一种是由大量无规则形状的孔洞形成的三维空间结构，称为"泡沫"材料。如果只在孔洞的边界有构成孔洞的固体（即孔洞与孔洞之间相连通），称为开孔；如果材料表面是固体，即内部孔洞与孔洞完全分隔，称为闭孔；而有些则是半开孔半闭孔。多孔过滤材料既具有结构材料比表面积大、孔隙率高、密度小等特点，又兼有功能材料的多种性能（如吸附分离、减振、隔声、电磁屏蔽等），属于结构功能型材料。多孔过滤材料有多孔陶瓷、多孔金属、活性炭和分子筛等不同类型。本章主要介绍以过滤性能为主的多孔陶瓷和多孔金属等过滤材料。

3.5.1　多孔陶瓷滤料

多孔陶瓷是一种新型陶瓷过滤材料，又称为微孔陶瓷、泡沫陶瓷，以骨料、黏结剂和增孔剂等为原料经过高温制成，成分大多是氧化物、氮化物、硼化物和碳化物等，在成形与烧结过程中，材料体内形成大量彼此相通或闭合的气孔。以多孔陶瓷过滤材料做过滤介质的陶瓷微过滤技术及陶瓷过滤装置由于具有过滤精度高、洁净状态好以及容易清洗、使用寿命长等特点，目前已在石油、化工、制药、食品和环保等领域得到广泛应用。

3.5.1.1　多孔陶瓷的分类

多孔陶瓷种类繁多，可根据孔径大小、成孔方法、孔隙结构以及材质的不同划分为多种类型，具体分类详见表 3-4。

表 3-4　多孔陶瓷的分类

分类	孔径大小/nm	成孔方法和孔隙结构	材质
微孔陶瓷	<2	粒状陶瓷烧结体	碳化硅陶瓷
介孔陶瓷	2~50	泡沫陶瓷	粉煤灰基陶瓷
宏孔陶瓷	>50	蜂窝陶瓷	硅藻土基陶瓷

表 3-4 中的碳化硅陶瓷是以工业碳化硅粉作为骨料，同时加入一些氧化物作为结合剂以降低烧结温度，实现液相烧结，加入一定量的锯末、炭粉和石油焦粉作为造孔剂。制得的材料具有连通气孔，气孔孔径从几微米到几十微米不等。硅藻土基陶瓷以硅藻土为基质，采用低温烧结的方法，并加入添加剂，可使原有气孔保留下来而制得多孔陶瓷。其气孔率随着硅藻土含量的增加而增大，且含有大量三维网状微孔，孔径在几十微米范围内。粉煤灰基陶瓷则是以粉煤灰中漂珠为骨料，以聚苯乙烯颗粒、炭粉等为造孔剂制得的高孔隙率的多孔粉煤灰基陶瓷材料。该材料内部的微孔非常繁密，孔的形状不规则，以空间交错的网状孔道贯穿其中，孔隙的内表面凹凸不平，具有很高的比表面积，多作为净化过滤材料使用。

3.5.1.2 多孔陶瓷的特点

① 化学稳定性好，选择适宜的材质和工艺，可制成耐酸、耐碱的多孔制品。
② 孔隙率高，可达 20%～95%，且孔径分布均匀，大小可控。
③ 强度高，刚性大，在强烈冲击作用下外观及孔不会发生变形。
④ 热稳定性好，不会产生热变形、氧化现象等。
⑤ 干净环保，无毒无味，不会产生二次污染。
⑥ 具有高比表面积及特殊的表面特性。
⑦ 再生性强，通过用液体或气体反冲洗，可基本恢复原过滤能力。

多孔陶瓷基于上述特点而被应用于高温烟气过滤、汽车尾气处理、工业污水处理等领域，也用作催化剂载体和隔声材料。近年来，多孔陶瓷的应用领域又扩展到食品、制药、化工、生物医药领域及医疗领域等。

3.5.1.3 多孔陶瓷滤料的应用

（1）废气治理

高温烟气过滤技术的应用与发展引起世界各国的广泛关注。早在 20 世纪 70 年代，日本等国家在高温气体净化、烟气除尘等方面就研究使用多孔陶瓷，并取得了较大进展。在烟尘过滤中，多孔陶瓷是将陶瓷烧制成刚性块状单体即陶瓷过滤单元进行使用。表 3-5 列出了目前陶瓷过滤单元常用的多孔陶瓷材料。

表 3-5 陶瓷过滤单元常用的多孔陶瓷材料

材料名称	分子式	材料名称	分子式
碳化硅	SiC	氧化铝/多铝红柱石	$Al_2O_3/3Al_2O_3 \cdot 2SiO_2$
氮化硅	Si_3N_4	多铝硅酸盐	Al_2O_3/SiO_2
氧化铝	Al_2O_3	β-堇青石	$Al_3(Mg,Fe)_2(Si_5AlO_{18})$

碳化硅颗粒常用于制作高密度颗粒过滤单元，其过滤材料孔隙率为 30%～60%。使用氧化铝或多铝硅酸盐制成的低密度纤维过滤单元的孔隙率为 80%～90%。陶瓷材料虽然是高温气体除尘的优良选材之一，但存在性脆、延展性差、韧性差、热传导性及抗热震性差等缺点。在高温、高压条件下，陶瓷材料的整体强度、操作的长期性、可靠性及反吹性仍存在不少问题。

可将催化剂沉积在多孔陶瓷表面，使其具有催化功能来去除气态污染物。目前，世界上90%的车用催化器载体是多孔陶瓷，其中应用最为广泛的是蜂窝状的堇青石陶瓷载体。如果先将室内空气中的悬浮颗粒物、灰尘等用活性炭或滤网滤除，再采用 TiO_2 光催化剂负载多孔陶瓷元件，可实现空气净化效果最大化，从而获得清新的空气。

（2）废水治理

多孔陶瓷的主要特征是其多孔性。当流体过滤出来时，液体中的悬浮物、胶体和微生物可截留在滤层表面或内部，附着在污染物上的病毒也被截留下来。总过程包括吸附、表面过滤和深层过滤，以深层过滤为主。过滤介质的表面发生表面过滤，多孔陶瓷起到滤筛的作用，可捕获大部分大于微孔的颗粒，由于被截留的颗粒在过滤介质的表面形成了滤膜，杂质进入滤层内部不会造成微孔堵塞。过滤介质内部发生深层过滤，多孔陶瓷孔隙率高，颗粒在孔道中发生迂回，流体过滤时在颗粒表面形成拱桥效应和惯性冲撞，因此其过滤精度小于滤料自身孔径。

多孔陶瓷在处理锅炉湿法含尘废水、热电厂水力冲渣废水等方面都能达到相关国家排放标准。在城市污水和工业废水的处理中，曝气装置所用材料也用到了多孔陶瓷。此外，多孔陶瓷在饮用水的净化、海水淡化、食品医药过滤以及工业废水的处理等方面也有着广泛的应用。

（3）噪声治理

多孔陶瓷因内部存在大量的连通微小孔隙和孔洞而具有吸声的性能。当声波入射到多孔陶瓷的孔隙上时，引起孔隙中空气振动、空气与孔壁的摩擦和黏滞，部分声能以热能的形式被吸收，改善声波在室内的传递，使声能逐渐减弱，可降低噪声污染，起到吸声的作用。

3.5.2　多孔金属滤料

多孔金属滤料是以金属/合金粉末、金属丝网、金属纤维等为基础材料，通过压制成形和高温烧结而制成的一类特殊工程材料。该类过滤材料孔隙率可达 98%，并且具有金属过滤材料的特性。多孔金属因兼具功能和结构两种性能，不仅可作为功能材料应用，而且可作为结构材料应用。因此，多孔金属滤料在分离、过滤、布气、催化热交换等工艺过程中应用广泛，常用作过滤器、催化剂及催化剂载体。

3.5.2.1　多孔金属滤料的分类

从结构上看，多孔金属包括粉末烧结多孔材料、金属纤维毡、复合金属丝网和泡沫金属等多种形式。

（1）粉末烧结多孔材料

粉末烧结多孔材料是以金属（或合金粉末）作为原料，经熔融、雾化、冷凝、压制和烧结等工艺过程制成的各种形状复杂的多孔材料，具有过滤精度高、刚性强的特点。该材料具有由规则和不规则的粉末颗粒砌成的孔隙结构，粉末粒度组成和制造工艺决定了孔隙的大小、孔隙率以及孔隙分布。目前，我国已具有烧结金属多孔材料的规模生产能力，实现大量生产与应用的主要是青铜、不锈钢、镍及镍合金、铁等粉末烧结多孔材料。

（2）金属纤维毡

金属材料因具有良好的塑性可拉伸成金属细丝或纤维，进而编织成网或铺制成毡。金属纤维毡的孔隙率高达 90%，孔洞全部贯通，具有韧性好、塑性强、容尘量大等优点，可用于许多过滤条件高的行业。

（3）复合金属丝网

复合金属丝网具有强度和刚性高、孔隙分布均匀、再生性好、滤速大、易制成小直径长管元件等特点。目前，随着工艺不断改进，欧美地区生产的复合金属丝网的层数扩展到了 20 多层，宽度达 1200mm，精度达到 500pm，且具有很多品种，而目前我国不锈钢丝网种类较少，约 30 种，市场所需的复合金属丝网基本依赖进口。

（4）泡沫金属

泡沫金属是指基体中含有一定数量、尺寸的泡沫气孔的金属材料，实际上是含有泡沫气孔的复合材料。因其结构特殊，泡沫金属既具有金属的优点又有气泡的优点。通孔泡沫金属的导热系数高，气体渗透率高，换热散热能力强，在实际工程应用中用途广泛。

3.5.2.2 多孔金属滤料的特点

与致密金属材料相比，多孔金属材料内部具有大量孔隙，这些孔隙使其具有以下优点。

① 优良的渗透性、过滤与分离特性。多孔金属是制备各种过滤器的理想材料。多孔金属的孔道可以堵塞和截留流体介质中的固体颗粒，使气体或液体得到过滤与分离，从而实现介质的净化或分离，过滤精度为 $0.05\sim100\mu m$。

② 良好的力学性能、韧性和优异的抗热震性能。在常温下，多孔金属的强度是多孔陶瓷的 10 倍，即使在 700℃ 高温下，其强度仍然高于多孔陶瓷数倍。

③ 较好的导热性、高温耐腐蚀能力。这些性能使得多孔金属滤料在高温除尘过滤介质中的应用具有优势。

④ 具有很好的加工性能和焊接性能。多孔金属克服了多孔陶瓷延展性差、韧性差的缺点，易与系统整体封接。

3.5.2.3 多孔金属滤料的应用

（1）废水治理

多孔金属材料可作为分离媒介，从水中分离出油，从冷冻剂中分离水。20 世纪 80 年代以后，随着石油、轻工、化工等行业的迅速发展，各行业需要大量使用耐高温、耐高压和耐腐蚀材料，使得多孔材料行业快速发展。如在造纸业将镍及镍合金、钛多孔材料用于纸浆洗涤和废水处理。在纺织业采用海绵铁、多孔锰砂金属过滤材料对印染废水的脱色效果进行研究，结果表明海绵铁对印染废水脱色效果显著，脱色率可达 90% 以上，值得进一步研究和推广应用。

（2）废气治理

在现代工业生产过程中，许多领域涉及高温气体，需要进一步净化处理，如石油和冶金工业的高温反应气体、玻璃工业产生的高温尾气、锅炉和焚烧炉的高温废气等。在众多高温气体净化除尘工艺技术中，介质过滤净化除尘技术因合理利用有用能源、简化工艺过程、节省设备费用以及避免二次水污染等具有显著的优势。针对中高温气体除尘，目前国内外常用的是多孔陶瓷和金属多孔材料。尽管陶瓷材料的热稳定性和化学稳定性好，但其脆性大，抗热震性及导热性能较差，规模应用将受到限制。相较于多孔陶瓷，金属过滤材料具有优异的耐高温和力学性能，且抗热震性、导热性好，具有很高的应用价值。目前，国内外开展了高性能烧结金属多孔过滤材料的研究，如 Haynes 合金、FeCrAl 合金、Fe_3Al 金属间化合物等，金属过滤材料在严苛的加热条件下仍然具有良好的抗热震性。一些材料如 FeCrAl 合金、Fe_3Al 金属间化合物等具有优异的抗氧化性和耐腐蚀性，可在高达 $600\sim800℃$ 温度下长期工作超过 6000h 且性能不变。

汽车尾气净化载体过去常使用陶瓷多孔过滤材料，但因其存在韧性差、抗热震性差的问题，净化效果不明显。近年来，国外已开始用合金材料制备的多孔载体取代多孔陶瓷，并取得了较好的应用效果。如 Ni-20Cr 和 Ni-33Cr-1.8Al 合金多孔体可用于排放柴油机高温废气而未存在开裂问题，综合性能极佳。

（3）噪声治理

多孔金属过滤材料可以大大吸收环境噪声，当声波压迫空气在滤料微小的、相互贯通的孔隙中传递时，引起空气与孔壁的摩擦而消耗能量，因此，多孔金属过滤材料也可作为吸声材料使用，有效地将声波在孔穴的空气振动转化为热能，如在高速公路两旁设置多孔金属过滤材料作为吸声障壁，从而解决噪声和振动问题。

3.5.3　蒙脱土

蒙脱土的化学组成通式为 $Al_2(Si_4O_{10})(OH)_2 \cdot xH_2O$ 或 $Al_2O_3 \cdot 4SiO_2 \cdot xH_2O$，其中 $SiO_2：Al_2O_3$ 约为 4：1。蒙脱土含二氧化硫（50%～70%）、氧化铝（15%～20%），还含有少量的铁、钙、钠、镁、钾的氧化物。蒙脱土的化学结构中有大量的孔隙，具有良好的吸附性能，能吸附大量水分或吸附自身质量 12%～15% 的有机杂质。同时，因其独特的化学组分，蒙脱土还具有较强的阳离子交换能力。

3.5.3.1　蒙脱土滤料的特点

新开采的蒙脱土相当软，有塑性，呈白色或带浅黄、浅红、绿、紫等色，是质地致密的鳞片状微晶集合体，具有蜡状或油脂光泽。新开采的蒙脱土经过分选、破碎、干燥、磨粉和筛分等处理而成为产品。天然的蒙脱土含水 50%～60%，干燥后其内部会形成大量孔隙，优良者的孔隙可达其体积的 60%～70%，比表面积为 $120～140m^2/g$。

早在 20 世纪 20 年代，人们就首次发现了蒙脱土的吸附性。20 世纪 50 年代，在研制分子筛催化剂时又发现了它的催化活性，尤其是针对有机物的催化转化活性。蒙脱土具有天然吸附性能，且价格低廉、储量丰富、环境友好，这些特性使得近年来较多学者深入研究了蒙脱土的改性、结构及性能，并挖掘其应用价值。

3.5.3.2　蒙脱土滤料的应用

蒙脱土可用于合成活性白土。将蒙脱土用盐酸或硫酸处理，可使其活化从而提高吸附能力。将蒙脱土与水调和成浆状，在反应器中加入盐酸（HCl 为土量的 28%～30%）或硫酸，加热反应 2～3h，将土中的有机物和钙、镁、钠、钾等成分溶去，然后分离除去反应物中的残酸及溶解物，用水洗涤至接近中性（产品中的游离酸含量应小于 0.2%），再干燥至水分低于 8%，粉碎至 200 目筛通过 90% 以上，即为活性白土。

活性白土是白色或米色粉末或颗粒，主要成分是 $Al_2O_3 \cdot 4SiO_2 \cdot nH_2O$，表观密度 $0.55～0.75g/cm^3$，相对密度 2.3～2.5。活性白土不溶于水，表面有不规则的孔穴，比表面积大，具有良好的离子交换能力和选择吸附性，可用于除去动植物油和矿物油中的不良气味和有色物质。活性白土已广泛应用在食品、酿造和化学工业中。

3.5.4　沸石滤料

沸石是一族铝硅酸盐矿物，在自然界中广泛存在，种类较多，晶体结构复杂，是由硅（铝）氧四面体连成三维的格架，因其具有吸附分离性、离子交换性、催化、耐酸碱、耐辐射等性能，在水处理行业中被广泛用作滤料、离子交换剂、吸附剂等。对沸石进行改性，可开发出经济、高效的新型水处理材料，对于解决我国当前水污染、生态环境恶化等问题具有重要意义。

沸石的密度为 $1.92～2.80g/cm^3$，莫氏硬度为 3.5～5.5，呈白色、浅黄色、淡红色等，具有较强的耐酸耐碱能力，再生能力强。研究表明，当沸石吸附饱和以及失去离子交换能力时，可以通过高温灼烧或化学溶液洗涤等方法恢复其性能，能够重复使用，可大大节约成本，也不会造成环境污染和资源浪费。我国是天然沸石资源相当丰富的国家，总储量达 40

亿吨,年生产能力达 800 万吨,储量位于世界前列。此外,还可以利用廉价的工业废物粉煤灰合成优质的人工沸石,性能甚至比天然沸石优异。沸石因其安全环保和环境友好等优点,可用作曝气生物滤池的滤料。

3.5.5 无烟煤滤料

无烟煤,俗称白煤或红煤,碳化程度较高。无烟煤滤料采用优质天然原煤为原料,经精选、碎、粉、筛分等工艺制成,制得的滤料可直接用于水过滤工艺。可在一般酸性、中性、碱性的环境下用于净化处理,具有较高的比表面积。

无烟煤含碳量高达 90% 以上,黑色,有金属光泽,化学性质稳定,表面粗糙,密度为 $1.35 \sim 1.9 \mathrm{g/cm^3}$。煤炭主要成分是有机物,因而纯净的煤粒表面具有疏水亲油的性质。煤中碳含量和表面的疏水亲油性都随着煤化程度的提高而增加,所以用无烟煤滤料过滤含油污水的效果优良。煤炭具有一定的比表面积,滤料中的煤粒表面孔隙率高达 50%,过滤时起到毛细作用,由于毛细作用和疏水亲油特性,油分子可以很容易地被吸附到滤层孔隙中,因此无烟煤滤料具有吸附有机悬浮物的性能,还可同时除味脱色。

我国面对巨大的城市用水需求,不仅要新建水厂,而且要改造老厂,通过增加滤池层数来提高滤速、扩大截污量,这些措施对无烟煤滤料的需求非常大。无烟煤滤料在国外已广泛应用于自来水及各类污水的过滤工艺中,但在我国的使用历史不长。无烟煤滤料在 1980 年曾被我国东方红炼油厂用三层滤料池工艺开展污水处理试验,过滤效果非常理想。近年来,随着我国工业的发展,无烟煤被广泛使用,不仅作为燃料和原料应用于民用、冶金、化肥等领域,而且可用作生产多种碳素材料的原料。

复习思考题

1. 过滤机理有哪几种方式?请简要介绍。
2. 过滤材料在实际使用过程中,对其性能有什么要求?
3. 阐述石英砂滤料的过滤机理、影响因素有哪些。
4. 简要概括陶粒滤料的烧结机理。
5. 请简述锰砂滤料的特点及其除铁除锰机理。
6. 总结纤维束滤料的特点,举例说明与传统滤料相比有何区别。
7. 概括彗星式纤维滤料的特点。
8. 简要说明旋翼式纤维滤料过滤机理及优点。
9. 二维过滤材料有哪些形式?分别有什么显著特征?
10. 多孔陶瓷是一种新型陶瓷过滤材料,综述多孔陶瓷滤料的特点、用途。
11. 多孔金属滤料的优点及应用领域有哪些?
12. 无烟煤滤料有哪些性能?

第4章 絮凝材料

絮凝是古代饮用水净化的主要手段。但随着人们健康意识、环保意识的提高和水资源污染的加剧，只依靠絮凝工艺无法满足现代饮用水和污水的处理要求。在污水处理中，絮凝一般置于过滤工艺的后段以去除胶体等小颗粒污染物，也可以去除某些重金属离子和降低部分化学需氧量（COD），为后续的生化处理创造条件。絮凝工艺操作简单，仅需将絮凝剂投入水中，依靠絮凝剂的压缩双电层、电中和、吸附架桥以及网捕作用使胶体脱稳，从而将污染物从水中去除。因此，絮凝剂的设计和开发决定着絮凝工艺的效果。絮凝剂主要包括无机絮凝剂、有机絮凝剂、微生物絮凝剂、复合絮凝剂以及纳米絮凝剂五大类。不同种类的絮凝剂有着各自的优势与劣势。无机高分子絮凝剂和有机高分子絮凝剂以优异的絮凝效果、成熟的制备工艺以及较为低廉的价格成为目前市场的主流；天然高分子絮凝剂和微生物絮凝剂因其良好的生物相容性、无二次污染的特性成为目前研究的热点之一。本章介绍絮凝的基本概念、理论基础以及各种絮凝剂的性质与制备方法。

4.1 絮凝的概念及原理

4.1.1 絮凝的概念

絮凝作为一种古老、成熟的水处理工艺，广泛地应用于给水及生活、工业废水处理中。絮凝常作为深度处理的前处理工艺，可以去除水中 65%～95% 的胶体颗粒与 80%～95% 的悬浮物质，同时可以部分去除水中的 COD 和某些重金属离子，为后续深度处理奠定基础。

目前，很多论文和著作中对絮凝、凝聚及混凝三者的概念有着不同的定义。有资料认为絮凝与凝聚是一个概念，即二者可以通用；有资料认为凝聚主要指胶体脱稳的过程，絮凝则是形成絮体的过程，而混凝是两种过程的总称；还有学者认为凝聚是指胶体从脱稳到形成絮体的整个过程，而絮凝指的是形成絮体的过程。综上所述，目前对于这三种表达并无明确的界定，在本书中采用第二种说法。

在混凝过程中为了使胶体颗粒脱稳并从水中脱离所加入的试剂被称为混凝剂；而絮凝剂

指的是在胶体絮凝过程中，为了提高胶体的絮凝效果而投加的物质。在实际应用过程中，混凝剂和絮凝剂常一起使用，且一种药剂往往兼具凝聚和絮凝双重作用，因此为了表述上的一致性，本书不对絮凝剂与混凝剂进行细致区分，统称为絮凝剂。

4.1.2 絮凝基本原理

4.1.2.1 压缩双电层作用

当溶液中的电解质浓度升高，反离子浓度增大时，进入扩散层以及紧密层的反离子浓度增大，使得 ζ 电位和势垒减小，胶体失稳，发生凝聚作用。使胶体发生明显聚沉所需电解质的最小浓度称为聚沉值。根据舒尔策-哈代规则（Schulze-Hardy Rule），反离子价数越高，聚沉能力越强。一般可以近似认为聚沉值与反离子价数倒数的 6 次方成正比，例如：

$$Me^+ : Me^{2+} : Me^{3+} = 1^6 : (1/2)^6 : (1/3)^6 \tag{4-1}$$

但也存在反常现象，例如 H^+ 的价数为 1，但是有很强的聚沉能力。对于相同价数的离子而言，其聚沉能力与离子的半径有关。对于阳离子而言，半径越小，水化能力越强，被吸附的能力越弱，进入紧密层的能力越弱，聚沉值越大；对于阴离子而言，其水化能力较弱，因此半径越小，被吸附的能力越强，聚沉值越小。

4.1.2.2 电中和作用

与压缩双电层作用不同，电中和作用指胶核表面直接吸附带有异种电荷的聚合离子、高分子物质、胶粒等，从而使胶体的 ζ 电位减小（当投入的药剂量过多时，ζ 电位可以发生异号），胶体颗粒发生碰撞聚沉。相比于压缩双电层作用，电中和作用更为直接有效，作用力更强，所需要的药剂量也比单纯压缩双电层作用少。

4.1.2.3 吸附架桥作用

吸附架桥作用主要是指胶体被高分子物质吸附、架桥连接形成絮凝体，从水中沉淀下来的作用。高分子絮凝剂通过化学键、氢键和范德瓦耳斯力等作用力将颗粒吸附在表面，主要存在三种结构形式：环式、尾式、列车式。对于电荷密度高的高分子絮凝剂而言，以列车式为主；对于电荷密度较低的高分子絮凝剂而言，由于电荷密度较低，库仑力较弱，以环式为主，再以高分子絮凝剂作为纽带将颗粒物聚集成一个个絮体（俗称矾花）。

当絮凝剂过多时，会发生胶体保护作用，如图 4-1 所示。由于絮凝剂过量，许多高分子化合物的一端吸附在同一分散相的粒子表面，或者多个高分子线团围绕在粒子周围，形成水

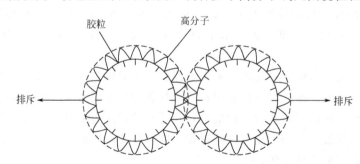

图 4-1 胶体保护作用示意图

化膜，将分散相粒子完全包裹起来。由于高分子之间的排斥作用，胶体被保护，而这种排斥作用可能源于高分子之间的静电斥力、压缩弹性斥力或水化膜。

4.1.2.4　网捕作用

如图 4-2 所示，无机金属絮凝剂进入水中后，在铝、铁等金属离子的水解和聚合作用下会以水中的胶核为晶核形成胶体状沉淀，沉淀在自身沉降过程中能集卷、网捕水中的胶体微粒，使胶体发生黏结而从水中分离出来，这种作用被称为网捕作用。

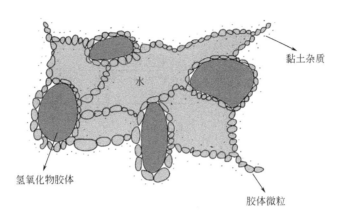

图 4-2　网捕作用示意图

在实际工程应用中，往往会根据水质要求使用多种混合絮凝剂，从而使实际废水处理中絮凝剂的作用机理更加复杂。因此在基础研究中，需要深入研究单一絮凝剂以及多种絮凝剂组合时的作用机理，从而指导絮凝剂在实际工程中科学合理地应用。

4.2　絮凝剂的分类与对比

无机絮凝剂最先被应用于水处理领域。据史料记载，早在公元前 1500 年，古埃及人就已经使用硫酸铝处理水中的悬浮颗粒，罗马人在公元 77 年在水处理中使用铝盐絮凝剂，此后无机絮凝剂成为最主要的絮凝剂。但无机絮凝剂腐蚀管道、投加量大等问题一直困扰着人们。直到 19 世纪 60 年代，人工合成高分子的出现使得絮凝剂家族中又增添了一位极为重要的成员，人工高分子有机絮凝剂投加量小，絮凝速度快，不会腐蚀管道，弥补了无机絮凝剂的缺点。随着人们对物质的认识越来越深刻，也逐渐发现了人工高分子有机絮凝剂的种种弊端，进而将目光投向天然高分子絮凝剂和微生物絮凝剂，希望从其中获得絮凝效果好、对环境无二次污染的新型絮凝剂，但大部分仅限于实验室研究，并未实现实际应用。进入 21 世纪后，随着纳米技术的兴起与日渐成熟，人们将目光转向纳米絮凝剂，希望利用纳米技术进一步提高絮凝剂的絮凝效果，同样纳米絮凝剂目前也只限于实验研究。无机絮凝剂、人工高分子有机絮凝剂、天然高分子絮凝剂、微生物絮凝剂以及纳米絮凝剂各自的优势及劣势对比如表 4-1 所示。

表 4-1 絮凝剂对比一览表

絮凝剂种类	絮凝剂举例	优势	劣势
无机絮凝剂	氯化铝、硫酸铁、聚合氯化铝、聚合硫酸铁、聚硅酸铝铁	制备工艺成熟,处理效果好,价格较低廉	对管道有腐蚀作用,处理效果受 pH 影响较大,水中残留物会对环境和人体造成影响
人工高分子有机絮凝剂	聚丙烯酰胺、聚磺基苯乙烯、聚二甲基二烯丙基氯化铵	用量少,絮凝速度快,絮凝效果好,生成污泥量少且容易处理,受盐类和 pH 影响小	在水中的残留物具有毒害性
天然高分子絮凝剂	壳聚糖、淀粉、植物胶、动物骨胶明胶	安全无毒害,在自然界中广泛存在,原材料丰富,成本低	单独使用或未改性前絮凝效果较差
微生物絮凝剂	红平红球菌、酱油曲霉、拟青霉菌属	安全无毒害,对于环境没有二次污染,处理效果好	产量小,成本高,产品储存性差
纳米絮凝剂	纳米壳聚糖、纳米二氧化钛/聚丙烯酰胺	具有较大的比表面积,优异的絮凝效果	成本过高,纳米材料的安全性问题尚未解决

4.3 无机絮凝剂

4.3.1 铝系絮凝剂

铝系絮凝剂具有悠久的使用历史,明矾、硫酸铝等铝盐自古就被应用于水的净化中,19世纪末美国最先将铝系絮凝剂应用于水处理领域,后因其良好的效果被各国广泛应用。铝系絮凝剂通过电中和、吸附架桥和网捕作用将胶体颗粒从水中去除。尽管铝系絮凝剂工艺成熟,效果优异,但残留铝盐一旦进入人体,可能导致脑损伤,造成严重的记忆力丧失。铝还能直接损害成骨细胞的活性,从而抑制骨基质合成。由此可见,大量使用铝絮凝剂会对环境及人体造成危害,而如何解决该问题也成为铝系絮凝剂研究的主要方向之一。

4.3.1.1 水中铝的存在形式

铝系絮凝剂在水中根据水的 pH 值、药剂投加量的不同,主要存在以下 7 种水解形式:

$$Al^{3+} + H_2O \rightleftharpoons Al(OH)^{2+} + H^+ \tag{4-2}$$

$$Al^{3+} + 2H_2O \rightleftharpoons Al(OH)_2^+ + 2H^+ \tag{4-3}$$

$$2Al^{3+} + 2H_2O \rightleftharpoons Al_2(OH)_2^{4+} + 2H^+ \tag{4-4}$$

$$3Al^{3+} + 4H_2O \rightleftharpoons Al_3(OH)_4^{5+} + 4H^+ \tag{4-5}$$

$$13Al^{3+} + 28H_2O \rightleftharpoons Al_{13}O_4(OH)_{24}^{7+} + 32H^+ \tag{4-6}$$

$$Al^{3+} + 3H_2O \rightleftharpoons Al(OH)_3 + 3H^+ \tag{4-7}$$

$$Al^{3+} + 4H_2O \rightleftharpoons Al(OH)_4^- + 4H^+ \tag{4-8}$$

当 pH 较低,OH/Al 小于 0.5,Al 的总浓度在 $10^{-5} \sim 10^{-2}$ mol/L 时,Al 以单体形式存在,即式 (4-2) 和式 (4-3);当 OH/Al 的值为 0.5~2.46 时,Al 以铝聚合物的形式出现,即式 (4-4) ~式 (4-6);当其比值增加到 2.5 以上,Al 的总浓度高于 10^{-2} mol/L 时,Al 以 $Al(OH)_3$ 的形式沉淀出来,即式 (4-7);而在碱性溶液中 $Al(OH)_3$ 与 OH^- 反应生成 $Al(OH)_4^-$,即式 (4-8)。研究表明,在上述 Al 盐的存在形式中,$Al_{13}\left[Al_{13}O_4(OH)_{24}^{7+}\right]$ 由于其高带电量和高分子量,在絮凝中起着关键作用。

4.3.1.2　铝系低分子絮凝剂的性质与制备

(1) 氯化铝

氯化铝（$AlCl_3$）是无色透明晶体或白色微带浅黄色的结晶性粉末，易溶于水、醇、氯仿、四氯化碳，微溶于苯。$AlCl_3$ 是一种共价化合物，在工业中，氯化铝主要通过铝锭法以及铝氧粉法生产。

铝锭法是将氯气直接通入熔融态铝中，直接反应生产氯化铝。反应方程式如下：

$$2Al+3Cl_2 \longrightarrow 2AlCl_3 \tag{4-9}$$

工业中该方法主要包括液氯汽化、三氯化铝生产、尾气吸收三个工序。其反应温度和气相产物温度一般分别在 800℃ 和 400℃ 左右，在气体捕集器中冷凝生成产品。该法流程简单，设备少，单位产品投资小，并且我国铝资源丰富，因此该法为目前我国工业中制备氯化铝的主要方法。

铝氧粉法是以铝氧粉（氧化铝）、氯气和碳为原材料制得，铝氧粉法制备三氯化铝总的反应式为：

$$Al_2O_3+(a+b)C+3Cl_2 \longrightarrow 2AlCl_3+aCO+bCO_2 \tag{4-10}$$

式中，$a+2b=3$。

在式（4-10）中，当 $a=0$ 时，$a+b$ 取得最小值 1.5，此时所消耗的碳最少。

1953 年，固定床反应器首先被用作铝氧法的反应器，1977 年沸腾床反应器被应用于铝氧法工艺中。相比于固定床反应器，沸腾床反应器工艺流程短，原料利用率高，污染物产生量小，成本低。

(2) 硫酸铝

硫酸铝为白色结晶粉末，属于斜方晶系，在空气中长期存放易吸潮结块，易溶于水，难溶于醇。硫酸铝絮凝剂具有较好的混凝效果，使用方便，且不影响处理后的水质。但低温会导致硫酸铝水解困难，产生的絮凝体较松散，导致混凝效果不理想。此外，在实际水处理方面，不同 pH 范围使用硫酸铝可以达到不同的去除效果。当 pH=4～7 时，主要去除水体中的有机物；当 pH=5.7～7.8 时，主要去除水体中的悬浮物；当 pH=6.4～7.8 时，可以处理高浊度废水和低色度废水。在实际净水过程中，通常设置参数如下：pH 范围为 6～7.8，水温为 20～40℃，用量为 15～100mg/L。

在工业生产中，硫酸铝可以通过氢氧化铝或铝土矿与硫酸反应制备得到。与铝土矿相比，由于氢氧化铝的品质较高，得到硫酸铝的品质也较高。但是氢氧化铝成本较高，占制备硫酸铝成本的 55% 以上，只有对于硫酸铝品质有较高要求的产业才会采用此种方法。铝土矿法价格低廉，因此被广泛应用。

铝土矿法生产硫酸铝的工艺流程如图 4-3 所示。将粉碎至一定粒度的铝土矿加入反应釜中和硫酸反应，之后将反应液沉淀过滤，向滤液中加碱以调节 pH 至中性或微碱性，滤液经浓缩固化、冷却结晶和粉碎后得到硫酸铝成品。由于铝土矿中存在微量的铁、钙、镁等元素，生成的硫酸铝中存在杂质。硫酸铝中铁的去除可以采用重结晶法、溶剂萃取法、无机或有机沉淀法、电解除铁、臭氧加硫酸锰沉淀等方法，其中前三种方法的应用较为广泛。

(3) 明矾

明矾即十二水合硫酸铝钾，是一种含有结晶水的硫酸钾和硫酸铝的复盐，分子式为 $KAl(SO_4)_2 \cdot 12H_2O$。明矾溶于水，不溶于乙醇，通常用于净化含有较多悬浮杂质、碳酸盐、碳酸氢盐的天然水。其原理为明矾溶于水产生的 Al^{3+} 与水中的 HCO_3^- 和 CO_3^{2-} 发生双

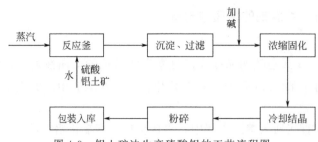

图 4-3 铝土矿法生产硫酸铝的工艺流程图

水解反应，生成的氢氧化铝胶体会吸附水体中的悬浮性杂质并将其聚沉。原水的水温、pH、杂质的性质及浓度和明矾的添加量等因素都会影响明矾的净水效果。

明矾在工业中主要通过以下几种工艺生产。

① 天然明矾石加工法。将明矾石破碎，经焙烧、脱水、风化、蒸汽浸取、沉降、结晶、粉碎，制得硫酸铝钾成品。

② 用硫酸分解铝土矿生成硫酸铝溶液，再加硫酸钾反应，经过滤、结晶、离心脱水、干燥，制得硫酸铝钾产品。

③ 将工业品硫酸铝钾加水溶解，然后经净化、除杂、过滤、浓缩、结晶、离心脱水、干燥，制得硫酸铝钾。

其中，第一种方法为自古流传下来的利用明矾石制备明矾的方法，此法成本较低，但资源利用率低、生产效率低、生产周期长、劳动强度大；第二种方法的原料中铝土矿含有较多的铁或其他重金属，导致明矾中含有重金属，颜色容易发黄、发绿；第三种方法制备出的明矾品质高，但相比于前两种方法其生产成本较高。

4.3.1.3 高分子铝系化合物的性质与制备

由于低分子铝系化合物分子量低，絮凝效果难以满足实际的需求，人们开始寻找替代低分子铝系化合物的产品，聚合铝盐正是其中的一种。聚合铝盐是由羟基交联形成的高分子无机化合物。相比于低分子的铝系絮凝剂而言，聚合铝盐具有适应性强、用量少、净水性能好、沉降速率快等优点。目前常用的聚合铝盐主要有聚合氯化铝、聚合硫酸铝等。

(1) 聚合氯化铝

聚合氯化铝是一种黄色或淡黄色、深褐色、深灰色、白色树脂状固体。日本在 20 世纪 60 年代实现了聚合氯化铝工业化生产，并将其投入到水处理应用中，我国对聚合氯化铝的研制始于 20 世纪 70 年代。聚合氯化铝的分子式为 $Al_2(OH)_nCl_{6-n}$，根据聚合氯化铝中氢氧根含量的不同，可以形成不同类型的聚合氯化铝。以羟铝当量 $B=\frac{n}{6}\times100\%$ 表示聚合铝的盐基度（又称为盐碱度）。盐基度是影响聚合氯化铝诸多特性的重要指标，如聚合度、电荷量、絮凝性能、聚合氯化铝处理后水体的 pH 值等。在聚合氯化铝的实际生产中，B 的范围为 $45\%\sim95\%$，其中，当 $B=95\%$ 时，分子式为 $Al_2(OH)_{5.7}Cl_{0.3}$，在絮凝过程中，水解程度较小，能够较好地维持水体 pH。

聚合氯化铝的优点主要表现在以下几方面。

① 絮凝时间快，沉淀速率快，可缩短沉淀时间，从而提高处理能力。

② 在相同水体条件下，絮凝效果优于一般无机低分子絮凝剂，使出水具有更低的浊度和色度。

③ 在同等投加条件下，聚合氯化铝处理后的水体出水 pH 相较无机低分子絮凝剂处理的水体降低量小，即其消耗水体碱度更小。

④ 对浊度、碱度、有机物含量的变化适应性强，且便于运输、储存。

目前国内制备聚合氯化铝的方法有很多，主要原材料为铝灰、铝屑等单质铝，铝土矿、煤矸石等含铝矿物，三氯化铝等含铝化合物。对于不同原材料，工艺也有所不同，大体可以归纳为酸法、碱法、中和法、凝胶法、电渗析法等。

（2）聚合硫酸铝

聚合硫酸铝可以用分子式 $[Al(OH)_x(SO_4)_y \cdot (H_2O)_z]_m$ 表示，其中 $x=1.5\sim2.0$，$y=0.5\sim0.75$，$x+2y=3$，$z\geqslant4$（液体）或者 $z=1.5\sim4$（固体），m 表示聚合度。相比于聚合氯化铝，聚合硫酸铝中铝的含量较高，除浊絮凝效果显著，并且有较宽的温度适用范围。但是由于 SO_4^{2-} 的半径较大，与 Al 的配位作用较弱，通常聚合硫酸铝的盐基度较低。此外，聚合硫酸铝受 pH 值影响较大，在碱性条件下效果变差。同时，聚合硫酸铝的盐基度越高，稳定性越差，需要在产品中加入稳定剂，常见的稳定剂有酒石酸-酒石酸钠、柠檬酸等。

聚合硫酸铝的制备工艺与聚合氯化铝类似，主要以硫酸铝作为原料，加入氨水、氢氧化钙、尿素等碱化剂在一定条件下反应，再通过熟化制得。在制备过程中反应温度、熟化温度及时间、盐基度的调整对于产品的性能有较大影响。

4.3.2 铁系絮凝剂

由于铝系絮凝剂对人体以及环境的危害，人们开始寻找替代铝的絮凝剂。在 20 世纪 30 年代，人们发现了铁系絮凝剂。铁系絮凝剂有絮凝效果好、安全无毒、适用 pH 范围广、价格便宜等优点。在低温条件下，铁系絮凝剂的絮凝效果优于铝系絮凝剂。但是铁系絮凝剂对设备腐蚀严重，且 Fe^{3+} 与水中腐殖质等有机物反应易使水体带色。

铁系絮凝剂的作用机理比铝系絮凝剂更为复杂。这是由于在水环境中单纯的 Fe^{3+} 并不存在，在酸性极强的溶液中，铁离子会以 $Fe(H_2O)_6^{3+}$ 的形式存在，当溶液的 pH 值增大时，由于高价金属原子对 OH^- 的强烈吸引作用，OH^- 会逐渐取代配体中的水分子，形成 $Fe(H_2O)_5OH^{2+}$、$Fe(H_2O)_4(OH)_2^+$、$Fe(H_2O)_3(OH)_3$、$Fe(H_2O)_2(OH)_4^-$、$Fe(H_2O)(OH)_5^{2-}$、$Fe(OH)_6^{3-}$ 等。在水解的同时，铁系絮凝剂发生聚合反应产生多核羟基配离子。Flynn 总结了铁在不同阶段水解反应的平衡常数，如表 4-2 所示。

表 4-2　铁水解反应的平衡常数

反应	平衡常数（pK）				
	25℃				80℃
	0mol/L[①]	1.0mol/L[①]	2.67mol/L[①]	3.0mol/L[①]	2.67mol/L[①]
$Fe^{3+}+H_2O\longrightarrow FeOH^{2+}+H^+$	2.2	2.8	2.9	3.0	2.1
$FeOH^{2+}+H_2O\longrightarrow Fe(OH)_2^++H^+$	3.5	3.2	2.8	3.3	1.1
$Fe(OH)_2^++H_2O\longrightarrow Fe(OH)_3+H^+$	6	—	—	—	—
$Fe(OH)_3+H_2O\longrightarrow Fe(OH)_4^-+H^+$	10	—	—	—	—
$2Fe^{3+}+2H_2O\longrightarrow Fe_2(OH)_2^{4+}+2H^+$	2.9	2.7	3.2	2.9	2.5
$3Fe^{3+}+4H_2O\longrightarrow Fe_3(OH)_4^{5+}+4H^+$	6.3	—	—	5.8	—

① 离子强度。

注：表中省略了配位水分子。

4.3.2.1 铁系低分子絮凝剂

(1) 氯化铁

氯化铁是一种共价化合物，其晶体随观察角度的不同呈现不同的色彩。在反光的情况下，氯化铁晶体表现为暗绿色；在透光的情况下，氯化铁晶体表现为紫红色。无水氯化铁易潮解，在潮湿的空气中生成盐酸酸雾。氯化铁化学性质活泼，可以和碱、金属、还原剂等多种物质反应。

在水处理方面，氯化铁的最佳 pH 范围为 6.0～8.4，可以快速沉淀，形成的絮体粗大且受温度影响较小。用其处理高浊度给水具有显著的沉降效果，且生成的残渣少，可以用于活性污泥脱水。但其能腐蚀混凝土及部分塑料，溶于水体后也存在环境污染的风险。

工业上氯化铁主要有两种制备方法。一种是通过铁与氯气反应制得，首先将铁屑放入水中，往水中通入氯气，将铁屑首先氧化为氯化亚铁，进而氧化为氯化铁。该法的主要缺点在于铁屑中往往存在其他金属，使得制备出来的氯化铁纯度不够。另外一种是利用氮氧化物的催化作用制得，用氧气氧化氯化亚铁得到氯化铁。

(2) 硫酸铁

硫酸铁是一种正交棱形结晶的黄色粉末，常被用作染料、墨水、絮凝剂、止血剂等。主要有以下几种制备方法。

① 以铁锈为原料。利用铁锈和稀硫酸反应生成硫酸铁，反应方程式如式（4-11）所示。采用该种方法制备硫酸铁可以达到废物利用的目的，但原料不易收集，并且铁锈中的其他成分对于产品品质有一定影响。

$$Fe_2O_3 + 3H_2SO_4 \longrightarrow Fe_2(SO_4)_3 + 3H_2O \tag{4-11}$$

② 以黄铁矿为原料。黄铁矿的主要成分是 FeS_2，利用硝酸可以将其氧化为硫酸铁，同时能够得到副产物硫酸，反应方程式如式（4-12）所示。该种方法制备硫酸铁价格低廉，同时能够得到硫酸副产物，但是由于黄铁矿中有其他杂质，对于硫酸铁的品质有一定影响，并且会产生有毒的一氧化氮气体，需要设置尾气处理装置。

$$2FeS_2 + 10HNO_3 \longrightarrow Fe_2(SO_4)_3 + H_2SO_4 + 4H_2O + 10NO\uparrow \tag{4-12}$$

③ 以硫酸亚铁为原料。通过硫酸、硫酸亚铁热溶液与氧化剂如硝酸或过氧化氢反应得到硫酸铁，反应方程式如式（4-13）所示。利用此种方法制备的硫酸铁品质高，但由于需要添加氧化剂，该种方法的成本较高。

$$2FeSO_4 + H_2SO_4 + H_2O_2 \longrightarrow Fe_2(SO_4)_3 + 2H_2O \tag{4-13}$$

(3) 氯化亚铁

氯化亚铁为黄绿色晶体，可溶于水、乙醇和甲醇，可以直接用于污、废水处理。氯化亚铁主要通过铁屑与盐酸反应制得，反应后的溶液经过冷却、过滤后，再在滤液中加入少量铁屑，防止亚铁被氧化。之后蒸发滤液至出现结晶，趁热过滤，冷却结晶，快速干燥，从而制得氯化亚铁成品。

此外，由于我国电子工业中会产生大量的蚀刻废液，其主要成分为氯化铁，还含有铜离子、镍离子等其他重金属离子，利用这种蚀刻废液制备氯化亚铁既可以达到废物利用的目的，也可以减少环境污染。陆雪非等采用铁粉还原蚀刻废液的方法，制备出饮用水级净水剂，并分析了温度、搅拌速度、反应时间、铁粉投加量与投加方式等因素对产品品质的影响，得出了最佳制备工艺条件。

（4）硫酸亚铁

无水硫酸亚铁是一种白色粉末，溶于水和甘油，不溶于乙醇。硫酸亚铁常以水合物的形式存在（绿矾），硫酸亚铁的 pH 使用范围较广，为 5.5～9.6，易于水解，形成絮体速度快，絮凝作用稳定，且水温对絮凝作用影响较小，因此其对高浓度、高盐度的废水处理具有良好的絮凝效果。但是硫酸亚铁具有较强的腐蚀作用，易对水体造成污染。

在工业中通常采用钛白粉副产物法及铁屑法制备硫酸亚铁。以硫酸制备钛白粉的流程如图 4-4 所示。根据实际经验，生产 1t 钛白粉会产生 3.5～4t 硫酸亚铁。因此，该法可以实现资源的充分利用，生产的硫酸亚铁中有效成分为 90%，仅含有少量的重金属离子，可以满足絮凝剂的应用要求。铁屑法是先将稀硫酸与铁屑反应，反应得到的溶液经过澄清、除杂、冷却及分离后得到产品。但由于铁屑来源复杂，里面含有大量的重金属离子，在利用该法制备硫酸亚铁时，需严格控制反应条件，以减少产品中杂质的含量。

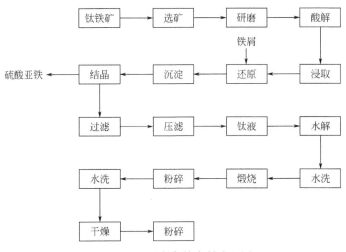

图 4-4　硫酸制备钛白粉流程图

4.3.2.2　铁系高分子絮凝剂

（1）聚合氯化铁

聚合氯化铁又称为碱式氯化铁，分子式为 $[Fe_2(OH)_m Cl_{6-m}]_n$，聚合有助于缓解 Fe^{3+} 原有的腐蚀性和残余色度。聚合氯化铁形成絮体密度大，易于沉淀，用量少，可以去除生化需氧量（BOD）和 COD，具有絮体与微生物的亲和力强、水温变化影响小等优点。此外，相较于聚合硫酸铁，聚合氯化铁具有对羟基聚合物的形态影响小、更适用于饮用水及食品工业等优点。

目前工业中，主要以氯化铁与氯化亚铁为原料制备聚合氯化铁，其中以氯化铁为原料的制备方法主要有中和法和凝胶法。

① 中和法。将稳定剂加入氯化铁溶液，并在剧烈搅拌的条件下缓慢滴加一定浓度碱性溶液至一定碱度，使三氯化铁水解、聚合、熟化，即可得到棕黑色聚合氯化铁液体。

② 凝胶法。氯化铁与氨水反应制得氢氧化铁胶体，将稳定剂加入胶体中并使其在一定条件下聚合，熟化即可得到液体聚合氯化铁，再经过浓缩、结晶即可得到固体产品。制得的聚合氯化铁的铁含量和盐基度比中和法高，同时产品中的杂质少，稳定性高。

（2）聚合硫酸铁

聚合硫酸铁分子式为 $[Fe_2(OH)_n(SO_4)_{3-0.5n}]_m$，是 20 世纪 80 年代研发出来的一种高效无机高分子絮凝剂。与聚合氯化铁类似，聚合硫酸铁所产生的絮体密度大，易沉降。此外，聚合硫酸铁还具有水解速度快、腐蚀小、成本低、使用量少、对水温和 pH 适应范围广、对带电微粒的中和能力强等优点。聚合硫酸铁的沉淀比表面积可以达到 $200\sim1000m^2/g$，对 COD、BOD、悬浮物及色度等都具有良好的去除效果，因此被广泛用于水处理。

聚合硫酸铁主要通过硫酸亚铁氧化、水解、聚合等一系列反应制得，根据其氧化种类的不同，可以分为直接氧化法、催化氧化法、生物氧化法，上述三种方法的优缺点对比如表 4-3 所示。

表 4-3　聚合硫酸铁制备方法对比表

氧化方法	氧化剂/催化剂	优点	缺点
直接氧化法	过氧化氢	生产时间短，设备简单，不引入其他杂质离子，操作简便	过氧化氢价格贵，使成本增加，在光存在时易被分解
	氯酸钾	生产时间短，设备简单，没有气体污染物	产品中会残存氯离子和氯酸根离子，影响产品质量，同时成本较高
	次氯酸钠	副反应会产生氯气，可以作为氧化剂氧化亚铁离子	氯气容易泄漏，需要大量硫酸达到需要的 pH，产品不稳定
	硝酸	产品质量好，生产周期短	会有氮氧化物产生，需尾气处理装置
催化氧化法	亚硝酸钠	简单易行	催化剂用量大，产品中会残存亚硝酸钠，容易致癌
生物氧化法	氧化亚铁硫杆菌	成本低，产品盐基度高，可在常温常压下反应，无污染物排出	产品中亚铁离子浓度高，影响效果

4.3.2.3　聚硅酸絮凝剂

聚硅酸首先由 Baylis 在 1937 年制备得到，并指出聚硅酸具有絮凝作用，而且与其他絮凝剂相互配合使用具有良好的絮凝效果，此后聚硅酸一直作为助凝剂使用。聚硅酸可由水玻璃（有效成分为硅酸钠）经过活化、聚合制成，其反应方程式如下：

$$NaO-\underset{\underset{OH}{|}}{\overset{\overset{OH}{|}}{Si}}-ONa + H_2SO_4 \longrightarrow HO-\underset{\underset{OH}{|}}{\overset{\overset{OH}{|}}{Si}}-OH + Na_2SO_4 \tag{4-14}$$

$$HO-\underset{\underset{OH}{|}}{\overset{\overset{OH}{|}}{Si}}-OH + HO-\underset{\underset{OH}{|}}{\overset{\overset{OH}{|}}{Si}}-OH \longrightarrow HO-\underset{\underset{OH}{|}}{\overset{\overset{OH}{|}}{Si}}-O-\underset{\underset{OH}{|}}{\overset{\overset{OH}{|}}{Si}}-OH + H_2O \tag{4-15}$$

聚硅酸表面带有负电荷，因此在水处理中聚硅酸的电中和效果较弱。而由于硅是四面体结构，聚硅酸可能是带有支链、环状或者是网状的立体结构，于是聚硅酸具有很强的吸附架桥作用和黏结作用，这也是聚硅酸在水处理中起作用的基本原理。聚硅酸用量不大时就能大大强化絮凝过程，达到减少絮凝剂用量、改善低温及低碱度下的絮凝效果的目的。聚硅酸还具有原料价格低廉、获取方式广泛且对人体健康无危害等优点。

聚硅酸的缺点在于其絮凝性能仅表现为对胶体的吸附架桥作用，在处理色度较大且含有部分腐殖质的水体时，聚硅酸与水解絮凝剂配合使用不仅无法起到絮凝、脱色的作用，反而会因破坏水解产物的作用而使腐殖质难以去除。在这一过程中，聚硅酸仅起到加速絮体沉淀和降低水体浊度的作用。聚硅酸具有极强的缩聚作用，产品不稳定，在储存过程中会发生自聚反应，导致聚硅酸分子量不断增加，直至聚硅酸析出，因此聚硅酸只能现用现制，限制了应用。为解决该问题，学者们研制出聚硅酸盐絮凝剂，将在之后的小节进行介绍。

4.4　有机絮凝剂

4.4.1　人工高分子有机絮凝剂

自 1960 年人工高分子絮凝剂诞生以来，有机絮凝剂以优异的效果、较为低廉的成本，广泛应用于给水、废水处理及污泥调理等方面。根据有机絮凝剂重复单元是否带电以及电性正负将其分为阳离子型、阴离子型、非离子型和两性型四种。目前对于有机高分子絮凝剂的研究主要是提高有机物分子量以及减少游离单体含量两个方向。

4.4.1.1　阳离子型有机絮凝剂

阳离子型有机絮凝剂指的是一种分子链上带有正电基团的高分子聚合物，带电基团多为氨基、亚氨基、季铵基等。截止到 21 世纪初，阳离子型有机絮凝剂在美国、日本等国占据了絮凝剂市场的 60% 左右。阳离子型有机絮凝剂之所以广受推崇，是因为其用量少、成本低，具有良好的除浊、脱色能力，对于病毒和有机物尤其是甲烷前体物具有良好的去除作用。

根据合成的单体不同，阳离子型有机絮凝剂可分为阳离子型聚丙烯酰胺类、羟基醚化类、烷基烯丙基卤化铵类、聚环氧氯丙烷胺等类型。其中，阳离子型聚丙烯酰胺类絮凝剂应用最为广泛，占整体的 50% 以上，主要原因在于以下几点。

① 制备高分子量的聚丙烯酰胺类聚合物工艺较为简单。

② 支链上的酰氨基对水体中悬浮颗粒物的吸附能力较强，故表现出良好的絮凝能力。

③ 相较于其他阳离子高分子聚合物，该类絮凝剂价格低廉。

阳离子型聚丙烯酰胺主要有两种合成方法：一种是对聚丙烯酰胺进行改性；另一种是丙烯酰胺与阳离子进行共聚。两种方法的优劣对比如表 4-4 所示。

表 4-4　共聚法与改性法优劣对比表

合成工艺	优点	缺点
共聚工艺	反应相对容易；产品的阳离子度控制准确；可以合成出阳离子度较高的产品；合成工艺的选择范围广；设备简单；反应时间短	产物分子量相对低；某些阳离子单体的价格高；需要共聚单体的储存设备
改性工艺	制备简单；成本低；产品的分子量高	产品的阳离子度难以提高；产品的阳离子度控制不准确；未反应的单体存在毒性

4.4.1.2　阴离子型有机絮凝剂

阴离子型有机絮凝剂指的是重复单元中包含羧基、羧酸盐、磺酸基等基团的水溶性聚合物，主要包括聚丙烯酸钠、聚苯乙烯磺酸钠、丙烯酰胺与丙烯酸钠共聚物等品种。阴离子型有机絮凝剂的研究时间较长，技术也较为成熟，但是由于阴离子型有机絮凝剂在酸性条件下难以解离,受水中盐的种类影响较大,在水处理领域中的应用少于其他几种絮凝剂。

聚丙烯酸钠在阴离子型有机絮凝剂中最为常见。聚丙烯酸钠是一种水溶性直链高分子聚合物,其状态会随着分子量的变化而发生改变:当分子量较低时,聚丙烯酸钠为稀溶液;随着分子量的提高,其会从稀溶液变为弹性胶体;高分子量的聚丙烯酸钠则可以作为絮凝剂。目前工业聚丙烯酸钠主要通过均相水溶液聚合法制备。《水处理剂 聚丙烯酸钠》(HG/T 2838—2018)对作为水处理剂的聚丙烯酸钠进行了规定,主要指标如表 4-5 所示。

表 4-5 聚丙烯酸钠标准

项目	指标
固体含量/%	≥40.0
游离单体(以 CH —CH—COOH 计)含量/%	≤0.5
pH 值	6.0～8.0
密度(20℃)/(g/cm³)	≥1.18
特性黏度(30℃)/(dL/g)	0.060～0.10
数均分子量(M_n)	1000～5000
分子量分布指数(D)	≤3.0

4.4.1.3 非离子型有机絮凝剂

非离子型有机絮凝剂指的是在合成过程中未人工添加带电基团的有机絮凝剂,它在水中的絮凝作用主要借助基团的质子化作用短暂性地产生电荷,再利用弱氢键作用使得水中的悬浮颗粒聚集沉淀下来。因此,相比于其他三种有机絮凝剂,该类有机絮凝剂产生的絮体小,且不太稳定。非离子型有机絮凝剂主要包括未水解的聚丙烯酰胺、聚乙烯基甲基醚等,其中以未水解的聚丙烯酰胺最为常见。

未水解的聚丙烯酰胺指的是聚丙烯酰胺重复单元中已水解的酰氨基占全部酰氨基的比例不超过 3%。根据引发体系的不同,聚丙烯酰胺的合成方法可以分为化学引发体系、辐射引发聚合、UV 光引发聚合、可控/活性聚合等。根据合成体系的不同可以分为均相水溶液聚合、反相乳液聚合、反相悬浮聚合等。

4.4.1.4 两性型有机絮凝剂

两性型有机絮凝剂指的是在高分子链节上同时具有正、负两种电荷基团的有机絮凝剂。由于存在两种电性的带电基团,两性型有机絮凝剂适用于阴阳离子共存的污染物,同时具有适用 pH 范围广、抗盐性好等优点。目前两性型有机絮凝剂主要包括改性天然有机絮凝剂及化学合成有机絮凝剂,此小节主要概述后者。化学合成有机絮凝剂目前主要包括 PAN-DCD 型两性有机絮凝剂、聚丙烯酰胺类两性有机絮凝剂等。

PAN-DCD 型两性有机絮凝剂指的是聚丙烯腈(PAN)和二氰二胺(DCD)在碱性条件下制备得到的产品。相比于其他絮凝剂,PAN-DCD 型两性有机絮凝剂在酸性条件下呈现正电性,在碱性条件下呈现负电性,在中性条件下同时带有正负电性从而整体呈现电中性。

聚丙烯酰胺类两性有机絮凝剂的品种众多,阳离子基团通常有季铵盐基、喹啉鎓离子基、吡啶鎓离子基等,阴离子基团有羧基、磺酸基、磷酸基等。根据基团的分布,该絮凝剂可以分为聚两性电解质和聚内胺酯。前者指的是阴阳离子基团位于同一大分子主链上;后者指的是阴阳离子基团位于同一侧链,结构一般由丙烯酰胺的烯基部分和侧基部分组成。

4.4.2　天然高分子絮凝剂

由于人工高分子有机絮凝剂在使用过程中可能会存在单体残留在水环境中产生二次污染的危险，人们将目光转向生物相容性高、对环境无害的天然高分子材料，希望将其作为有机絮凝剂用于水处理行业中。天然高分子有机物的电荷密度小、分子量低，易发生生物降解而失去活性，导致其絮凝效果较弱，因此人们通过对其改性得到絮凝效果与环境相容性兼备的天然高分子絮凝剂。根据原材料的不同，天然高分子絮凝剂主要包括淀粉类、木质素类、壳聚糖类以及植物胶四大类。

4.4.2.1　淀粉类

淀粉作为一种丰富的有机质资源，在自然界中分布十分广泛。淀粉中含有大量的羟基、酚羟基等活泼基团，具有活泼的化学性质，因此将淀粉改性制备絮凝剂无疑有着良好的发展前景。目前对于淀粉的改性主要包括醚化、酯化、黄原酸化、接枝共聚等方法，通过改性使淀粉的活性基团增加，分子呈现枝化结构，从而增强对水中污染物的捕捉、促沉作用。改性后淀粉絮凝剂根据其分子链上带电基团的不同可以分为阳离子型、阴离子型、两性型和非离子型四类。

阳离子型淀粉絮凝剂主要通过淀粉的醚化改性得到。淀粉的醚化是指淀粉分子上的羟基在碱性条件下和不同的醚化剂（氯化羧酸类化合物、环氧乙烷以及胺类化合物等）反应得到各种阳离子型絮凝剂。常见的阳离子型絮凝剂主要分为叔胺型和季铵型两种。后者适用 pH 范围广，但季铵盐本身性质不稳定、成本高，限制了季铵型絮凝剂的应用；前者尽管开始研究时间早，但是其只能在酸性条件下表现为正电性，因此研究与应用较少。

阴离子型淀粉絮凝剂主要通过淀粉的酯化改性得到。通常采用磷酸盐、黄原酸盐、羟甲基化试剂等进行酯化。通过不同酯化试剂得到的絮凝剂性质有着较大的区别，具体如表 4-6 所示。

表 4-6　不同阴离子型淀粉絮凝剂对比表

酯化试剂	优势	劣势	应用
磷酸盐	成本低	单独作为絮凝剂去除效果一般，与其他絮凝剂搭配可以得到较好的效果	处理洗煤厂尾水、生活污水、食品生产废水、纸浆废水等高悬浮物废水
黄原酸盐	操作简单，温度范围广，对重金属离子有较好的去除效果	在制备过程中容易产生二次污染	对于含重金属的废水有着优异的处理效果
羟甲基化试剂	二次污染小，对重金属具有螯合作用	制备过程中容易产生污染	处理含有较多重金属离子的矿山、冶炼、电解等工业废水

如同上一节中人工合成的两性型有机絮凝剂，两性型淀粉絮凝剂也是指淀粉分子上同时具有带正负电荷的两种基团。在两性淀粉中，带正电荷的基团通常为季铵基，带负电荷的基团通常为羧基、磷酸基和磺酸基。根据两种基团是否同时在淀粉上合成，其合成方法可分为一步法和两步法。前者操作简单，反应速率快，成本低，但是产品合成的体系复杂，取代度低，难以控制产品的分子量；后者尽管取代度高，合成体系简单，但过程复杂。

非离子型淀粉絮凝剂可以通过接枝聚合得到，一般将丙烯酰胺通过接枝连接在淀粉分子上。由于淀粉分子具有亲水性、半刚性，丙烯酰胺具有柔性，二者结合形成的聚合物可以在水中充分溶胀，形成巨大的分子空间和细长支链，从而提高了其吸附性能。但是单纯的丙烯酰胺接枝淀粉得到的絮凝剂的絮凝效果并不理想，因此该絮凝剂通常与其他絮凝剂搭配使用，或者与其他材料复合形成新的絮凝剂。此外还可采用其他方法制备非离子型淀粉絮凝剂，但由于缺乏电中和作用，仅仅依靠架桥、网捕作用，非离子型淀粉絮凝剂的絮凝效果往往不尽如人意，如何提高其絮凝效果应该是今后此类絮凝剂的研究方向。

4.4.2.2 木质素类

木质素是一类多维网状结构的聚芳基化合物，本身可以作为絮凝剂。但工业木质素存在平均分子量低、活性吸附位点少等问题。目前工业中所用的木质素通常来源于造纸行业的黑液，通过酸或碱析法、膜分离法、絮凝沉淀法、高沸醇溶剂法、超临界或离子液体萃取法等方法从中提取，经过这些分离提纯工艺后，木质素大分子发生了部分降解，小部分降解后形成的小分子会重新缩合，使制得的木质素大部分是由几个或几十个苯基丙烷组成。这种木质素的化学性质稳定，不加以化学改性难以应用，主要的化学改性方法及其效果如表4-7所示。

表 4-7　木质素化学改性方法及其效果

改性方法	改性效果
磺化	增加亲水性，降低界面张力
羟甲基化	具有一定黏结性，可作为黏结剂原料
脱甲基化	用酚羟基代替甲氧基，使得分子活性增强，同时使分子量下降，可用作工业原料
氧化降解	增强了木质素分子量的均一性，提高了其反应活性，进一步改性后可以得到更好的理化性质
酰化	可以将木质素分子链上的羟基转变为酰基
卤化	将卤素原子引入木质素分子链上，但在卤化的同时可能发生脱甲基反应和酚醚键断裂反应
烷基化	可以充分改善木质素的亲油性能，使其具有良好的乳化性能
胺化	通过曼尼希反应将木质素转变为阳离子型，具有优良的络合性、分散性，广泛应用于沥青乳化中

木质素作为絮凝剂的应用始于20世纪70年代。Jantzen 和 Vincent 等发现多次分离提纯后的低分子量木质素磺酸盐具有沉淀蛋白质的作用。后来，Striker 等发现适度磺化后的分子量较高的木质素磺酸盐可以用作处理含蛋白质废水的絮凝剂。经过多年的研究，目前木质素类絮凝剂已发展为阳离子型、阴离子型和两性型三种类型。阳离子型主要为季铵盐类，主要通过曼尼希反应制得，得到的产品具有良好的脱色、絮凝效果。阴离子型最常见的为木质素磺酸盐，可以通过磺化或者接枝共聚得到。前者操作简单，成本低；后者可以提高产品的分子量，得到更好的絮凝效果。阴离子型絮凝剂主要应用于含金属离子较多的电镀、矿山废水中。两性型絮凝剂则与之前所述类似，具有较好的絮凝、脱色效果，适用pH范围广泛等，受到广泛关注。

4.4.2.3 壳聚糖类

壳聚糖是一种由甲壳素脱乙酰基得到的天然高分子有机物，其化学性质稳定，不溶于水、乙醇、丙酮等溶剂，但可以溶于稀酸溶液中（不溶于稀硫酸、稀磷酸等）。壳聚糖在稀酸中的溶解度取决于脱乙酰度与分子量大小。由于氨基和羟基的存在，壳聚糖对重金属离子具有螯合作用。同时壳聚糖中的氨基在酸性介质中可以形成铵根，具有正电性，对于污水中呈现负电性的胶粒具有很强的电中和作用。基于以上优势，壳聚糖在水处理行业有着广阔的应用前景。但是其具有化学性质过于稳定、分子量较低等缺点，限制了壳聚糖在水处理行业的大规模应用。

针对壳聚糖本身的缺点，研究人员尝试对壳聚糖进行改性，从而提高壳聚糖絮凝剂的性能。壳聚糖的改性可以分为化学改性和复合改性两种。化学改性主要是通过化学法将新的官能团引入到壳聚糖的分子链上，如酰化改性、季铵化改性、醚化改性、烷基化改性、羧基化改性等。而复合改性则是通过接枝、螯合、交联、共混、形成多网络复合物等方法进行改性得到新型絮凝材料，从而提高絮凝、吸附性能及对污染物的选择性。

除了壳聚糖本身的性质外，壳聚糖絮凝剂的效果还取决于原水性质、温度、水力条件等因素。例如，在处理普通污水时，由于主要污染物颗粒带负电，此时 pH 值越低越有利于壳聚糖形成铵根离子，从而加强絮凝效果；而在处理含有较多重金属离子的废水时，较高的 pH 值则有利于壳聚糖对金属离子的螯合作用。水力条件主要体现在搅拌强度上，壳聚糖加入水中后，需要较强的搅拌强度，这有利于壳聚糖与污染物的充分混合，从而提高絮凝效果；而在之后的絮凝阶段则需要减弱搅拌强度，以防将絮体打碎，影响絮凝效果。

4.4.2.4　植物胶

植物胶是一种来自植物的根、茎、叶甚至是果实的天然有机高分子化合物。植物胶的种类繁多，如田菁胶、瓜尔胶、胡麻胶、香豆胶等。不同植物不同部分所制备的植物胶的组成略有不同，但整体上以糖类为主，还包含粗蛋白和粗脂肪等成分，糖类物质的主链通常由 β-甘露糖上的羟基缩聚而成，α-半乳糖通过 1,6-C 上的羟基缩合连接在主链上，二者相间连接。不同植物胶的区别在于半乳糖和甘露糖的比例不同。

植物胶有着良好的亲水性，可以在水中以任意比例混合形成亲水胶液。植物胶中的多糖成分提高了其整体的吸附能力和黏性。此外，植物胶具有良好的耐盐性能和生物亲和性。以上优点使得植物胶在水处理行业中占据重要的地位，如华南理工大学开发的 F691 絮凝剂对无机化工及含微细矿的废水具有良好的絮凝效果，瓜尔胶也被广泛用于造纸废水处理、铀矿废水处理等。

4.5　微生物絮凝剂

4.5.1　微生物絮凝剂的定义与种类

由于无机和有机絮凝剂在使用过程中会出现二次污染等问题，人们希望找到一种无毒无害、环境相容性好、价格低廉、处理效果好的絮凝剂。除了上节中所提到的天然高分子絮凝剂以外，微生物絮凝剂也是一种环境友好型絮凝剂。

微生物絮凝剂（MBF）是指微生物分泌到细胞外的一种具有絮凝作用的天然高分子物质，有助于使菌体细胞、悬浮颗粒物以及胶体粒子等凝聚、沉淀。根据其来源不同大致可以分为四类：从微生物细胞提取出来的絮凝剂；微生物自身代谢产生的絮凝剂；微生物本身可作为絮凝剂；利用转基因等技术人工创造出可以产生絮凝剂物质的菌种，进而获得的絮凝剂。除了来源不同外，不同微生物絮凝剂中多糖、糖蛋白、纤维素、蛋白质、脂肪等主要成分的比例也不尽相同。朱超英等列出了几类常见的微生物絮凝剂及其组成，如表 4-8 所示。

環境材料概论

表 4-8　常见微生物絮凝剂及其组成

絮凝剂产生菌	絮凝剂名称	组成	分子量	结构特性
红平红球菌 (*Rhodococcus erythropolis*)	NOC-1	蛋白质、氨基酸	约$>7\times10^5$	蛋白质类
酱油曲霉 (*Aspergillus sojae*)	AJ7002	5.3% 2-葡萄糖酸、27.5%蛋白质,主要组成为多肽	$>2\times10^6$	蛋白质、己糖、2-葡萄糖、酮酸化合物
寄生曲霉 (*Aspergillus parasiticus*)	AHU7165	半乳糖胺残基	约$3\times10^5\sim3\times10^6$	多糖类
拟青霉菌属 (*Pacecilomy sp.*)	PF101	85%半乳糖胺、2.3%乙酰基、5.7%甲酰基、氨化半乳糖胺	约$>3\times10^5$	糖胺聚糖类
混合菌属 (*R-3 mixed microbes*)	APR-3	葡萄糖、半乳糖、琥珀酸、丙烯酸物质的量比为 5.6:1:0.6:2.5	$>2\times10^5$	酸性多糖
蓝藻 (*Anabenopsis circalaris*)	Pce6720	丙酮酸、蛋白质、脂肪酸		杂多糖类

　　人们从 20 世纪 70 年代开始研究微生物絮凝剂,目前已经发现了上百种可以产生絮凝物质的微生物,包括细菌、放线菌、藻类等,这些微生物以细菌、真菌为主。另外,这些微生物绝大部分为好氧菌或兼性好氧菌,只有少数为厌氧菌。

4.5.2　微生物絮凝剂作用影响因素

　　在微生物絮凝剂使用过程中,不同工况条件,如污水温度、pH、金属离子含量等,对于絮凝剂的絮凝效果有着较大的影响。除此之外,絮凝剂分子量大小与分子结构也会影响絮凝效果。以下对这些因素分别进行讨论。

4.5.2.1　絮凝剂分子量与分子结构

　　一般而言,絮凝剂的分子量越大,对于絮凝越有利。这是因为分子量越大,分子链上所带有的吸附位点就越多,使絮凝剂的吸附架桥能力大幅度提升。目前微生物絮凝剂的分子量一般在$10^5\sim2.5\times10^6$之间。此外,直链线性分子结构相对于交联或者有支链的分子结构而言絮凝能力更强。

4.5.2.2　温度

　　对于以蛋白质为主要成分或者以多肽作为骨架的絮凝剂,温度对其影响较大。因为在高温条件下蛋白质或多肽会发生变性,失去絮凝作用。如芽孢杆菌属(*Bacillus sp.*)、芽孢杆菌 PY-90 等微生物产生的絮凝剂具有热不稳定性。而对于以糖分为主要成分的微生物而言,温度对其影响不大,因为糖类物质具有较强的热稳定性。据报道,红平红球菌、拟青霉菌属、酱油曲霉产生的絮凝剂具有较强的热稳定性,在沸水中放置 15min 以上还可以保持 50% 以上的活性。

4.5.2.3　pH

　　pH 对于微生物絮凝剂的影响主要体现在酸碱度的变化影响生物大分子的表面带电性

78

质，从而影响絮凝剂的电中和作用，进而影响絮凝效果。不同絮凝剂对 pH 有着不同的敏感度及需求。例如芽孢杆菌 PY-90 在 pH 为 3～5 时具有最佳的絮凝活性。肠杆菌属 BY-29 在 pH 为 3 时具有最佳的絮凝活性，当 pH 上升时，其絮凝活性会逐渐下降。而酱油曲霉当 pH 大于 7 时，其絮凝效果会逐渐上升。

4.5.2.4　金属离子含量

金属离子可以加强某些微生物絮凝剂的电中和作用以及架桥作用，从而提高絮凝剂的絮凝效果。其中，Ca^{2+} 可以保护絮凝剂免受降解酶的降解；Al^{3+}、Fe^{2+}、Ca^{2+}、Fe^{3+} 等离子可以提高肠杆菌属 BY-29 的絮凝效果。絮凝剂 PGA（聚乙醇酸）对高岭土的絮凝效果在 Ca^{2+}、Mg^{2+}、Fe^{2+} 存在的条件下得到了大幅度提升。但是过多的金属离子会对微生物絮凝剂起到抑制作用。例如，一定浓度的 Fe^{3+} 会促进苦味诺卡菌（$N. amarae$）的絮凝效果，而过量的 Fe^{3+} 则会抑制其絮凝效果。

4.5.3　微生物絮凝剂的应用与展望

尽管微生物絮凝剂在水处理方面有着优异的性能，前景广阔，但目前对于微生物絮凝剂主要还停留在研究阶段，在工业中应用较少，表 4-9 列出了部分微生物絮凝剂的絮凝效果。

表 4-9　微生物絮凝剂絮凝效果

絮凝菌/絮凝剂	处理目标	处理效果
M-3	造纸废水	COD 去除率为 67.10%；氨氮去除率为 95.18%；絮凝率为 97%；比聚合氯化铝（PAC）投加量少，絮凝速度快
MBF-1	啤酒废水	COD 去除率为 90.8%
芽孢杆菌属	生活污水	絮凝率为 83.85%
酱油曲霉	活性污泥	脱水率为 82.7%
胶质芽孢杆菌和酿酒酵母	红薯淀粉废水	COD 去除率为 65%
放线菌 F-1-2	甲基橙印染废水	脱色率达到 68.4%
硅酸盐细菌	重金属离子废水	Pb^{2+} 的去除率达到 99% 以上
C-62 菌株	鞣革工业废水	浊度去除率达到 96%
NOC-1	甘草制药废水生化处理污泥	污泥容积指数（SVI 值）从 290 下降到 50，消除了污泥膨胀
MBFA9	高浊度河水	浊度下降至 0.8NTU

（1）微生物絮凝剂存在的问题

微生物絮凝剂主要存在以下问题。

① 单一种类的微生物絮凝剂的应用范围较窄，无法实现对于多样性废水均具有良好效果的目的。

② 微生物絮凝剂的稳定性差，不易储存，从而限制了工业化应用。

③ 目前绝大多数微生物絮凝剂按照食品发酵以及生物制药的思路进行制备，导致微生物絮凝剂的成本较高。

④ 目前对于微生物絮凝剂复配的研究还不够深入。

（2）微生物絮凝剂后续的研究方向

针对微生物絮凝剂存在的上述问题，后续可在以下方面进行研究。

① 优化微生物絮凝剂的提取方法与储存条件。目前的提取方法与一般蛋白质和多聚糖的提取方法相似，提取方法复杂，成本高。目前制成的液体状微生物絮凝剂不易储存，而冷冻干燥制成的干粉样品虽然可以较长时间储存，但冷冻干燥费用昂贵。研制新型的提取方法以及直接制造出粉末状的样品，是推进微生物絮凝剂工业化大规模应用的关键。

② 构建絮凝菌菌种库。将现有研究成果进行分类、整理并建立样品库，为之后进行絮凝菌筛选分离、诱变育种或者絮凝基因的提取与移植提供详细的信息，进一步推动微生物絮凝剂的发展。

③ 从生物分子水平开发微生物絮凝剂。通过对絮凝菌基因水平的研究，理解絮凝物质的合成机理，利用转基因等技术将具有絮凝作用的基因片段移植到其他微生物体内，生产出同时具有絮凝和生物降解作用的微生物。

④ 开发复合型微生物絮凝剂。将化学药剂与微生物絮凝剂复配以提高微生物絮凝剂的絮凝效果，扩大微生物絮凝剂的适用范围，克服其单一性，并且降低化学药剂的使用量，减少化学药剂使用对环境的污染。

⑤ 将微生物絮凝剂与目前常用的生物处理反应器（序批式活性污泥法、升流式厌氧污泥床、厌氧-缺氧-好氧工艺等）进行联用。研究微生物絮凝剂与活性污泥是否会产生相互作用，为微生物絮凝剂的工业化推广打下坚实的基础。

4.6　复合型絮凝剂

由于单独使用某种絮凝剂一般都存在或多或少的不足，人们将两种或多种絮凝剂组合得到一种新的絮凝剂，使絮凝剂具备了几种絮凝剂各自的优势，从而达到更好的絮凝效果，更加适应多变的环境需求。

一般而言，二元絮凝体系的建立可以分为复配和复合两种方式。通常在絮凝实验中，复配指的是将两种絮凝剂按照顺序依次投加，如先加聚合氯化铝再加聚丙烯酰胺；复合指的是将两种絮凝剂预混合后共同投加。复合的原理可以分为以下三种：物理混合、化学合成、功能化掺杂。物理混合是一种宏观层面上的混合方式，可以在常温或高温下将两种絮凝剂混合在一起使用，通常是将无机絮凝剂与有机絮凝剂搭配起来一起使用，例如将聚合氯化铁（PFC）与聚二甲基二烯丙基氯化铵（PDMDAAC）搭配起来使用，可以强化絮凝效果。化学合成是一种分子层面的复合方式，通过化学键将两种或两种以上物质连接在一起，形成某种具有絮凝效果的新物质，如聚合硫酸铝铁、聚硅酸铝铁等。功能化掺杂指的是将需要的某种基团引入絮凝剂中，从而达到某种特定的功能。相比于前两种方式，功能化掺杂更为直接有效，但实施难度较大。经过多年的研究，复合型絮凝剂得到了飞速发展，目前可以将两种无机、有机、天然高分子甚至微生物絮凝剂复合得到新的絮凝剂，如图4-5所示。

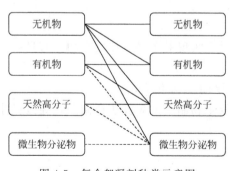

图4-5　复合絮凝剂种类示意图
实线—复合较多；虚线—复合较少

4.6.1 无机-无机复合型絮凝剂

由于无机高分子絮凝剂的分子量依旧达不到有机物的水平，其絮凝效果普遍弱于有机絮凝剂。此外，不同的无机组分具有各自的优点与缺点，如铁离子絮凝效果好，但稳定性差；铝离子絮凝效果弱于铁离子，但腐蚀性小；聚硅酸具有很强的吸附架桥能力，但缺乏电中和作用。因此，人们开始研究将两种或多种无机絮凝剂共同聚合，得到分子量更大、具有更多活性组分的新型絮凝剂，无机-无机复合型絮凝剂应运而生。目前，无机-无机复合型絮凝剂主要是铝盐、铁盐以及硅酸三者中两种或三种的复合。本节将对其中较为重要的几种进行介绍。

4.6.1.1 聚合氯化铝铁

聚合氯化铝铁是铝系、铁系及铝铁共聚物中各种占优势的亚稳态物或稳态物的集合，属于多核羟基络合物，在具有铝系絮凝剂、铁系絮凝剂各自优点的同时，还克服了处理后水中铝残留浓度高和铁系絮凝剂稳定性差等问题。但产品杂质种类过多、体系过于复杂、干扰因素过多等新问题限制了其发展。

聚合氯化铝铁（PFAC）溶液的形态分布比聚合氯化铝及聚合氯化铁的单一溶液更复杂。目前，通常用 PFAC 与 Ferron 试剂（高铁试剂）的反应时间的长短来划分其形态结构，主要可以分为以下 3 类：$[Al+Fe]_a$ 表示在 1min 内反应完成的部分，主要为自由离子以及单核羟基络合物；$[Al+Fe]_b$ 表示在 240min 内可以反应完成的部分，其主要成分为中间多核络合物，该部分不易长时间保存；$[Al+Fe]_c$ 表示 240min 后基本不反应的溶胶部分，该部分化学性质稳定，只有强酸才能将其溶解，可以长时间保存。其溶液形态分布受盐基度（碱化度）、熟化时间、铝铁比等一系列因素的影响。随着盐基度（碱化度）的增大、熟化时间的增长以及铁含量的增加，其中的成分从自由离子以及单核羟基络合物逐渐变为更加稳定的多核羟基络合物，溶液中的低聚物向着高聚物的方向发生转变。

4.6.1.2 聚硅酸铝铁

聚硅酸铝铁是铝盐、铁盐和硅酸三者的复合物。聚硅酸铝铁主要通过共聚法和复合法两种方法制备。共聚法是指在聚硅酸活化过程中，添加铝盐和铁盐进行物理化学反应，并加入酸碱以调节水解度，再在一定温度下搅拌、熟化，形成液体的聚硅酸铝铁；复合法是指先将铝盐和铁盐按照一定的比例混合，在不断搅拌条件下，投加一定量的酸碱形成羟基化金属络合物，再投加已经活化好的硅酸，调节 pH 后，再在一定温度下搅拌、熟化，制备得到聚硅酸铝铁。制备聚硅酸铝铁的原料主要包括铝盐、铁盐以及硅酸钠。此外，齐齐哈尔大学实验室以粉煤灰作为单一原料制备聚硅酸铝铁，该法制备的聚硅酸铝铁具有优良的絮凝效果，同时又降低了生产成本，实现了固体废物资源化利用。

聚硅酸的引入使得 Al、Fe 和 Si 之间形成 Al—O—Si 和 Fe—O—Si 等化学键，从而抑制了 Al 和 Fe 的水解作用，使得聚硅酸铝铁适用的 pH 范围更广。同时，聚硅酸铝铁还具有絮凝速度快、可以缩短系统的水力停留时间、产生的污泥量少、受温度影响小、对低浊度污水具有良好的去除效果等优点。但是，由于目前储存手段有限、实际水样浊度大等原因，聚硅酸铝铁在工业中的应用效果往往弱于聚合氯化铝，市场占有率也远低于聚合氯化铝。

4.6.1.3 聚磷铝铁

除了常见的聚硅酸盐絮凝剂外，可以在聚铝、聚铁等絮凝剂中引入磷酸根来形成聚磷铝铁絮凝剂。相比于传统的铝系或铁系絮凝剂，磷酸根的加入使得絮凝剂的电中和能力得以提升，同时也可以提高絮凝剂的增聚作用，使得絮凝剂的絮凝效果得以显著提高。刘崞嵘等对比了聚合磷硫酸铁（PFPS）与聚合硫酸铁（PFS）的性能，发现 PFPS 的水解沉降速度较 PFS 有所提高，并且适用的 pH 范围更广。曹福等对比了聚磷氯化铝铁、聚合氯化铝、聚合硫酸铁三种絮凝剂对含油乳化液废水、造纸废水以及污染河水的处理效果，发现聚磷氯化铝铁去除 COD 的效率最高，且速度最快。

4.6.1.4　硼泥复合型絮凝剂

硼泥是在提取硼矿石中的硼资源时产生的废弃物，其主要组成及质量分数如下：MgO $23.0\%\sim43.4\%$，SiO_2 $22.6\%\sim32.7\%$，Fe_2O_3 $2.4\%\sim14.6\%$，B_2O_3 $0.7\%\sim5.6\%$，Al_2O_3 $0.1\%\sim5.0\%$，CaO $2.1\%\sim5.9\%$。硼泥结构疏松多孔，具有黏性和可塑性，且含有大量的无机阳离子，因此可以作为絮凝剂应用于水处理中。相比于其他絮凝剂，硼泥复合型絮凝剂不含有毒有害的重金属，同时可以减少硼提取工业中三废的产生，可以变废为宝。硼泥复合型絮凝剂发挥了镁、铝、铁等的协同作用，适用于不同的 pH 范围。以硼泥和酸洗废液为原料合成的 YJ-1807$^{\#}$复合型废水处理剂已投入批量生产。

4.6.2　无机-有机高分子复合型絮凝剂

无机高分子絮凝剂对各种废水的适用能力强，但生成的絮体较小，投加量大，而有机高分子正好弥补了这一缺点。因此，如果将无机和有机高分子絮凝剂联合使用，则会得到更加优异的效果。据报道，将聚丙烯酰胺（PAM）与无机高分子絮凝剂联合使用，浊度的去除率可以达到 99% 以上。其中，无机高分子物质主要是聚铝和聚铁两种，有机高分子物质是聚丙烯酰胺、聚二甲基二烯丙基氯化铵等。

聚合氯化铝（PAC）与聚丙烯酰胺的复合型絮凝剂是目前研究最广、工业中应用最多的一种无机-有机高分子复合型絮凝剂。PAC 与 PAM 的联合使用既解决了 PAC 架桥能力弱、絮体蓬松、沉降速度慢的问题，同时也解决了 PAM 电中和能力弱的问题，两者相互搭配，作用互补，表现出优异的絮凝效果。潘贻军等对比了明矾、淀粉、氯化铁、聚合氯化铝四种无机絮凝剂分别与聚丙烯酰胺复合后的效果，其中聚合氯化铝与聚丙烯酰胺复合后的絮凝剂的效果最好，对于长江水体中悬浮颗粒物具有良好的絮凝效果，在长江客轮上，用于 40t/h 净水器，每航次为近千人提供足量的合格用水，全年约节约 8 万元的处理费用。

目前，无机-有机高分子复合型絮凝剂使用中的主要问题是复合技术较差，在工业中通常采用复配技术，即先将聚合氯化铝加入，再将聚丙烯酰胺加入。这就意味着需要两套投药装置，并且对于聚丙烯酰胺的投加时机需要较好的把握。但如果将二者复合起来，则可以解决这一问题，而且可降低生产成本。因此，复合技术的提高、更多种类的无机-有机高分子复合型絮凝剂的研制是该种复合絮凝剂今后发展的重中之重。

4.6.3　有机-天然高分子复合型絮凝剂

人工合成有机高分子物质的絮凝产物难降解，且具有一定的毒性，容易造成二次污染。而天然高分子物质的分子量不够大，絮凝效果不够理想，但环境相容性高。将人工合成的有机高分子物质与天然高分子物质复合在一起使用，可以弥补两者的缺陷，并且发挥两者的优势。目前，普遍通过接枝共聚的手段达到这一目的，接枝共聚将具有不同结构和性能的聚合物通过共价键结合在大分子主链上，以获得具有优异性能的新型高分子复合材料。

4.6.3.1　壳聚糖接枝共聚物

壳聚糖的接枝改性通常分为壳聚糖膜的接枝和分子水平上大分子链的整体接枝两大类。接枝改性可在不改变膜的基本结构和性能的基础上显著提高其表面性能。壳聚糖接枝的机理主要包括自由基聚合、离子聚合、等离子体引发等。根据自由基反应引发剂的不同，自由基聚合又可以分为化学引发和光引发等类型。

目前，通常将阳离子聚丙烯酰胺或聚丙烯酰胺与壳聚糖进行复合，所得产品对于污水的絮凝效果要优于单纯使用壳聚糖或阳离子聚丙烯酰胺，并且可以减少阳离子聚丙烯酰胺和助凝剂的用量，节省原材料。而在污泥脱水方面，蔚阳等研究发现，壳聚糖与阳离子聚丙烯酰胺的复合絮凝剂有较好的脱水量，而聚合硫酸铁和阳离子聚丙烯酰胺的复合絮凝剂对于污泥脱水的水质有较高的改善。这表明分子量较小的无机絮凝剂作为助剂，与高分子絮凝剂联用对水质的改善效果更好。因此，提高壳聚糖聚合物的水质改善能力也是今后的研究重点之一。

4.6.3.2　淀粉接枝共聚物

淀粉接枝共聚物常用的单体有丙烯酸、丙烯腈、丙烯酰胺等。国内外对于丙烯酰胺、丙烯腈等单体的研究较为深入，取得了良好的效果。目前，淀粉接枝共聚物在废水处理、造纸工业添加剂、石油工业、高吸水材料、黏合剂制造方面均有应用。

淀粉接枝共聚物的合成原理与壳聚糖类似，分为自由基引发和离子引发两种。淀粉接枝共聚的自由基引发与壳聚糖不同，其可以通过机械方法进行引发，通过撕碎、粉碎、冷冻、熔化等方式即可使淀粉链断裂而产生大分子自由基，引发单体进行共聚。在化学药剂引发自由基反应中，除了在 4.6.3.1 节中介绍的几种药剂外，还可以使用焦磷酸锰对淀粉共聚进行引发，其反应机理如图 4-6 所示。

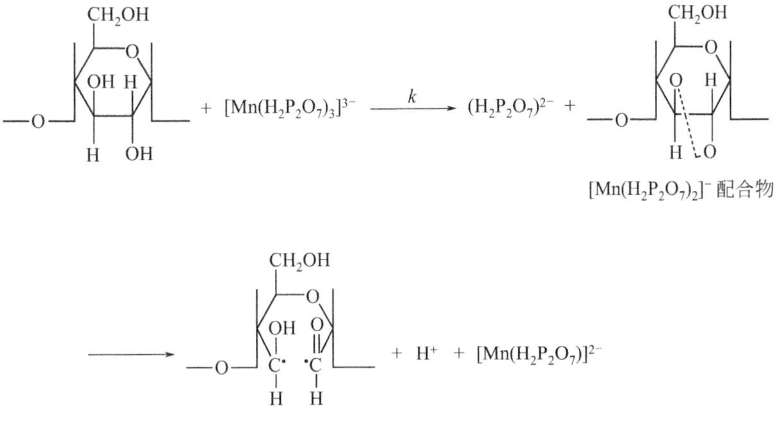

$$St\cdot + M \xrightarrow{k_j} StM\cdot + nM \xrightarrow{k} St(M)M\cdot$$

$$St(M)_2M\cdot + St(M)_yM\cdot \xrightarrow{k} \text{接枝共聚物}$$

图 4-6　焦磷酸锰引发淀粉共聚反应机理图

在淀粉接枝共聚物中，淀粉与丙烯酰胺的接枝共聚物在水处理方面应用最为广泛。淀粉与丙烯酰胺的接枝共聚物可以分为凝胶型接枝和线型接枝两种。前者主要应用于吸水材料，而后者则应用于增稠剂与絮凝剂。通常，淀粉接枝共聚物作为絮凝剂时需要加入一定量的氨、尿素等来调节接枝体系的 pH，使其呈碱性，这样有利于解决高分子量与溶解性之间的矛盾。淀粉聚丙烯酰胺复合絮凝剂在水处理方面表现出良好的处理效果，如在处理造纸厂含有短纤维的废水时，可以去除 77% 的 COD 与 87% 的悬浮物，使废水达到排放标准。

4.6.4　复合型微生物絮凝剂

复合型微生物絮凝剂通常指的是产絮菌群产生的絮凝剂的混合物。之所以研究复合型微生物絮凝剂，是因为单一的微生物菌株难以同时产生多种具有絮凝作用的物质，导致应用的范围具有局限性。而微生物复合菌群相互间的协同作用和增殖关系可以形成一个组成复杂、结构稳定、功能广泛、具有多种微生物种群的群落，在起到更加优异的絮凝效果的同时，对有害微生物和不同水质的废水具有更强的抵抗能力。目前，国内外学者对具有絮凝作用的微生物菌群进行分离、筛选，再进行大量复杂的复配试验，制备出相对高效的复合型微生物菌群。但这种方法存在一定的局限性：首先，可能忽略了单株微生物不具有絮凝效果，而复合后具有絮凝效果的情况；其次，据报道，在某些情况下通过该种方法得到的复合型微生物菌群的絮凝效果与单株絮凝菌一致，各个菌群不具备协同作用。

与单一菌群相比，复合菌群除了抵抗不良因素的能力增强外，其絮凝效果也优于单一絮凝菌株。张丽等发现复合型絮凝菌群对高浓度印染废水中 COD_{Cr}（以重铬酸钾为氧化剂测得的化学需氧量）的去除率相比于单一的絮凝菌增加了 17%。同时，将复合型微生物絮凝剂与人工合成高分子絮凝剂进行联用，也可以取得优异的效果。目前，对复合型微生物絮凝剂的研制还停留在实验室阶段。复合型微生物絮凝剂存在的问题也与之前讲的微生物絮凝剂类似，不再赘述。将复合型微生物絮凝剂应用到工业化生产中应该是进一步研究的重中之重。

4.7　纳米絮凝剂

2000 年美国时任总统克林顿在加州理工学院宣布国家纳米技术计划，使得纳米科技进入到一个飞速发展的新时期。

由于纳米材料的尺度属于纳米级别，纳米材料与常规材料相比具有不可比拟的优势。如纳米材料较强的表面效应使纳米粒子具有较高的表面活性，如果将絮凝剂制作为纳米尺寸，絮凝剂本身的絮凝能力会得到大幅度提高，从而降低投加量，降低生产成本。因此，纳米絮凝剂受到了广泛的关注，成为絮凝剂研究的热点之一。

目前，纳米絮凝剂的研究主要集中在两个方面：一是将絮凝剂本身制作为纳米尺寸级别；二是将纳米颗粒负载于常规絮凝剂上形成复合型絮凝剂。本节也将从这两个方面对纳米絮凝剂展开介绍。

4.7.1　自身纳米级絮凝剂

4.7.1.1　络合物 Al_{13}

Al_{13} 是一种铝的络合物的简称，其准确的分子式为 $[AlO_4 Al_{12}(OH)_{24}(H_2O)_{12}]^{7+}$。$Al_{13}$ 的分子为几纳米，其团簇尺寸在 300～400nm 之间，因此 Al_{13} 也被称为纳米 Al_{13}。

在第 4.3.1.1 节中曾提到铝系絮凝剂在水中的存在形式中，Al_{13} 在絮凝中起着关键作用。因此，Al_{13} 含量的多少往往决定着铝系絮凝剂性能的好坏。但在工业制备的聚合氯化铝中，当 Al 浓度为 2mol/L 时，Al_{13} 的浓度却在 30% 以下，从而限制了聚合氯化铝的絮凝效果。因此，如何制备更高浓度甚至是纯的 Al_{13} 絮凝剂，引起广泛的关注。

Al_{13} 通常从聚合氯化铝的溶液中分离提取得到。可以根据 Al 的不同存在形态在某些溶液中的溶解浓度不同，按照一定的顺序将其分离。硫酸钡法或硫酸钠法是利用了羟基化铝与硫酸根离子不同的反应速率。乙醇/丙酮法则是利用了铝的不同形态在有机溶剂中的溶解度不同，分子量越大的形态在有机溶剂中的溶解度越低，分子量最大的胶体形态 Al_c 最先析出，中等分子量的 Al_b（一般认为其主要成分为 Al_{13}）其次析出，而铝离子和二聚物 Al_a 则最后析出。这种方法由于化学药剂成本高、一次制备量少等劣势难以在工业中得到广泛应用。为了提高 Al_{13} 在工业中应用的可行性，Li 等研制出超滤法，提高了 Al_{13} 的制备效率，将聚合氯化铝溶液通过不同粒径的超滤膜组成的装置，使 Al_{13} 从中分离出来。

4.7.1.2　纳米壳聚糖

在第 4.4 节中已对壳聚糖进行过介绍，它是一种天然的阳离子高分子絮凝剂，其分子量和粒径的大小容易通过化学方法进行控制，从而实现纳米化。相比于传统的壳聚糖而言，纳米壳聚糖具有更强的表面活性，更容易实现其改性处理。同时，纳米壳聚糖具有更大的比表面积，可以接触更多水中的污染物，使其脱稳。

纳米壳聚糖可以采用硫酸钠沉淀法、离子交联法等制得。硫酸钠沉淀法首先由 Berthold 等提出，在壳聚糖醋酸溶液中加入分散剂，之后边搅拌边加入硫酸钠，经过超声处理后，通过溶液的浊度来判断微粒的形成。该法所制备的壳聚糖平均粒径为 $(0.9\pm0.2)\mu m$，介于微球和纳米颗粒之间。Tian 等在此技术上加以改进，获得了 600～800nm 粒径的壳聚糖微粒。离子交联法由 Bodmeier 等提出，在壳聚糖溶液中加入三聚磷酸盐阴离子即可得到壳聚糖球状凝胶。该法具有反应条件温和、不使用有机药剂、易操作、产品粒径可以调节（120～1000nm）等优点，在制备纳米壳聚糖领域得到了众多应用。但纳米壳聚糖由于成本、制备工艺等条件限制，很少应用于水处理絮凝领域。

4.7.2　纳米复合型絮凝剂

纳米复合型絮凝剂通过将两种或多种纳米材料复合在一起，实现絮凝效果的优劣互补，其对成本影响不大。张杰等将聚合硅酸铝铁和纳米二氧化硅复合，制备出新的絮凝材料，相比于单纯的聚合硅酸铝铁，纳米复合型絮凝剂对浊度和色度的去除能力均显著提高，且纳米二氧化硅的成本占总成本的 2% 以下。

根据材料性质的不同，制备纳米复合材料的方法主要可以分为溶胶-凝胶法、原位聚合法、层间插层法等。

溶胶-凝胶（sol-gel）法是指将前驱体（如金属无机/有机盐、金属烷氧化物）水解为溶胶，溶胶在一定条件下缩聚为凝胶。溶胶-凝胶法的有机相和无机相间的作用力包括弱作用力（如氢键、范德瓦耳斯力、静电引力）和强作用力（如共价键、离子键、配位键、离子共价键）两类。

原位聚合法过程与一般聚合反应类似，将纳米粒子在目标物中均匀分散后，在一定的条件下聚合形成纳米复合材料。原位聚合法主要包含原位乳液聚合法、原位开环聚合法、自由基聚合法、原位氧化聚合法等类型。原位聚合法因方法简单，被广泛应用于纳米复合材料的制备。

层间插层法指的是将聚合物或有机物插入层状无机物组成的无机相中。根据插层形式的不同，层间插层法可分为插层聚合、溶液插层和聚合物培体插层复合三种类型。层间插层法适用于制备聚合物无机纳米复合材料。

纳米复合型絮凝剂通常是将纳米二氧化硅和纳米二氧化钛与某种絮凝材料复合。因为这两种纳米微粒安全无毒，具有较好的力学性能和抗酸碱性能，并且具有较高的比表面积与表面活性，可以吸附水中的颗粒物，达到更好的架桥絮凝的效果。林树涛等将纳米二氧化硅、纳米二氧化钛、纳米氧化铝三种材料负载在聚丙烯酰胺上，发现负载了纳米微粒的絮凝剂的絮凝效果均优于单纯的聚丙烯酰胺，而三种纳米微粒中，具有最大比表面积的纳米二氧化硅具有最佳的性能。张杰等制备了纳米二氧化硅复合聚硅酸铝铁絮凝剂，复合之后效果同样优于未复合之前。

纳米絮凝剂的发展还需进行如下探索：首先，通过优化纳米絮凝剂的制备方法达到控制纳米絮凝剂形状的目的，进而获得具有更大表面电荷、良好絮凝效果的纳米絮凝剂；其次，改善纳米絮凝剂易发生团聚的问题，从而获得具有良好分散效果的纳米絮凝剂；最后，探索温和的纳米絮凝剂制备条件，使之更适合工业化生产。

从古至今，絮凝剂的使用表现出从无机至有机、从低分子至高分子、从单一絮凝剂至复合型絮凝剂的发展趋势。按照人们对絮凝剂更高效、安全的要求，今后絮凝剂需向以下几个方面发展。

① 实现絮凝剂的安全无害化。无机高分子絮凝剂和有机絮凝剂在水中的残留会对环境造成二次污染。降低这两类絮凝剂对环境的污染是今后的发展方向之一。

② 开发多功能、高效的复合型絮凝剂。通过将几种材料复合形成复合型絮凝剂可以达到扬长避短的目的，如将人工高分子与天然高分子复合降低絮凝剂的毒副作用，并保持优异的絮凝效果。因此，应大力发展复合型絮凝剂，实现絮凝剂的高效廉价、无害化及多功能化。

③ 大力发展微生物絮凝剂与天然高分子絮凝剂。微生物絮凝剂与天然高分子絮凝剂有着无可比拟的优势，但是由于对两者的研究不够成熟，无法实现大规模工业化生产。提高微生物絮凝剂的稳定性，降低生产成本，提高天然高分子絮凝剂的絮凝效果，都是今后的研究方向。

复习思考题

1. 请简述絮凝作用的基本原理。
2. 请简述铝系絮凝剂的作用机理。
3. 请简述硫酸铝絮凝剂在不同 pH 下的去除效果。
4. 请简述聚合氯化铝絮凝剂的优势。
5. 请简述铁系絮凝剂的作用机理。
6. 请比较四类人工高分子有机絮凝剂的优缺点和适用水质情况。
7. 请简述木质素不同的改性方法和改性效果。
8. 微生物絮凝剂作用的影响因素有哪些？
9. 请简述聚合氯化铝铁溶液的形态分布。
10. 请简述复合型絮凝剂的几种复合类型并举例。
11. 请简述无机-有机高分子复合型絮凝剂的优势和发展瓶颈。

第5章 电催化材料

随着环保理念的日益普及，人们越来越重视环境材料的研发，为了更好地控制反应过程，人们开始研发具有催化性能的材料，环境催化材料的概念也应运而生。环境催化材料的研究内容主要包括以下几个方面：利用环境材料催化去除已经产生的污染物；利用催化材料减少生产过程中污染物的排放；利用催化相关步骤将废物转化为有价值的物质，实现废物的资源化利用。随着环境问题的日益严重，传统的催化氧化技术已不能解决人们目前所面临的问题，新型氧化技术得到了发展，其中最为典型的是高级氧化技术。高级氧化技术又被称为深度氧化技术，指的是催化剂在光、电和高温高压的激发下，产生具有强氧化能力的活性自由基，如羟基自由基（·OH）、超氧自由基（·O_2^-）等，使难降解的有机大分子污染物降解为低毒或者无毒的小分子物质。根据激发方式和反应介质的不同，可以将高级氧化分为电催化氧化、光催化氧化、催化湿式氧化、臭氧氧化、超临界水氧化等。本章及后面的两章将依次介绍电催化材料、光催化材料及催化湿式氧化材料等内容。

电催化是指加速电极与电解质界面电荷转移的一种催化作用。电催化电极材料的研究范围主要包括金属和半导体等材料。电催化作用包括电极反应和催化作用两个方面，因此电催化剂必须同时具有以下两种特性：一是导电性好且电子能自由传递；二是催化活化作用高效。电催化技术作为一种新兴的高级氧化技术，由于其具有对难降解污染物分解更加彻底、不易产生有毒中间产物、反应过程容易控制等优点，符合环境保护的基本要求，在环境污染治理过程中逐渐得到了广泛的应用。

5.1 催化剂的理论基础

5.1.1 催化剂的概念

国际纯粹与应用化学联合会 1981 年对催化剂进行了定义：催化剂是一种改变反应速率但不改变反应总的标准吉布斯自由能的物质。在化学反应过程中，人们根据生产需要合理选择催化剂，可以加快或减缓反应速率，从而更高效地获得目标产品。能够加快反应速率的催化剂为正催化剂，反之则为负催化剂。除非特别说明，本书中所指均为正催化剂。催化经过长期的研究，已成为现代化学工业的基础学科，并且与人类的生命活动有着密不可分的关系。

5.1.2 催化的反应进程

催化剂通常同一个或多个反应物进行反应，生成的中间产物会接着进行反应得到最终的反应产物，同时重新生成催化剂。催化反应如下列方程式所示：

$$X+C \longrightarrow XC \tag{5-1}$$

$$Y+XC \longrightarrow XYC \tag{5-2}$$

$$XYC \longrightarrow ZC+Y \tag{5-3}$$

$$ZC \longrightarrow Z+C \tag{5-4}$$

$$X+Y \longrightarrow Z \tag{5-5}$$

式中，C 代表催化剂；X 和 Y 表示反应物；Z 为最终的反应产物。尽管催化剂在式（5-1）中被消耗完毕，但是它在式（5-4）中重新生成，因此整个反应过程的反应方程式可以写为式（5-5）。由于催化剂在反应过程中可以重新生成，催化剂通常只需要较少的量就可以达到加快反应速率的效果，然而在实际生产中，催化剂有时会在次级过程中被消耗。

化学反应的实质是旧化学键断裂和新化学键形成的过程，化学键的断裂或变化需要消耗一定的能量，通常将分子从常态激活为容易发生化学反应的活化状态所需的能量称为活化能 E_a，而催化剂就是通过降低反应物的活化能使化学反应更容易进行，从而大大提高反应速率。催化剂不会改变化学反应进行的程度，因为催化剂并不会影响反应的化学平衡状态。热力学第二定律[1]很好地解释了这一现象。对于可逆反应，化学反应所能达到的化学平衡位置是由体系的热力学性质决定的，如式（5-6）所示，化学平衡常数 K 的大小由反应温度 T 和反应产物与反应物的吉布斯自由能的差值 ΔG 决定。其中，ΔG 是状态函数，与反应过程无关，只取决于反应的始态和终态，一旦化学反应体系确定下来，反应的平衡位置便被确定下来。因此，催化剂不会影响 ΔG 的变化，催化作用不能改变化学平衡。

$$\Delta G = -RT\ln K \tag{5-6}$$

通过 ΔG 可以判断化学反应是否能够进行，但并不能够判断反应进行的快慢和程度，因为化学反应的进行还取决于反应的活化能（反应的能量壁垒）等动力学因素。如果反应活化能很高，反应物分子就很难有足够的能量克服反应的能量壁垒去发生反应，如图 5-1 中的实曲线；催化剂的作用就是降低反应活化能，使其在相对比较温和的条件下能够以较快的速率进行反应，如图 5-1 中虚曲线所示。催化剂的使用，改变了反应历程，降低了反应活化能，提高了化

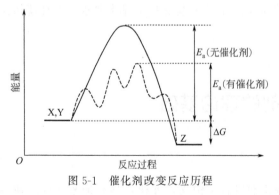

图 5-1　催化剂改变反应历程

● 热力学第二定律：不可能把热从低温物体传到高温物体而不产生其他影响，或不可能从单一热源获取热使之完全转换为有用的功而不产生其他影响，或不可逆热力过程中熵的微增量总是大于零。又称为"熵增定律"，表明了在自然过程中，一个孤立系统的总混乱度（即"熵"）不会减小。

学反应速率。

5.1.3　催化剂的种类及性能指标

催化剂种类繁多，按照催化剂呈现的物相，可以分为液体催化剂和固体催化剂；按照反应体系的相态，可以分为均相催化剂和多相催化剂；按照催化剂的化学组成，又可以分为金属催化剂、金属氧化物催化剂、有机金属化合物催化剂和酸碱催化剂等。

通常可以将催化剂分为均相催化剂、多相催化剂和生物催化剂。

对于催化剂和反应物处于同一相态（固态、液态或气态）的情况，反应过程中没有相界面的存在，这样的反应称为均相催化反应。具有均相催化作用的催化剂为均相催化剂，主要有液相和气相两种。均相催化剂的活性中心均一，具有较高的活性和选择性，易于用光谱、波谱和同位素示踪法等研究其催化作用。但是均相催化剂的缺点就是难以分离、回收和再生。均相催化反应的实例较多，比如乙烯在硫酸催化下水合为乙醇，环氧氯丙烷在碱催化下水解为甘油，含 α-氢的醛在稀碱作用下发生羟醛缩合反应。

多相催化剂又称非均相催化剂，催化剂与其催化的反应物处于不同的状态。多相催化剂一般为固体催化剂，包括固体酸、碱、绝缘体氧化物、负载在载体上的过渡金属盐类及络合物、半导体型过渡金属氧化物和硫化物、过渡金属和ⅠB族金属等。扩散是多相催化中必不可少的过程，根据扩散的类型可分为普通扩散和孔内扩散。前者又称为体相扩散，属于分子间扩散范畴；后者属于细孔内部扩散，包括微孔扩散、过渡区扩散、构型扩散和表面扩散等。在工业上合成氨、甲醇和水煤气的反应都是多相催化过程。

生物催化是指利用生物有机体，比如细胞、细胞器、细胞组织或者酶等作为催化剂进行化学反应的过程，又称为生物转化。生物催化剂主要是微生物新陈代谢产生的一些具有催化活性的酶和蛋白质等，当然也包括微生物自身。生物催化剂较大的优势就是可在常温常压下发生反应，且具有反应速率快、催化作用专一性强和价格低廉等特点，但是其对温度、pH值和溶液浓度等环境因素要求苛刻，因此反应稳定性较差。生物催化剂中，酶是由活细胞产生的具有催化能力的一类有机物，是最为常见也是最重要的一类生物催化剂。比如消化酶可以将复杂的大分子物质分解为简单的小分子物质，便于细胞吸收和消化。

影响催化剂催化性能的因素很多，主要包括材料比表面积、粒径分布和杂质含量等物理因素，以及评价催化剂性能优劣的化学指标如催化剂活性、选择性和稳定性等。催化剂的活性是指催化剂参与化学反应能够降低反应的活化能，从而导致化学反应速率加快的程度。催化剂的活性是表征催化剂性能优劣的最主要的指标，而化学反应速率是催化剂活性大小的衡量尺度。催化剂的选择性用催化剂抑制副反应发生的能力大小来衡量。一种催化剂只对某一类反应具有明显的加快作用，而对其他副反应加快效果很小甚至没有。催化剂的选择性决定了催化反应的定向性。因此，可通过选择合适的催化剂来控制和改变反应进行的方向和程度。催化剂的稳定性是指催化剂在使用条件下具有稳定活性的时间。稳定活性时间越长，催化剂的催化稳定性越好。催化剂的稳定性包括化学稳定性、耐热稳定性、抗毒稳定性和机械稳定性等。催化剂的寿命是对催化剂稳定性总的概括，分为单程寿命（在特定的使用条件下，维持一定的反应活性和选择性的使用时间）和总寿命（活性降低后通过再生作用恢复活性后继续使用，所累积的总的反应时间）。此外，催化剂的机械强度，即催化剂抗拒外力作用而不发生基本结构破坏的能力，是固体催化剂的一项主要性能指标，更是催化剂发挥其他性能的基础。

5.2 电催化材料的理论基础

5.2.1 电催化的工作原理

电催化是在电场作用下,存在于电极表面或溶液中的修饰物促进或抑制电极上的电子转移过程,而这些修饰物本身并不发生变化的一类化学催化作用。在电催化反应中,相同电催化条件下不同性质的电极材料能使催化反应速率发生数量级的变化,因此,选择合适的电极材料是提高电催化反应速率的有效途径。电催化去除污染物的途径主要包括电催化还原、电催化氧化、电凝聚作用、电浮选和光电催化氧化等,如图 5-2 所示。

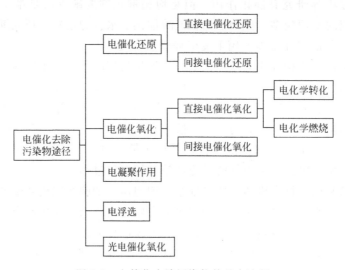

图 5-2 电催化去除污染物的基本途径

5.2.1.1 电催化还原

污染物直接在阴极上得到电子而发生还原反应的过程称为直接电催化还原过程。许多金属的回收就属于直接电催化还原过程,基本反应式如式(5-7)所示。同时,该方法可以使多种含氯有机污染物转变成低毒性的物质,提高产物的可生物降解性,如式(5-8)所示。而利用电催化过程中生成的一些还原性的物质(如 Ti^{3+}、V^{2+} 和 Cr^{2+} 等)去除污染物的过程为间接电催化还原过程,如 SO_2 通过间接电催化还原可还原成单质硫,如式(5-9)所示。

$$M^{2+} + 2e^- \longrightarrow M \tag{5-7}$$

$$R—Cl + H^+ + 2e^- \longrightarrow R—H + Cl^- \tag{5-8}$$

$$SO_2 + 4Cr^{2+} + 4H^+ \longrightarrow S + 4Cr^{3+} + 2H_2O \tag{5-9}$$

5.2.1.2 电催化氧化

电催化氧化具有选择性好、效率高、氧化程度高、副产物少、可在常温和常压下操作等优点,可分为直接电催化氧化和间接电催化氧化(图 5-3)。污染物在阳极直接失去电子而发生氧化的过程称为直接电催化氧化。直接电催化氧化不使用化学氧化剂,可以最大限度地减少三废污染。另外,有机物的直接电催化氧化可以分为电化学转化和电化学燃烧两类。电化学转化是指把有机物转化为无毒物质或者把难生物降解的有机污染物转化为易生物降解的物质，如将芳香物开环，氧化为脂肪酸类物质，这给进一步的生物处理提供了便利。如果能够将有机物直接深度氧化为 CO_2，则称为电化学燃烧。电催化条件下金属氧化物（MO_x）表面生成的吸附羟基自由基（·OH）可以与有机物直接发生电化学燃烧作用，如式（5-10）所示。

$$R+MO_x(\cdot OH)\longrightarrow CO_2+H^++e^-+MO_x \tag{5-10}$$

研究表明，有机物在金属氧化物阳极上的氧化反应机理同阳极金属氧化物的价态和电极表面上氧化物的种类有很大关系。在金属氧化物 MO_x 阳极上可以生成较高价态金属氧化物 MO_{x+1} 的电极，有利于实现对有机物的选择性氧化；在 MO_x 阳极上生成自由基 $MO_x(\cdot OH)$ 的电极，有利于将有机物直接氧化燃烧生成 CO_2。

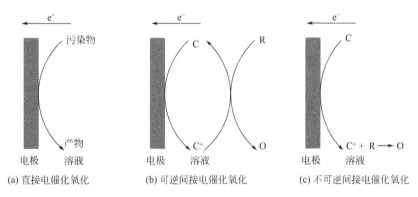

图 5-3 直接电催化氧化与间接电催化氧化

在氧析出的电位区，阳极上可能存在两种状态的活性氧，即吸附的羟基自由基和晶格高价态氧化物中的氧。首先，溶液中的 H_2O 或者氢氧根在阳极上形成吸附的羟基自由基（·OH），如式（5-11）所示，然后吸附的羟基自由基进一步被氧化，生成的活性氧原子转移到金属氧化物晶格位，形成高价态的金属氧化物，如式（5-12）所示，当溶液中不存在有机物时，两种状态的活性氧会发生氧析出反应［式（5-13）和式（5-14）］，而当溶液中存在可氧化的有机物 R 时，反应将按式（5-10）和式（5-15）进行。

$$MO_x+H_2O\longrightarrow MO_x(\cdot OH)+H^++e^- \tag{5-11}$$

$$MO_x(\cdot OH)\longrightarrow MO_{x+1}+H^++e^- \tag{5-12}$$

$$MO_x(\cdot OH)_2\longrightarrow O_2+MO_x+2H^++2e^- \tag{5-13}$$

$$MO_{x+1}\longrightarrow MO_{x-1}+O_2 \tag{5-14}$$

$$R+MO_{x+1}\longrightarrow MO_x+RO \tag{5-15}$$

电催化氧化法去除有机污染物的方式有两种，一种是通过阳极的电极反应生成具有强氧化性的中间产物，另一种是发生阳极反应之外的中间反应生成中间物质，如·OH、·O_2、·HO_2 等活性基团，然后利用这些中间产物和活性基团氧化有机污染物，从而达到降解污染物的目的。电催化氧化法去除的有机污染物目前主要集中于具有生物毒性的化合物，主要依靠电化学法特有的电催化功能，选择性地将有机物氧化降解到某一特定阶段。为了得到较高的转化率，电催化氧化还原过程必须满足以下要求：氧化还原剂的生成电位必须不靠近析氢或析氧反应电位；氧化还原剂的产生速率足够大；氧化还原剂与污染物的反应速率比其他竞争反应的速率大；其他物质或污染物在电极表面上的吸附比较少。

5.2.1.3 电凝聚作用

在电解过程中，采用可溶性阳极材料，一般为铝质或铁质金属，通以直流电流后，阳极材料会在电解过程中发生溶解，电解时产生的 Al^{3+} 或 Fe^{3+} 在溶液中水解生成电活性絮凝剂，这一过程即为电凝聚作用。生成的电活性絮凝剂可以促使水中胶态杂质的絮凝沉淀，从而实现水体中污染物的去除。

5.2.1.4 电浮选

在电化学处理废水过程中，电极反应在阴极和阳极上分别产生直径较小（$8 \sim 15 \mu m$）、分散度很高的 H_2 和 O_2 气泡，若以铝或铁等作为阳极材料，电解产生的 Al^{3+} 或 Fe^{3+} 可以作为很好的浮选剂。在吸附系统中，胶体微粒、气泡和悬浮性固体一起上浮，在水体表面形成一层泡沫层，然后可采用机械方法加以去除，从而达到分离污染物的目的。电浮选方法灵活，适用于中小型设备中，目的是去除废水中的悬浮物，但是该方法易产生 H_2 和 O_2，有爆炸的风险，因此采用此种工艺应该避免明火。

5.2.1.5 光电催化氧化

光电催化氧化可以看作是光催化和电催化的一个特例，同时具备了两者的特点。以光催化剂如 TiO_2 作为光电催化电极，在光催化降解有机污染物的同时，在电极上施加电场，通过电场加速光生载流子的分离，从而大大提高了难降解有机物的催化降解效率。光电催化氧化的主要优点包括：催化效率高，使用范围广和无二次污染；设备投资少，处理程序简单，易自动化控制，节约能源与资源，运行费用低；使用寿命长，减少二次投资。

常规的化学催化过程既没有从外界引入电子，也不能够从反应体系中导出电子获得电流，而电催化过程中，电子可在电子受体和电子供体之间相互转移，因此，电催化反应具备催化反应和电子转移的双重功能。此外，常规的化学催化过程中，电子转移的过程是无法从外部加以控制的，而电催化过程可以利用外部回路控制电流，使得反应条件和反应速率都比较容易控制，电催化输出的电流也可以作为表观反应速率快慢的依据。

电催化是在电化学反应基础上建立起来的一种新的方法，而与电化学反应不同的是电极材料的改进和修饰可以产生强氧化活性物质，大幅度提高了对有机物的降解能力，而电化学过程只是简单的电极反应，其处理效率明显比电催化过程低。

5.2.2 电催化材料的分类

电催化电极材料根据维度可分为二维电催化电极和三维电催化电极。以特殊的工艺在基体（如 Ti、Si、Zr、W、Nb 或 Ta 等）表面沉积一层微米级或亚微米级的金属氧化物薄膜（如 SnO_2、RuO_2、PbO_2 或 IrO_2 等），这样制备出的电极被称为隐形阳极（DSA），是最早、最广泛的二维电极材料。这些二维电极材料通常有较高的析氧电势，防止阳极氧气的析出，因而提高了电流的利用效率。三维电催化电极是指在原有的二维电催化电极之间装填粒状或其他屑状电极物质，并使填充电极表面带电，在工作电极材料表面发生电化学反应。三维电催化电极具有较大的比表面积并能够在较低的电流密度下提供较大的电流强度，提高了电极的物质传递能力，尤其是对低电导率的废水具有更明显的处理优势，工作原理如图 5-4所示。

根据电极材料的化学组成，又可将电极材料分为金属电极、金属氧化物电极、非金属化合物电极和碳素电极等。

5.2.2.1　金属电极

金属电极的催化特性与其电子性质［如 d 特征百分数❶（d%）、功函数❷及电负性等］密切相关。化学吸附主要与未参与金属键的 d 轨道作用有关，因此，吸附键能主要取决于 d% 和功函数两个因素。表 5-1 列举了不同元素及其功函数的相关数据。ⅠB 和ⅡB族元素 d 轨道充满，不易结合，吸附太弱，ⅤA 至Ⅷ族的元素吸附太强，产生了阻滞，催化活性便会下降。

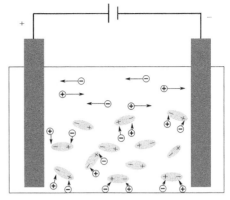

图 5-4　三维电催化电极工作原理示意图

表 5-1　元素及其功函数一览表

元素	功函数/eV	元素	功函数/eV	元素	功函数/eV	元素	功函数/eV	元素	功函数/eV	元素	功函数/eV
Ag	4.26	Al	4.28	As	3.75	Au	5.1	B	4.45	Ba	2.7
Be	4.98	Bi	4.22	C	5	Ca	2.87	Cd	4.22	Ce	2.9
Co	5	Cr	4.5	Cs	2.14	Cu	4.65	Eu	2.5	Fe	4.5
Ga	4.2	Ge	3.1	Hf	3.9	Hg	4.49	In	4.12	Ir	5.27
K	2.3	La	3.5	Li	2.9	Lu	3.3	Mg	3.66	Mn	4.1
Mo	4.6	Na	2.75	Nb	4.3	Nd	3.2	Ni	5.15	Os	4.83
Pb	4.25	Pt	5.65	Rb	2.16	Re	4.96	Rh	4.98	Ru	4.71
Sb	4.55	Sc	3.5	Se	5.9	Si	4.85	Sm	2.7	Sn	4.42
Sr	2.59	Ta	4.25	Tb	3	Te	4.95	Th	3.4	Ti	4.33
Tl	3.84	U	3.63	V	4.3	W	4.55	Y	3.1	Zn	4.33

5.2.2.2　金属氧化物电极

早期关于金属电极析氧的研究发现，在碱性溶液中，Fe、Ni、Rh 和 Pd 等都能够表现出良好的电催化活性，在酸性溶液中，金属的电催化活性由强至弱的顺序为 Ru＞Pd＞Rh＞Pt＞Au，其他金属则会在阳极发生溶解或发生钝化。在金属电极上进行的电化学反应，实质上是在金属电极表面生成的阳极氧化膜上进行的，此时的氧化膜必须是导电的，这样相关的电化学过程才能够继续进行，否则会发生钝化作用。现代电化学通常将这类带有氧化膜的金属电极称为导电金属氧化物电极，这类电极大多为半导体材料。

5.2.2.3　非金属化合物电极

一般非金属电极材料指的是硼化物、碳化物、氮化物、硅化物、氯化物和导电聚合物等，例如 $g\text{-}C_3N_4$、石墨和聚吡咯等。非金属化合物材料作为电极最大的优势在于熔点高、硬度高、耐磨性高、耐腐蚀性好以及具有类似金属的性质。非金属材料及其复合材料在微生

---

❶ d 特征百分数（d%）为杂化轨道中 d 原子轨道所占的比例，它是关联金属催化活性和其他物性的一个重要参数。金属的 d% 越大，相应的 d 能带中的电子填充越多，d 空穴越少。就金属加氢催化而言，d% 以在 40%～50% 之间为宜。

❷ 金属的功函数表示为一个起始能量等于费米能级的电子，由金属内部逸出到真空中所需要的最小能量。功函数的大小标志着电子在金属中束缚的强弱，功函数越大，电子越不容易离开金属。金属的功函数约为几电子伏特。

物燃料电池以及锂离子电池负极材料中均具有较大的开发潜力。

5.2.2.4 碳素电极

碳素电极和碳电极均属于非金属材料电极，由于碳素电极的使用范围广，一般将其单独列出。碳素电极是由碳元素组成的电极的总称，可分为人造石墨电极、天然石墨电极、碳电极以及特种碳素电极等四类。其中，特种碳素电极有以碳纤维为基体的多孔碳电极，用于燃料电池等；还有由热固性树脂经碳化制得的玻璃碳电极，具有很高的纯度和耐化学腐蚀性，可用于分析测试。此外，碳素电极还广泛用于冶金、化工等电化学工业领域。

5.2.3 电催化性能的影响因素

电极的催化特性是电催化技术的核心内容，良好的电催化电极应该具备以下性能：良好的导电性；高的电化学活性；良好的稳定性，能够耐受杂质和中间产物的不良作用而不致较快地被污染而失活；良好的机械物理特性，即表层不易脱落，不会在电解质中被溶解。为了使电极材料能够在最大程度上发挥其优良的电催化性能，电极材料除了要具备以上四种性能之外，还应该考虑影响电极催化性能发挥的制约因素，如电极材料的结构和组成、催化剂的氧化还原电势、表面修饰、支持电解质等。

5.2.3.1 电极材料的结构和组成

催化反应主要发生在电催化电极/电解液的液固界面，反应物分子必须与催化剂发生相互作用才能改变反应进行的途径和速率，而这种作用力的大小主要取决于催化剂的结构和组成。目前已知的电催化剂有过渡金属及其合金、半导体化合物以及过渡金属络合物，基本上都涉及过渡金属元素。过渡金属原子结构中包含空余的 d 轨道和未成对的 d 电子，催化剂的空余 d 轨道则可以形成各种特征化学吸附键使分子活化，以此降低反应的活化能，增加过渡金属催化剂与反应物分子的电子接触，达到电催化目的。

另外，电极材料表面的清洁程度也会在很大程度上影响电催化性能。当电极表面存在惰化层和较强的吸附层时，必须用机械或加热的办法清除。抛光时，按抛光剂粒径降低的顺序进行抛光。抛光后移入超声水浴中清洗，直至干净。对于碳电极，采用观测 $Fe(CN)_6^{3-}$ 在中性电解质水溶液中的伏安曲线的方法，或在 1×10^{-3} mol/L 的 $K_3Fe(CN)_6$ 的磷酸盐缓冲溶液（PBS）中扫描的方法，直到出现可逆的还原峰和氧化峰。对于铂电极，在稀硫酸中进行循环电位扫描，观察氢和氧的电化学行为，即出现氢和氧各自的吸附以及氧化峰时表示表面已清洁。

5.2.3.2 催化剂的氧化还原电势

氧化还原电催化指在催化过程中，固定在电极表面或存在于电解液中的催化剂本身发生了氧化还原反应，成为底物电荷传递的媒介体，促进底物的电子传递，这类催化作用又称为媒介体电催化。催化剂的氧化还原电势与其催化活性密切相关，尤其是对媒介体催化，催化反应是在媒介体的氧化还原电势附近发生的。一般媒介体与电极的异相电子传递很快，媒介体与反应物的反应会在媒介体的氧化还原对的表面电势下发生，通常只涉及单电子转移反应。

5.2.3.3 表面修饰

1975 年，Miler 和 Murray 分别进行了电极表面化学修饰的设计研究，成为化学修饰电极的研究起点。通过对电极表面的分子裁剪，可按照人们对电极预定的功能在分子水平上实现对电极的功能化设计，赋予电极特定的化学和电化学特性，该方法在提高反应的选择性和灵敏度方面有独特的优越性。

常用的电极修饰方法包括吸附法、共价键合法、电化学沉积法、电化学聚合法、掺入法等。吸附法主要通过吸附作用把修饰物质结合到电极表面上，用于制备单分子层或多分子层的化学修饰电极。共价键合法是通过化学的方法，利用共价键将修饰物质结合到电极表面。共价键合法一般分两步实现：第一步是电极的活化预处理过程，为了引入活性基团，采用电方法、化学方法或物理方法对电极表面进行预处理；第二步是进行表面有机合成反应，通过共价键合反应把预定功能基团固定在电极表面。电化学沉积法是制备络合物及一般无机物化学修饰电极的常用方法，该方法要求在进行电化学氧化还原反应时，能够在电极表面生成难溶物薄膜，在进行电化学反应及其他测试时，中心离子和外界离子价态的变化不会导致膜的破坏。电化学聚合法是指将预处理好的电极放入含有一定浓度的聚合单体和支持电解质的体系中，然后通过电化学氧化还原的引发，使有电活性的单体在电极表面发生聚合反应，最终生成聚合物膜以达到修饰电极的目的。在电化学聚合过程中，常采用的方法包括恒电位法、恒电流法和循环伏安法。掺入法是将化学修饰物质与电极材料简单地混合以制备修饰电极的方法，该方法是制备碳糊修饰电极的常用方法。

5.2.3.4　支持电解质

一般情况下，支持电解质是指加入有机废水中可以增强溶液导电性，使有机物的降解反应能够顺利进行的电解质盐。电解质溶液浓度太低会导致电流小，降解速率慢，随着电解质溶液浓度的增加，溶液的导电能力增强，电压效率提高。但电解质溶液达到一定浓度后，电压效率的提高趋于平缓，若再加大投入量会增加处理费用。

作为电催化过程中合适的支持电解质，应当满足以下条件：当量电导率较大，有效减少电阻和降低能耗；化学性质稳定，基本上不参与电化学反应，也不会与有机物反应，避免能量的损耗和降低电流效率；无毒无害，且易于分离去除；不会在电极表面发生特性吸附，避免降低电极的有效反应面积。

常用的支持电解质有 Na_2SO_4 和 NaCl 等。Na_2SO_4 为惰性电解质，电解过程中不参与反应，只起导电作用，电解效率的高低仅与其浓度有关。当电压达到一定值时，NaCl 在电解过程中参与电极反应，Cl^- 在阳极氧化，进而转变成 HClO，HClO 可以直接氧化有机物，阻止有机物（或中间产物）在电极表面的吸附。但 Cl^- 的加入也可以引起一些副反应，如生成的游离氯或电极上吸附的单原子氯可与废水中溶解的有机物或其氧化生成的中间产物反应，生成有毒且更难降解的有机氯化物。Cl^- 在电极上的吸附还会影响有机物在电极上的吸附氧化。此外，Cl_2 的产生也会降低电流效率。

5.3　电催化电极的制备

5.3.1　电极的组成

电极材料的性质是决定电极电催化特性的关键因素。不同性质的电极材料可以使反应类型及速率发生显著的变化，改变电极材料的性质既可以通过变换电极的基体材料来实现，也可以用具有电催化活性的涂层材料对电极表面进行修饰改进。另外，电催化过程发生在催化电极/电解液界面，其反应历程主要取决于电催化材料的结构和组成。在电化学中规定，能够使正电荷由电极进入电解质溶液中的电极称为阳极，能够使正电荷由溶液进入电极的电极称为阴极。在阳极会发生氧化反应，而在阴极则发生还原反应。电极主要由基础电极、表面材料和载体组成。

5.3.1.1 基础电极

基础电极，也就是电极基质，指的是具有一定强度、能够承载催化层的一类物质。一般采用贵金属和碳电极作为基础电极。基础电极不具备电催化活性，只承担作为电子载体的功能。因此，较高的机械强度、良好的导电性是对基础电极最基本的要求。另外，基础电极与电催化表面材料之间要有一定的亲和性，以起到承载、固定表面材料的作用。

5.3.1.2 表面材料

目前已知的电催化电极表面材料主要包括过渡金属及半导体化合物，它们的共同作用就是降低复杂反应的活化能，达到电催化的目的。

（1）过渡金属

由于过渡金属的原子结构中有空余的 d 轨道和未成对的 d 电子，过渡金属催化剂与反应物分子发生电子接触时，这些催化剂空余 d 轨道上将形成各种特征的吸附键，达到活化分子的目的，从而降低复杂反应的活化能，起到电催化的作用。

（2）半导体化合物

一些非过渡区的金属元素虽然没有未成对的 d 电子，但是其氧化物却有半导体的性质。半导体的特殊电子结构使其在电极/溶液界面具有不同于金属电极的特殊性质，使得半导体化合物在电催化研究中占有特别重要的位置。

为了使电极达到预期的电催化性能，电极表面材料要满足以下要求：反应表面积要大、导电性能好、吸附选择性强、循环稳定性高、尽量避免气泡的产生、力学性能好、资源丰富且成本低以及环境友好等。

5.3.1.3 载体

基础电极与电催化涂层有时亲和力不够，导致电催化涂层易脱落，严重影响电极寿命。所谓电催化电极的载体就是指一类将催化物质固定在电极表面，且能够维持一定强度的材料，对电极催化性能的提高有重要影响。载体必须具备良好的导电性和抗电解液腐蚀性能。载体主要有支持和催化作用，按照作用类型可以将其分为支持性载体和催化性载体。

（1）支持性载体

这类载体仅作为一种惰性支撑物，只发挥导电的作用，对催化过程不做任何贡献，只引起活性组分分散度的变化。

（2）催化性载体

载体与负载物质相互作用，而这种相互作用的存在修饰了负载物质的电子状态，使得负载物质的活性和选择性得到显著的改变，载体与负载物质共同构成了催化剂的活性部分。常用"活性组分名称-载体名称"来表示负载型催化剂的组成，如 $Pt-WO_3$ 电极，Pt 对甲醇的氧化具有一定的催化活性，但并不太高，而 WO_3 并不具备氧化甲醇的能力，但 $Pt-WO_3$ 电极则表现出非常好的催化活性。

催化性载体可能直接参与电极反应。在 $Pt-WO_3$ 电极上，载体 WO_3 参与了酸性溶液中

H_2 的氧化反应。H_xWO_3 的形成［式（5-17）］推动 H 原子从 Pt 上脱附，有利于 H_2 解离反应［式（5-16）］的进行。研究表明，费米能级不同的两种导体接触时产生相互作用，由于功函数的差异，金属颗粒与载体之间可能发生部分电子转移，从而改变催化剂的电子性质。如果催化剂金属的功函数 W_M 大于载体的功函数 W_S，电子将由载体转移给金属；反之，电子将由金属转移给载体。

$$2Pt + H_2 \longrightarrow 2Pt\text{---}H \longrightarrow 2Pt + 2H^+ + 2e^- \tag{5-16}$$

$$x\,Pt\text{---}H + WO_3 \longrightarrow H_xWO_3 + xPt \tag{5-17}$$

$$H_xWO_3 \longrightarrow WO_3 + xH^+ + xe^- \tag{5-18}$$

载体与负载物质之间的结合程度对电极的电催化性能具有重要的影响，同时也在很大程度上影响电极的循环使用稳定性，从而进一步影响到电极的使用寿命。在某种情况下，可通过在负载物质和载体之间引入中间层的方法以加强附着力，如在 PbO_2-Ti 电极中加入中间层 SnO_2 形成 PbO_2-SnO_2-Ti 结构，既能防止氧气向 Ti 基扩散以及生成 TiO_2 绝缘层，导致电极失活，还能起到调节气体析出电位的作用。更重要的是 PbO_2 涂层的活性层与 Ti 基底材料的晶型结构和膨胀系数不同，二者结合力较弱，而 TiO_2、PbO_2 与 SnO_2 同属金红石结构，可以形成固溶体。因此，基底、中间层和活性层之间可以紧密结合，有效防止了表面脱落现象，提高了电极的使用寿命。

5.3.2　涂层钛电极的制备技术

5.3.2.1　涂层钛电极的介绍

涂层钛电极，又称为钛金属阳极，是 20 世纪 60 年代末发展起来的一种以钛为基体，在表面涂覆以铂族金属氧化物为主要活性组分涂层的新型高效电极材料，即 DSA 电极。DSA 电极的出现不但克服了传统石墨电极、铂电极、铅基合金电极、二氧化铅电极等存在的不足，而且也为电催化电极的制备提供了新思路，即根据具体的电极功能设计要求，通过对材料的加工和涂覆等工艺可以设计电催化材料的结构和组成。

（1）基体的选择

在制备过程中，基体与涂层之间的附着力不仅与制备技术有关，还与基体的特性有关。因此，能作为电极基体的材料必须具备以下特性：良好的导电性、良好的机械加工性能和较高的机械强度、容易对基体进行改性处理、较高的抗腐蚀性。另外，考虑到价格因素，电极基体必须是非贵金属。在强酸和强氧化性的电解液条件下，能够适合做基体的也只有钛和铅。而铅质地软、机械强度小、过电位高、耗电量大，一般不宜采用。

（2）中间层的选择

阳极失效的主要原因是电解过程中新生成的氧原子扩散到基体表面形成了致密的 TiO_2 绝缘层。因此，在基体和活性层之间添加一层中间层可以有效减缓钛基体的钝化。作为中间层物质，应满足以下四点要求。

① 能够与活性层和 TiO_2 形成固溶体，使得基体、中间层和活性层之间可以紧密结合。

② 具有对强酸的耐腐蚀性。

③ 具有良好的导电性。

④ 能够与钛基较好地结合。

抗氧中间层除了贵金属类氧化物外，还有 Sn、Sb 等的氧化物。

（3）活性层的选择

对于活性层，既要具备较高的催化活性，又要具备较强的耐腐蚀性和高的导电性。氧化物电极的电位往往高于金属单质，因此其耐腐蚀性较强。目前能够作为活性层的氧化物电极材料大概有三类。

① 活性金属氧化物。如 SnO_2、MnO_2 等活性金属氧化物具有较高的催化活性且价格低廉，但是其耐腐蚀性差，通过在次表面下添加防护层的方法可以克服这一缺点。

② 以耐腐蚀性为主要特征的 PbO_2 电极。

③ 贵金属氧化物。RuO_2、IrO_2、PtO_2 等氧化物的耐腐蚀性较好，但是价格较贵，且催化活性不一定好。

5.3.2.2 涂层钛电极的制备方法

涂层钛电极的制备方法主要有热分解法、电沉积法、浸渍法、喷雾热解法、溅射法和溶胶-凝胶法等。

（1）热分解法

热分解法是使用最广泛和最典型的涂层电极制备方法，处理工序主要包括基体的预处理、配制涂液、涂覆涂层和热分解氧化等。

① 基体的预处理。金属钛表面容易生成一层坚固的氧化物保护膜，在加工过程中也容易沾染油污。因此，为了保证电极涂层的质量和电催化性能，在制备电极前通常对钛基体进行如下预处理：a. 打磨。首先采用机械抛光的方法去除基体表面的油污和氧化物，然后用砂纸打磨边角，尽量减少棱角，用去离子水冲洗干净后，表面圆滑，呈银白色金属光泽。b. 碱洗。在加热的碱水中浸泡，去除表面的油污。c. 酸洗。酸洗可以增强基体与金属氧化物涂层之间的结合力，从而改善导电性，延长电极使用寿命，同时还可以去除钛电极表面的氧化膜。因此，酸洗对电极的性能影响最大，是整个预处理过程中最重要的步骤，通常会选择酸性较弱的草酸。预处理完成后，可将其保存于乙醇溶液中，防止表面再次被氧化。

② 配制涂液。将一定量的金属盐类按照一定的物质的量之比溶解于特定的溶剂中，即为涂液。配制涂液过程中，若产生沉淀，则会在涂覆涂层时出现不均匀的现象，严重影响阳极的使用寿命。溶剂需要能够溶解涂层的各种盐类，有适当的挥发性且不会侵蚀钛基体，不和涂层中各组分发生化学反应。常用的溶剂包括水、乙醇、异丙醇、正丁醇、甲苯、甲醚、乙醚、甲酰胺、乙酰胺、薰衣草油、正戊醇和松节油等。表 5-2 列举了铂族元素❶和非铂族元素中常用的金属盐类化合物及其常用溶剂。

表 5-2　金属盐类化合物及其常用溶剂

分类	金属元素	金属盐类化合物	溶剂
铂族元素	铂	H_2PtCl_6	乙醇、丙酮
	钌	$\beta\text{-}RuCl_3$	正丁醇
	铑	$RhCl_3 \cdot 4H_2O$、$(NH_4)_3RhCl_6 \cdot 12H_2O$	正丁醇
	铱	$H_2IrCl_6 \cdot nH_2O$、$(NH_4)_2IrCl_6$	水

---

❶ 铂族元素属ⅧB族元素，又称为铂族金属、稀贵金属，包括铂（Pt）、钯（Pd）、锇（Os）、铱（Ir）、钌（Ru）、铑（Rh）六种金属。

续表

分类	金属元素	金属盐类化合物	溶剂
非铂族元素	锰	$Mn(NO_3)_2$、$MnCl_2$、$Mn_3(PO_4)_2 \cdot 3H_2O$、$MnC_2O_4 \cdot 2H_2O$、$MnSO_4$	水、醇
	钴	$CoCl_2$、$Co(NO_3)_2 \cdot 6H_2O$	水、乙醇
	锡	$SnCl_4$	异丙醇
	钛	$Ti(C_4H_9O)_4$	正丁醇

③ 涂覆涂层。通过刷涂法、滚涂法或静电喷涂法将涂液均匀涂覆在钛基的表面上，每涂覆一次后在红外灯或远红外灯下烘烤，烘干温度一般为 $100\sim200℃$，让溶液慢慢挥发。

④ 热分解氧化。在指定温度下于马弗炉中煅烧 $10\sim15min$。温度会影响涂层的结构、成分和性能，一般设置在 $400℃$ 以上。热分解氧化温度不宜过高和过低。热分解氧化温度过高，一方面会使涂层的含氧量降低，导电性能下降，另一方面会使氧化物结晶变大，晶粒过大会导致涂层结合力下降，使得其电化学性能恶化。热分解氧化温度过低，导致氧化不完全，结合力不够，也不能得到理想的电催化性能。每次煅烧后，必须冷却至室温后才可以进行下一次涂覆，否则易造成涂层不均匀。

（2）电沉积法

电沉积是指金属离子或络合离子通过电化学方法在固体（导体或半导体）表面上放电还原为金属原子并附着于电极表面，从而获得金属层的过程。在电沉积过程中，阴极附近溶液中的金属离子放电，通过放电结晶过程沉积于阴极上。沉积晶粒的大小与电结晶时晶体的形核和晶粒的生长速度有关。

二氧化铅制备多采用电沉积的方法，首先生成活性氧物种，并以 $\cdot OH$ 的形式吸附在电极表面，然后这些吸附的粒子再与 Pb^{2+} 反应生成可溶性中间产物 $Pb(OH)^{2+}$，最终会被氧化生成 PbO_2。PbO_2 电极具有析氧电位较高、耐腐蚀性强、导电性优异等特点，目前被广泛应用于废水处理和阴极保护等领域中。

电沉积反应过程中，阳极和阴极的反应分别如下。

阳极反应：

$$Pb^{2+}+2H_2O \longrightarrow PbO_2+4H^++2e^- \qquad \varphi_0=1.46V \qquad (5\text{-}19)$$

$$2H_2O \longrightarrow O_2+4H^++4e^- \qquad \varphi_0=1.23V \qquad (5\text{-}20)$$

阴极反应：

$$Pb^{2+}+2e^- \longrightarrow Pb \qquad \varphi_0=1.26V \qquad (5\text{-}21)$$

$$2H^++2e^- \longrightarrow H_2 \qquad \varphi_0=0.00V \qquad (5\text{-}22)$$

若要使 PbO_2 在阳极电极表面沉积，其电位必须高于 PbO_2 与 Pb^{2+} 间的平衡电位：

$$\varphi=1.46+2.3\frac{2RT}{F}\lg[H^+]-2.3\frac{2RT}{F}\lg[Pb^{2+}] \qquad (5\text{-}23)$$

（3）浸渍法

将预处理过的电极基体在预先配制的含有电极涂层物质且又容易热分解的可溶性盐溶液中浸渍，使基体表面被浸渍液均匀覆盖，然后进行干燥和适当热处理。此类盐的分解和氧化还原过程可以在基体表面沉积形成一层氧化物薄膜。浸渍法制备电极是一种简单易行的方法，具体涉及以下三个步骤。

① 浸渍液的配制。浸渍液一般采用金属的无机盐来配制。当稳定的金属无机盐不容易

得到时，可选择相关金属氧化物为原料，通过加入适量盐酸获得可溶性盐类。为了使盐溶液在热处理时可以分解成微小的颗粒并牢固地附着在基体表面，可以向溶液中加入一些有机溶剂，比如醇类物质。浸渍液的配制影响着电极涂层的性能，应非常注意。

② 将电极浸入浸渍液。将电极完全浸入浸渍液中，浸渍完成后烘干或自然晾干，使电极表面无多余液体残留。电极薄膜涂层需要达到一定的金属负载量，由于盐溶液的溶解度有一定的限度，一次浸渍过程往往达不到电极的制备要求，因此，需要多次浸渍才能够达到目的。

③ 热处理。热处理通常采用程序升温的方法将盐溶液尽可能完全分解和氧化。

用浸渍法制备 Ti/SiO$_2$ 电极的过程中，首先将预处理后的基体在配制好的浸渍液中浸泡，然后在 100℃ 干燥，为了达到一定的负载量，此过程要反复进行数次，最后在马弗炉中高温固化 2~3h。浸渍液溶剂选用正丁醇、异丙醇、异丁醇和无水乙醇的混合溶液，这样由于各种溶剂在空气中的挥发速度不同，在干燥和热处理过程中会缓慢挥发，可以避免溶剂在短时间内大量挥发而导致在电极表面出现裂缝和孔隙。

与其他电极制备方法相比，浸渍法不仅可以用于外形复杂且具有封闭内腔的材料，而且设备结构比较简单，维护工作量小。但采用浸渍法制备电极材料往往浸渍次数较多，比较烦琐，另外其对工作环境的要求也比较高，比如需要较好的通风环境等。

（4）喷雾热解法

喷雾热解法是在基体表面沉积各种功能薄膜的有效方法，一般是将含有金属离子的溶液经过雾化后喷向热基体，随着溶剂的挥发，溶质在基体上发生反应（热分解反应），形成功能化的薄膜。该法制备电催化电极的主要优点包括：工艺设备简单，不需要高真空的设备，在常压下即可进行；可以选择的前驱体较多，比较容易控制薄膜的化学计量比；能够制备较大面积的沉积薄膜，并且可以在立体表面进行沉积，沉积速率较高，可以实现工业化大规模生产；沉积温度在 600℃ 以下，相对较低；通过调整雾化参数，可以控制沉积薄膜的厚度，克服了溶胶-凝胶法难以制备一定厚度薄膜的不足。但喷雾热解法不易制备表面光滑致密的电极薄膜，并且在沉积过程中，薄膜中容易引入外来杂质。

（5）溅射法

以两块金属板分别作为阴极和阳极，阴极为蒸发用材料，在两个电极之间充入氩气（40~250Pa），两电极间施加 0.3~1.5kV 的电压，两电极之间的辉光放电使得 Ar 离子冲击阴极靶材料，靶材原子从其表面蒸发出来形成超微粒子，并在附着面上沉积下来。

（6）溶胶-凝胶法

溶胶-凝胶法是指有机金属化合物或无机盐经过溶液、溶胶、凝胶而固化，再经过热处理而形成氧化物或其他固体化合物的方法。溶胶-凝胶法制备薄膜电极的基本步骤是：先将前驱体金属无机盐或有机金属化合物溶于溶剂中形成均相溶液，在低温液相中合成溶胶，然后将衬底（如 Ti 基体等）浸入溶胶中，使溶胶吸附在衬底上，经胶化过程成为凝胶，再经过一定的温度处理后，即可得到薄膜。薄膜的厚度可以通过调整重复次数来控制。

溶胶-凝胶法被广泛地应用于纳米材料制备过程中，主要是因为该方法具有较低的操作温度，能够准确、严格地控制掺杂量，容易进行大面积覆盖且适用于复杂形状的基体，还具有制作成本低廉等优点。但溶胶-凝胶法也存在一定的局限性，比如温度、反应物浓度比、pH 值等过程变量都会影响凝胶或晶粒粒径和比表面积，从而影响电极的电催化特性。另外，该法制备的薄膜在基体材料上附着力差、厚度小、易开裂等缺点也是亟待解决的问题。

5.3.3　化学修饰电极的制备技术

5.3.3.1　化学修饰电极的介绍

化学修饰电极是指在电极表面进行分子设计，将具有一定功能的分子、离子或聚合物等设计并固定在电极表面，使其具有某种特定化学和电化学性质的电极。

化学修饰电极兴起于电化学、电分析化学，尤其与表面科学技术的发展密不可分。X射线光电子能谱、红外反射-吸收光谱、表面增强拉曼光谱及扫描电子显微镜等技术的出现为电极表面化学状态、微结构特征的研究提供了详细、准确的信息，推动了化学修饰电极研究的迅速发展。

化学修饰电极的研究往往着重于单一结构的修饰层，包括单层和多层体系。基于其结构的性质可以将电极上的修饰层分为三种：修饰单层、修饰均相复层和修饰有粒界的厚层。按照化学修饰电极在微结构上的尺度，可分为单分子层（包括亚单分子层）和多分子层（以聚合物薄膜为主）两大类型，此外还有其他类型，比如组合型等。图5-5列举了化学修饰电极的分类及在制备过程中常用的方法。化学修饰电极的基底材料最主要的是碳、贵金属和半导体。其中应用最广的是一种由带状石墨组成的玻碳电极。

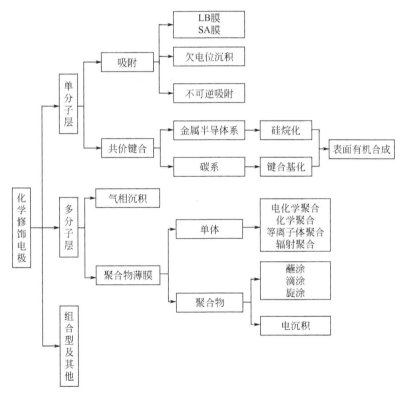

图 5-5　化学修饰电极的分类及常用制备方法

5.3.3.2　化学修饰电极的制备方法

（1）共价键合法

共价键合法是最早用于对电极表面进行人工改进修饰的方法。固体电极经过清洁预处理后，其表面上往往会带有一些含氧官能团，根据电极的设计目的，在电极表面引入高浓度的官能团，主要是向电极表面引入键合基团。共价键合法一般分两步进行。第一步是对电极进行表面预处理（如机械抛光和添加强氧化剂等），以便引入键合基团，如羟基、羰基、羧基和硝基等含氧官能团。第二步是进行表面有机合成，通过共价键合反应把预定修饰物官能团连接到电极表面。

共价键合法也存在很多缺点，比如工序烦琐复杂、耗时以及设计修饰的官能团在电极表面的覆盖率低等。此外，官能团覆盖率不仅取决于第一步预处理过程中引入键合基团的数目，同时还会受到表面有机合成过程的制约。

（2）吸附法

① 化学吸附法。化学吸附法又称不可逆吸附，是制备单分子层修饰电极的一种很简便的方法，通过非共价作用将修饰试剂固定在基质表面上。化学吸附法制备修饰电极的优点是简单直接，但也存在电极的稳定性和重现性差、修饰层容易脱落或失活等问题。

② 欠电位沉积法（UPD）。金属的欠电位沉积是指金属在比其热力学电位更正时发生沉积的现象，这种现象常发生在金属离子在异体底物上的沉积过程中，又称为吸附原子法，是制备精细结构单层修饰电极的一种方法。只有当功函数较小的金属向功函数较大的金属沉积时，才有可能发生欠电位沉积（元素功函数一览表见表 5-1）。

③ Langmuir-Blodgett（LB）膜法。LB 膜法是将具有亲水基和亲油基的双亲分子溶于挥发性有机溶剂中，该类分子通过挥发性有机溶剂铺展在平静的气水界面上。当有机溶剂挥发后，分子的亲水端伸向水相，亲油端伸向气相，接着沿水面横向施加一定的表面压力，溶质分子就会在水面上形成紧密排列的有序单分子膜，将该单分子膜转移到电极表面即可得到 LB 膜修饰的电极。

④ Self-Assembling（SA）膜法。基于分子的自组装作用，在固体表面自然形成高度有序的单分子层的方法被称为 SA 膜法。SA 膜法与 LB 膜法相比简单易行，且 SA 膜法成膜的稳定性更好。SA 膜法制备的修饰电极是由双亲分子在固体表面上自组装形成单分子层结构，能够作为生物表面的模型膜进行分子识别。目前，SA 膜法制备的单分子层包括金属氧化物表面修饰的脂肪酸、金属磷酸盐表面修饰的膦酸、二氧化硅表面修饰的硅烷和铂表面修饰的异腈等。混合单分子层是将自组装的单分子层进行进一步拓展。比如，用电活性的硫醇 $[Fe(CO)_2(CH_2)_{11}SH]$ 和非电活性的硫醇 $[CH_3(CH_2)_9SH]$ 混合共吸附，则会在 Au（Ⅲ）表面上形成混合单层膜。

（3）聚合物薄膜法

在多分子层修饰电极中研究最多的就是聚合物薄膜法。与单分子层不同的是，多分子层具有三维空间结构特征，能够提供大量的活化位点，具有较高浓度的活化基团，电化学响应信号强，而且具有较强的化学、机械和电化学稳定性。根据所使用的初始试剂的不同，可以将聚合物薄膜分为从单体出发制备和从聚合物出发制备两大类。

① 从单体出发制备。从单体出发制备聚合物薄膜的方法中最典型的是电化学聚合法。将预处理好的电极放入有一定浓度的单体和支持电解液体系中，通过电极反应产生活泼的自由基离子（阳离子和阴离子）中间体，并以此作为聚合反应的引发剂，用恒电流、恒电位或循环伏安法进行电解，使具有电活性的单体在电极表面发生聚合，生成聚合物修饰电极。支持电解质在聚合物溶液中起到增加导电性的作用，电解质应具有较高的溶解度和解离度以及不亲核性等特点，能用电化学引发聚合的单体包括带乙烯基、羟基和氨基的芳香族化合物，杂环和稠环多核烃以及冠醚类等物质。单体浓度以能够产生足够多的自由基为宜，使得聚合反

应能够顺利进行。另外，单体浓度不宜过高，否则会产生过量的自由基离子，使得聚合反应加快，从而引起膜的不均匀。

②从聚合物出发制备。制备聚合物薄膜最简单的方法便是蘸涂法、滴涂法和旋涂法。这类方法的原理是将聚合物溶解于适当的低沸点溶液中，得到的聚合物溶液用对应的方式涂覆在电极上。将基底电极浸入聚合物稀溶液中一定时间，依靠吸附作用力自然形成薄膜，该过程称为蘸涂。滴涂法是取微升量的聚合物稀溶液滴加到电极表面上，并使其挥发成膜。旋涂法是旋转涂抹法的简称，该方法使用的设备是匀胶机，主要步骤包括配料、高速旋转和挥发成膜，通过控制匀胶的时间、转速、滴液量以及所用溶液的浓度、黏度来控制聚合物成膜的厚度。

5.3.3.3　化学修饰电极的电催化过程

化学修饰电极的电极基体只是电子导体，而电极表面的修饰物除了具有传递电子的能力外，还能够对反应物进行活化或加快电子的转移速率。因此，化学修饰电极的电催化实质是通过改变电极表面的修饰物来大范围地改变反应的位点和反应速率，使电极同时具有传递电子和对电化学反应进行某种促进和选择的能力。另外，在电催化过程中，调节电极电位能够改变电极的氧化还原能力。化学修饰电极可人为地设计制备具有特殊性能的电催化修饰物，并将其固定在电极表面，从而能够进行那些条件极为苛刻的化学反应。

为了达到某种催化目的，有时化学修饰电极会被设计成具有某种特殊的空间结构，也就是说在化学修饰电极薄膜中可能会含有多种化学修饰剂。比如，一种具有双层化学修饰的电极，它的第一层催化剂能够与基质发生反应或者作为光子的接收体，而第二层催化剂用来进行第一层催化剂与电极基体之间的电荷转移。电极和溶液基质之间的电子传递反应往往通过附着在电极表面的氧化还原体的媒介作用，使其在较低的过电位下进行，如图 5-6 所示。

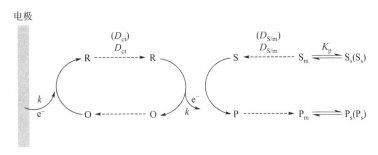

图 5-6　媒介电催化过程

如图 5-6 所示，在电催化过程中，基质 S（它在裸电极发生不可逆或准可逆的还原反应）穿过聚合物薄膜/电解液界面（分配系数为 K_p）进行传输，扩散到聚合物薄膜（扩散系数为 $D_{S/m}$）中。电催化剂或媒介体（R/O）在电极表面经过很快的异相电子转移，电荷以一定速度（以电荷扩散系数 D_{ct} 表示）传递至聚合物薄膜。在聚合物薄膜内，基质 S 荷电的媒介体发生电催化反应，再生成媒介体的氧化态并形成还原产物 P。如果媒介体与电极的异相电子转移很快，反应会在媒介体氧化还原对的表面电势下发生，而这个电位就是荷电的媒介体开始产生时的电位。这种电催化过程为氧化还原催化，是一种简单的氧化还原电催化，属于"外壳层"催化类型。另外一种比较复杂的类型为化学氧化还原催化，属于"内壳层"催化。在基质的电化学反应过程中，化学键的断裂和形成发生在电子转移步骤的任意过程，产生某种化学加成物或者某些其他的电活性中间体，总的活化能会被化学氧化还原催化剂降低。此时发生的电催化反应的电位与媒介体的电位会有差别。

5.4 电催化材料的性能分析

电催化反应总是发生在液固界面，是一种非均相反应，电极材料的表面分散度、元素组成和结晶度等都对电极的电催化性能有极大影响，并且同一个电极反应在不同的电极上，反应结果也会千差万别。表面科学技术的迅速发展，促进了人们对电极材料微观结构特征的全面了解，探索电极结构和电催化反应机理的内在联系，有利于建立能够准确评判电极电催化性能的研究方法。本节主要介绍分析电极的表面形貌、材料结构、电化学性能和电催化机理的方法。

5.4.1 电催化材料的表面形貌表征

用电子显微镜可以很准确地观察电极表面的微观形貌，应用的主要电子显微镜类型包括扫描电子显微镜、透射电子显微镜和原子力显微镜。

5.4.1.1 扫描电子显微镜（SEM）

与一般光学显微镜不同，扫描电子显微镜的成像原理类似于电视机的成像原理。由三极电子枪发射出来的电子束经栅极静电聚焦后成为直径为 $50\mu m$ 的电光源，在加速电压（$2\sim30kV$）的作用下通过透镜系统，形成 $5nm$ 的电子束，在扫描线圈的控制下，使电子束在样品表面进行逐点扫描。高能电子束与样品相互作用产生次级电子、背散射电子、特征 X 射线等信号。这些信号会被不同的检测器接收到，经过放大后用来调制荧光屏的亮度。由于经过扫描线圈上的电流和显像管相应偏转线圈上的电流同步，因此，试样表面上的任意一点的信号与显像管荧光屏上的亮点一一对应，其亮度与激发后的电子能量成正比。也就是说，扫描电子显微镜是采用逐点成像的图像分解法进行成像的。光点成像的扫描顺序是从左上方到右下方，直到最后一行的右下方扫描完毕后完成一帧图像，即光栅扫描。

除了对电极表面形貌进行观察，扫描电子显微镜附带的能量色散谱仪和波谱仪还可了解电极表面微区的元素组成以及在相应视野中的元素分布，比如元素的线分布、面分布和两相中的纵深分布等。因此，扫描电子显微镜不仅仅是光学显微镜的性能发展，还是一种从微观结构到成分分析的仪器，是目前材料研究中不可或缺的分析手段。

5.4.1.2 透射电子显微镜（TEM）

对于光学显微镜来说，其无法看到小于 $0.2\mu m$ 的细微结构，所以要看清这些结构，就必须选择波长更短的光源，从而提高显微镜的分辨率。透射电子显微镜（简称透射电镜）以电子束作为光源，理论分辨率为 $0.1nm$，放大倍数高达近百万倍，远高于光学显微镜的分辨率。透射电镜由照明系统、成像系统、真空系统、记录系统和电源系统构成。透射电镜工作时，电子枪发射出来的电子束在真空通道中沿着光轴穿越聚光镜，通过聚光镜将其汇聚成一束尖细、明亮而又均匀的光斑，投射到样品室内非常薄的样品上，电子与样品中的原子碰撞而改变方向，从而产生立体角散射。散射角的大小与样品的密度、厚度相关，因此可以形成明暗不同的影像，影像将在放大、聚焦后在成像器件（如荧光屏、胶片以及感光耦合组件）上显示出来。

透射电镜对样品的要求非常高。对于粉末样品的基本要求为：单颗粉末尺寸最好小于

$1\mu m$；没有磁性；以无机成分为主，否则会造成透射电镜的严重污染，甚至击坏高压枪。对于块状样品的基本要求为：需要对样品进行电解减薄或者离子减薄，获得几十纳米的薄区才能够观察；若晶粒的尺寸小于 $1\mu m$，也可以用机械方法将其破碎成粉末进行观察；没有磁性。块状样品的制备较为复杂，耗时长，工序多，样品制备的好坏直接影响到后序的观察和分析。

5.4.1.3　原子力显微镜（AFM）

原子力显微镜通过检测原子之间的接触、原子键合、范德瓦耳斯力作用等来呈现样品的表面特性。AFM 的基本原理：将一个对微弱力极敏感的微悬臂一端固定，另一端有一微小的针尖，针尖与样品表面轻轻接触，由于针尖尖端原子与样品表面原子间存在极微弱的排斥力，通过在扫描时控制这种力的恒定，带有针尖的微悬臂将对应于针尖与样品表面原子间作用力的等位面而在垂直于样品的表面方向起伏运动。利用光学检测法或隧道电流检测法，可测得微悬臂对应于扫描各点的位置变化，从而可以获得样品表面的三维立体形貌信息。

5.4.2　电催化材料的结构表征

利用常用的材料表征方法可以分析不同电催化材料的结构，如电极材料的表面结构、基体组成、掺杂剂浓度等，从而了解电极活性涂层的结构特性。常用的表征方法有 X 射线衍射（XRD）、X 射线光电子能谱（XPS）和拉曼（Raman）光谱。

5.4.2.1　X 射线衍射（XRD）

X 射线是一种波长很短（为 $0.006\sim2nm$）的电磁波，是原子内层电子在高速运动电子的轰击下跃迁而产生的光辐射，主要有连续 X 射线和特征 X 射线两种，它们能穿透一定厚度的物质。由于大量粒子散射波的叠加，互相干涉而产生最大强度的光束称为 X 射线的衍射线。将晶体点阵结构看成一组相互平行且等距离的原子平面，不管这些原子在平面上如何分布，这组晶面所反射的 X 射线只有当其光程差是 X 射线波长的整数倍时才能够相互增强，出现衍射现象。可以根据布拉格方程［布拉格条件，式（5-24）］判断一定条件下所能出现的衍射数目的多少。

$$2d\sin\theta = n\lambda \tag{5-24}$$

式中　λ——X 射线的波长；

　　　n——衍射级数，为任何正整数；

　　　d——晶面间距；

　　　θ——晶面与入射线或反射线的夹角。

当 X 射线以掠角 θ（入射角的余角）入射到某一点阵平面间距为 d 的原子面上时，在符合式（5-24）的条件下，将在反射方向上得到因叠加而加强的衍射线。布拉格方程简洁直观地表达了衍射所必须满足的条件。当 X 射线波长 λ 已知时（选用固定波长的特征 X 射线），采用细粉末或细粒多晶体的线状样品，可从一堆任意取向的晶体中，从每一个符合布拉格方程的 θ 角反射面得到反射，测出 θ 后，利用布拉格方程即可确定点阵平面间距、晶胞大小和类型，根据衍射线的强度，还可进一步确定晶胞内原子的排布。这便是 X 射线结构分析中的粉末法或德拜-谢勒（Debye-Scherrer）法的理论基础。当 X 射线波长 λ 已知时，应用已知 d 的晶体来测量 θ，从而计算出 X 射线的波长，进而可在已有资料中查出试样中所含的元素。而在测定单晶取向的劳厄（Laue）法中，所用单晶样品保持固定不动（即 θ 不变），以辐射束的波长作为变量来保证晶体中一切晶面都满足布拉格方程，故选用连续 X 射线束。如果利用结构已知的晶体，在测定出衍射线方向的 θ 后，便可计算 X 射线的波长，从而判定产生特征 X 射线的元素。

5.4.2.2 X 射线光电子能谱（XPS）

光电子能谱的基本原理是光电效应。当具有一定能量的光（X 射线）照射到物质上时，入射光子会把能量全部转移给物质中的某一束电子，这样光子会湮灭。如果该入射光的能量足够大，一部分能量用来克服束缚电子的结合能（束缚能），其余能量作为该电子逃离原子的动能，使原子或分子的内层电子或价电子受激发射出来，这种被光子直接激发出来的电子称为光电子。这些光电子的动能大小不等，在数量上也有不同的分布，以这些光电子的动能（单位为 eV）分布情况为横坐标，它们的相对强度（单位为脉冲/s）为纵坐标，所得到的谱峰即为 X 射线光电子能谱（XPS）谱图。原子的电子层分为两个区域。第一个区域为外壳层的价电子层，是构成化学键的电子，属于整个分子，容易吸收紫外光量子；第二个区域为内壳层，属于某个原子，但反映了这个原子的一些特征信息，容易吸收 X 光子，因此，在激发内壳层电子时，需要用高能的 X 射线作为激发源。

X 射线光电子能谱仪由超高真空系统、X 射线光源、分析器、数据系统和其他附件构成。一个理想的光源必须具有足够的能量和强度，可以产生可检测的电子通量，具备很窄的线宽。表 5-3 列举了常用的 X 射线光源及其能量和线宽。NaK_α、MgK_α、AlK_α 具有足够的能量和很窄的线宽，由于制备一个合适且稳定的钠阳极非常困难，最常用的依然是 MgK_α、AlK_α。

表 5-3 常用的 X 射线光源信息

光源	能量/eV	线宽/eV	说明
YM_ζ	132.3	0.47	能量很低，线宽很窄
ZrM_ζ	151.4	0.77	能量很低，线宽窄
NaK_α	1041.0	0.70	很难被设计出来
MgK_α	1253.6	0.70	需要 15keV 的能量，线宽窄，稳定
AlK_α	1486.6	0.85	需要 15keV 的能量，线宽窄，稳定
Z_1L_α	2042.4	1.7	线宽很宽
TiK_α	4510.0	2.0	需要 20keV 的能量，线宽很宽
CuK_α	8048.0	2.6	需要 30keV 的能量，线宽很宽

当一定能量的 X 射线照射到样品表面时，会和待测物质发生作用，使得待测物质原子中的电子脱离原子成为自由电子，这一过程可以通过式（5-25）表示：

$$E_k = h\nu - E_b - \Phi_{sp} \tag{5-25}$$

式中 $h\nu$——已知的 X 射线入射光子能量；

E_k——光电子的动能；

E_b——电子的结合能；

Φ_{sp}——逸出功。

对于固体样品，计算结合能的参考点不是选用真空中的静止电子，而是选用费米能级，内层电子跃迁至费米能级所消耗的能量为结合能 E_b，而由费米能级进入真空成为自由电子所需要的能量为逸出功 $\varPhi_{sp}$，剩余的能量即为光电子的动能 E_k。由于仪器材料的 $\varPhi_{sp}$ 是一个定值（4eV），入射 X 光子的能量 $h\nu$ 已知，通过检测光电子的动能 E_k，便可以得到样品电子的结合能 E_b。不同元素对应有唯一的结合能数值（binding energy，BE），可与 X 射线光电子标准谱图进行比对。因此，通过电子的结合能便可以了解样品中的元素组成。此外，根据元素所处的化学环境的不同，结合能会有微小的差别，这种由于元素化学环境的不同引起的结合能的差别称为化学位移。根据化学位移的大小可以判断该元素所处的状态。原子得到电子成为负离子后，其结合能会降低，而失去电子成为阳离子后，结合能会增加，因此，利用化学位移可以确定元素的化合价和存在的形式。

5.4.2.3　拉曼（Raman）光谱

拉曼光谱分析是基于印度科学家拉曼发现的拉曼散射效应而发展起来的一种快速无损、表征材料晶体结构、电子能带结构、声子能量色散和电子-声子耦合的重要分析技术。通过对入射光不同程度的散射光谱进行分析可以得到分子振动、转动方面的信息。一定波长的电磁波作用于分子，能够引起相应的能级跃迁，产生分子吸收光谱，电子能级跃迁伴有振动能级和转动能级的跃迁，引起振动能级跃迁的光谱称为振动光谱，振动能级跃迁的同时伴有转动能级的跃迁。

拉曼散射是分子对光子的一种非弹性散射效应。在透明介质的散射光谱中，一定频率的激发光照射到分子时，会产生与入射光频率 ν_0 相同的散射光，这种散射是分子对光子的一种弹性散射，没有能量交换，被称为瑞利散射。入射光子与分子发生非弹性散射，分子吸收频率为 ν_0 的光子，发射频率较小的 $\nu_0-\nu_1$ 光子，分子从低能态跃迁至高能态，产生斯托克斯线；分子吸收频率为 ν_0 的光子，发射频率较大的 $\nu_0+\nu_1$ 光子，分子从高能态跃迁至低能态，产生反斯托克斯线。分子能级的跃迁仅涉及转动能级且靠近瑞利散射线两侧的谱线称为小拉曼光谱，而涉及振动-转动能级又远离瑞利散射线两侧的谱线称为大拉曼光谱。瑞利散射线的强度只有入射光强度的 10^{-3}，而拉曼光谱的强度大约只有瑞利散射线强度的 10^{-3}。与分子红外光谱不同的是，极性分子和非极性分子均可以产生拉曼光谱。

拉曼光谱的波数覆盖范围很宽（$50\sim4000\mathrm{cm}^{-1}$），可以对有机物和无机物进行检测，并且不用改变光栅、光束分离器等部件。拉曼光谱可以提供快速、简单、可重复且对样品没有损伤的定性定量分析。样品可以直接通过光纤探头或者玻璃光纤、石英光纤进行测量，样品无须特殊准备，避免了样品制备过程中产生的误差，并且在分析过程中，具有操作简便、测定时间短和灵敏度高等优点。理论上讲，拉曼光谱与激发光的波长无关，但是有的样品在某种波长的激发光激发下会产生强烈荧光，对拉曼光谱产生干扰。这时，要更换激发光，以避开荧光的干扰。若样品在不同激发光激发下都不产生荧光，则使用哪一种激发光都是可以的。

5.4.3　电催化材料的电化学分析方法

电化学分析法是仪器分析的重要组成部分之一。电化学分析法根据溶液中物质的电化学性质及其变化规律，在电位、电导、电流和电量等电学物理量与被测物质某些量之间的计量关系的基础上，分析电极的电催化活性与电极结构及制备工艺之间的内在联系，从而为电催化电极的研究提供最为直观的基础数据。电化学测试常用的方法有循环伏安法、塔费尔曲线和电化学阻抗谱法。

5.4.3.1　循环伏安法（CV）

循环伏安法是一种最常用的电化学研究方法。该方法通过控制施加在工作电极上的电脉冲电压，以不同的速率随时间以三角波形扫描，如果前半部分的电位向阴极方向扫，电活性物质在电极上还原，产生还原波，在后半部分电位向阳极方向扫描时，还原产物又会重新在阳极上氧化，产生氧化波。为了获得比较准确的测试结果，循环伏安曲线的测量通常采用三电极体系（工作电极、对电极和参比电极）。每完成一个三角波扫描，就完成了一个还原和氧化过程的循环，因此该方法被称为循环伏安法。对于一个可逆的电化学体系，氧化峰电流与还原峰电流的比值为1，在室温下氧化峰和还原峰的电位差 $\Delta E = E_p^a - E_p^c = 59.2/n$，其中，$n$ 为电极反应中转移电子数（图 5-7）。如果电活性物质的可逆性差，则氧化峰和还原峰的高度就不同，对称性也较差。因此，对于准可逆和不可逆体系，ΔE 会比较大，而且有可能会出现一个或多个氧化还原峰，因为在不可逆体系中，根据外加电位的不同，会发生多次电子转移。峰高是测量在氧化还原波转折点处的切线（图 5-7 中的虚线）与其对应的最高点的距离，该方法被称为半峰法或切线法。实际上，可逆的氧化还原电对具有极化过电位，因此，在氧化峰和还原峰之间存在迟滞现象，这种现象主要体现了电极和反应物之间电子转移的内部活化阻力和反应物的扩散速率。

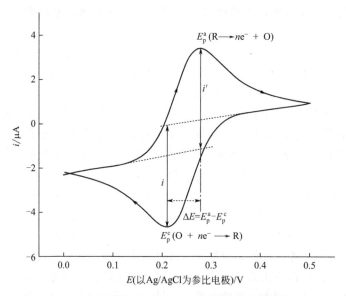

图 5-7　可逆氧化还原电对的典型循环伏安曲线

5.4.3.2　塔费尔曲线（Tafel curve）

当化学电源和电解池的电极上有电流流过时，电极上进行的电化学过程是不可逆的，电极电势表现为偏离平衡电极电势，这种现象在电化学中称为极化。根据极化产生的不同原因，可将其分为三类：浓差极化、电化学极化和电阻极化。当反应物比较充足，电流足够小且电阻和浓差过电势可以忽略不计时，电荷转移的动力学过程可以通过 Butler-Volmer 方程（B-V 方程）[式(5-26)] 进行描述。

$$I = Ai_0 \left[e^{-\frac{anF\eta}{RT}} - e^{\frac{(1-a)nF\eta}{RT}} \right] \tag{5-26}$$

式中　I——电流；

　　　A——电极活化表面积；

　　　i_0——交换电流密度；

α——电荷转移障碍（传递系数）；

n——电极反应过程中转移的电子数；

F——法拉第常数；

η——电荷转移过电势。

常见的电极反应都会由一个或多个基元反应组成，并且每一步基元反应都有各自的反应过电势。在电极反应平衡状态，交换电流密度 i_0 是体现电氧化和电还原速率的基本参数。一个比较大的 i_0 说明其具有较快的反应速率（比如在 Pt 电极氢的氧化反应接近可逆时），而一个小的 i_0 说明反应进行得比较慢（比如氧还原的不可逆电极反应）。

B-V 方程反映了电流和电势的关系。值得关注的是，净电流既与操作电位有关，也与每种形式氧化还原电对的界面浓度有关。较大的负电位可以促进在阴极方向电荷的移动，也会抑制电荷向相反方向移动，这样阳极电流就可以被忽略，净电流就会和阴极电流合并［图 5-8(a)］，然而，对于阴极电流和阳极电流的促进和抑制并不是对称进行的。因此，当过电势足够大 ［$\eta > (118/n)$ mV，$\alpha = 0.5$，n 为电极转移电子数，25℃］ 时，B-V 方程中的一个指数部分相对于另一部分就可以忽略不计，两边取自然对数，B-V 方程便简化为塔费尔 (Tafel) 方程 ［式 (5-27)］。

$$\eta = a - b\lg i_0 \qquad\qquad (5\text{-}27)$$

式中　i_0——电流密度；

　　　a——常数；

　　　b——塔费尔曲线斜率，$b = 2.303RT/(\alpha nF)$。

塔费尔曲线斜率是探究电极反应非常重要的参数。只有在高的过电势区域内，塔费尔曲线才呈线性关系；当过电势接近 0 时，曲线就会急剧地偏离线性关系。将线性部分外推至过电势为 0，与纵坐标的截距即为 $\lg i_0$，通过直线部分的斜率可以计算传递系数的值 ［图 5-8(b)］。

通过塔费尔曲线线性部分的斜率和截距可以得到交换电流和交换电流密度，然而实验过

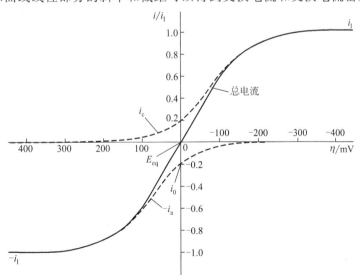

(a) 氧化还原过程的电流-过电势曲线

$\alpha = 0.5$，298 K，虚线为阴极电流 (i_c) 和阳极电流 (i_a)

图 5-8

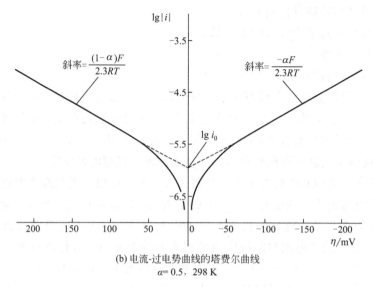

(b) 电流-过电势曲线的塔费尔曲线
$\alpha = 0.5$，298 K

图 5-8　B-V 方程反映的电流和过电势的关系

程中应尽量减小电荷转移过电势并增加交换电流密度。比如，提高电极的催化特性，可以降低反应活化能，有利于提高电极的性能；电极修饰可以改变电极表面组分，有利于促进电极反应过程，如直接电子转移或产生一些对某一特定过程具有选择性的物质；增大电极材料的比表面积可以使电极具备更多的活化反应位点，从而使几何电流密度增加。

5.4.3.3　电化学阻抗谱（EIS）法

电化学阻抗谱法是一种以小振幅正弦波电位（或电流）为扰动信号的电化学测量方法。由于是以小振幅的电信号对体系进行扰动，一方面可避免对体系产生大的影响，另一方面也使得扰动与体系的响应之间近似呈线性关系，这使得测量结果的数据处理变得简单。同时，电化学阻抗谱法又是一种频率域的测量方法，可以利用测量得到的频率范围很宽的阻抗谱研究电极系统，因而能比其他常规的电化学方法得到更多关于电极界面反应动力学的信息。

用角频率为 ω、振幅足够小的正弦波电流信号对稳定的电极系统进行扰动时，相应的电极电位就会做出角频率为 ω 的正弦波响应，从被测电极与参比电极之间输出一个角频率为 ω 的电压信号，此时电极系统的频响函数就是电化学阻抗。在一系列不同角频率下测得的一组频响函数就是电极系统的电化学阻抗谱。根据测量得到的电化学阻抗谱，可以模拟其等效电路或数学模型，再与其他电化学方法结合，可以推测电极系统中包含的动力学过程。电化学阻抗谱的测量过程要求在稳态条件下进行：在很宽的时间或频率（$10^4 \sim 10^{-6}$ s 或 $10^{-4} \sim 10^6$ Hz）范围内进行测量；通过线性电流-电势特性，可以从理论上很好地处理这些响应；在较长时间周期里获得的平均响应信号和无限的稳定性使得实验有很高的测量精度。

在 EIS 测试中（比如微生物燃料电池），单独研究阳极电极或阴极电极时常常采用三电极体系，微生物燃料电池阳极（或阴极）作为工作电极，阴极（或阳极）作为对电极，参比电极（比如 Ag/AgCl）则放置于阳极室（或阴极室）中。对于阻抗谱图有两种展现形式：奈奎斯特图 [Nyquist 图，图 5-9（a）] 和伯德图 [Bode 图，图 5-9（b）]。对于 Nyquist 图，横坐标为实轴，纵坐标为虚轴，构成一个半圆形的图像，图像上的每一点代表在一定频率下的阻抗值。在高频限制区的阻抗为欧姆阻抗 R_s，半圆图像的直径为极化阻抗（或者为传质阻力）R_p，后者主要受电极反应动力学的影响。Nyquist 图的不足之处在于不能够同时显示交流信号的频率和相位角的值。Bode 图则提供了阻抗、频率和相位角的相关信息。在低频和高频的数据可以很清晰地分辨 $R_p + R_s$ 和 R_s，因此，低频区和高频区数据的不同就是 R_p。如果一个相位角为 $-90°$ 且阻抗的斜率为 -1，那就表明这是一个纯的电容器。对于电催化过程中的电极，电阻和电容可能同时存在，因此，相位角的值通常在 $-90° \sim 0°$ 之间。

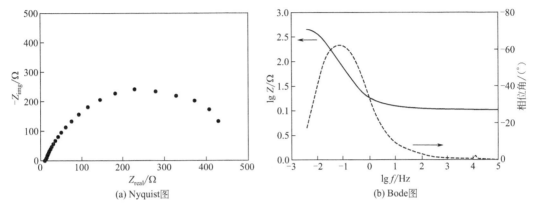

(a) Nyquist图　　　　　　　　(b) Bode图

图 5-9　典型的 EIS 谱图

通过合适的等效电路拟合 EIS 谱图阻抗数据，可以得到更加精确的结果。等效电路由常见的电器元件组成，如电阻、电容和电感等。图 5-10 为常见的 EIS 等效电路图，其中 R_s 代表溶液电阻（欧姆阻抗），R_a 和 R_c 分别为阳极和阴极的电极极化电阻，CPE 作为常相位角元件，可以代替由于非均一条件（电极的粗糙度、涂层和反应速率的分布等）产生的电容。R_a

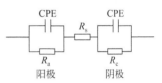

图 5-10　EIS 等效电路图

和电容 C（或 CPE）并联就代表了阳极电极，R_s、R_a 和 R_c 的和就代表了电池总的内阻。有时会将瓦尔堡元件与 R_a 或 R_c 简单表示溶液的扩散。然而，对于一个 EIS 谱图，等效电路并不是唯一的，因此，通过等效电路拟合数据时要遵循电极反应的基本原理。

5.4.4　电催化降解污染物的分析方法

电化学催化氧化法具有处理效率高、操作简单和环境友好等优点，是一种具有良好发展前景的、可处理难降解有机废水的技术。评估电催化降解污染物性能的主要方法包括紫外-可见分光光度法（UV-vis）、高效液相色谱法（HPLC）、电子顺磁共振法（EPR）和荧光光谱法（FS）。

5.4.4.1　紫外-可见分光光度法（UV-vis）

紫外-可见分光光度法是根据物质分子对紫外或可见光区（$200 \sim 800nm$）电磁辐射的吸收特征或吸收程度建立的分析方法，被广泛应用于无机物和有机物的定性和定量分析。无机化合物的吸收光谱主要由电荷转移跃迁和配位场跃迁产生。有机化合物的吸收光谱主要由价电子跃迁及电荷转移跃迁产生。

基态有机化合物的价电子包括成键 σ 电子、成键 π 电子和非成键 n 电子，分子空轨道则包括反键 σ^* 轨道和反键 π^* 轨道。因此，有机物可能存在的电子跃迁包括 $\sigma \rightarrow \sigma^*$、$\pi \rightarrow \pi^*$、

$n \rightarrow \sigma^*$、$n \rightarrow \pi^*$ 等。分子中的某一基团能在一定的波长范围内发生吸收而出现吸收带，这一基团称为生色团又称发色团。典型的生色团有羰基、羧基、烯、偶氮基、硝基以及亚硝基等，表 5-4 为常见生色团的吸收光谱。这些生色团的结构特征是都含有 π 电子。在吸收曲线上，最大吸收峰对应的是最大吸收波长（λ_{max}），最大吸收波长为不同化合物的特征波长。吸收曲线的形状是物质定性的主要依据，在定量分析中可提供测定波长，一般以灵敏度较大的 λ_{max} 为测定波长。

表 5-4　常见生色团的吸收光谱

生色团	溶剂	λ_{max}/nm	摩尔吸光系数 ε	跃迁类型
烯	正庚烷	177	13000	$\pi \rightarrow \pi^*$
炔	正庚烷	178	10000	$\pi \rightarrow \pi^*$
羧基	乙醇	204	41	$n \rightarrow \pi^*$
酰氨基	水	214	60	$n \rightarrow \pi^*$
羰基	正己烷	186	1000	$n \rightarrow \pi^*$, $n \rightarrow \sigma^*$
偶氮基	乙醇	339, 665	150000	$n \rightarrow \pi^*$
硝基	异辛酯	280	22	$n \rightarrow \pi^*$
亚硝基	乙醚	300, 665	100	$n \rightarrow \pi^*$
硝酸酯	二氧杂环乙烷	270	12	$n \rightarrow \pi^*$

一些含有 n 电子的基团（如—OH、—OR、—NH$_2$、—NHR、—X 等），它们本身没有生色功能（不能吸收 $\lambda > 200nm$ 的光），但当它们与生色团相连时，就会发生 n-π 共轭作用，增强生色团的生色能力（吸收波长向长波方向移动，且吸收强度增加），这样的基团称为助色团。由于取代基的作用或溶剂效应，生色团的吸收峰向长波方向移动的现象称为红移，生色团的吸收峰向短波方向移动的现象称为蓝移。

紫外-可见分光光度法主要优点包括：具有较高的灵敏度，适用于微量组分的测定；通常所测试液的浓度下限达 $10^{-5} \sim 10^{-6} mol/L$；分光光度法测定的相对误差为 $2\% \sim 5\%$；测定迅速，仪器操作简单，价格便宜，应用广泛；几乎所有无机物和许多有机物的微量成分都能用此法进行测定。

5.4.4.2　高效液相色谱法（HPLC）

高效液相色谱法又称为高压液相色谱法。高效液相色谱仪的系统由储液器、高压输液泵、进样器、色谱柱、检测器和数据系统等几部分组成。由于样品溶液中的各组分在两相中具有不同的分配系数，在两相中做相对运动时，经过反复多次的吸附-解吸的分配过程，各组分在移动速度上产生较大的差别，被分离成单个组分依次从柱内流出，通过检测器时，样品浓度被转换成电信号传送到数据系统，数据以图谱形式呈现出来。以液体为流动相，采用高压输液系统，具有不同极性的溶剂、缓冲液等流动相通过高压泵进入装有固定相的色谱柱，在柱内各成分被分离后，进入检测器进行检测，从而实现对试样的分析。该方法适用于气相色谱难以分析的物质，比如挥发性差、极性强、具有生物活性和热稳定性差的物质，该方法与气相色谱法互补，已成为化学、医学、工业和农学等学科领域中重要的分离分析技术。表 5-5 列举了高效液相色谱法的类型和主要分离机理。

表 5-5　高效液相色谱法的类型和主要分离机理

类型	主要分离机理	主要分析对象或应用领域
吸附色谱法	吸附能、氢键	异构体的分离、族分离与制备
分配色谱法	疏水分配色谱	各种有机化合物的分离、分析与制备
凝胶色谱法	溶质分子大小	高分子分离,分子量及其分布的测定
离子交换色谱法	库仑力	无机离子、有机离子的分析
离子排阻色谱法	Donnan 平衡	有机酸、氨基酸、醇、醛的分析
离子对色谱法	疏水分配作用	离子性物质分析
疏水作用色谱法	疏水分配作用	蛋白质分离与纯化
手性色谱法	立体效应	手性异构体分离,药物纯化
亲和色谱法	生化特异亲和力	蛋白、酶、抗体分离,生物和医药分析

5.4.4.3　电子顺磁共振法（EPR）

电催化氧化是高级氧化技术的一种，其特点就是可以产生具有强氧化性的羟基自由基（·OH），电子顺磁共振法和荧光光谱法就是常用的自由基检测方法。电子顺磁共振是直接检测和研究含有未成对电子顺磁性物质的一种波谱学技术，可用于定性和定量检测物质原子或分子中所含有的未成对电子，并探索其周围环境的结构特性。

在分子中，电子的运动除了绕原子核的轨道运动外，还有自旋运动。根据泡利不相容原理，一个分子轨道中最多只能容纳两个自旋相反的电子，电子首先占据能量较低的轨道，能量相同的轨道有多个时，电子将优先占据不同轨道且自旋方向相同。由于电子也具有一定的质量和电荷，其在轨道运动过程中会产生一定的角动量和轨道磁矩，而其自旋运动会产生自旋角动量和自旋磁矩。当分子轨道中的电子均完全充满，它们的自旋磁矩就会完全抵消，导致分子没有顺磁性，电子顺磁共振不能够检测这种物质。若分子轨道中至少含有一个未成对电子，其自旋就会产生自旋磁矩，EPR 研究的对象主要就是这类物质。未成对电子的自旋运动在无外加磁场作用时，其自旋磁矩的取向是无规则的，但在外加磁场作用下，自旋磁矩将平行或反平行磁场方向排列。若在垂直于外加磁场 H 的方向上，加上频率为 ν 的电磁波，恰能满足 $h\nu = g\beta H$ 这一条件时，则处在低能级的电子将吸收电磁波的能量而跃迁到高能级，这便是电子顺磁共振现象。在上述产生电子顺磁共振的基本条件中，h 为普朗克常数，g 为波谱分裂因子（简称 g 因子或 g 值），β 为电子磁矩的自然单位，β 称玻尔磁子。

EPR 利用含有未成对电子的物质在磁场作用下吸收电磁波能量使电子发生能级间跃迁的特征，完成对顺磁性物质的检测与分析。其主要研究对象有：a. 自由基。分子中具有一个未成对电子的化合物。b. 双基或多基。一个分子中含有两个或两个以上的未成对电子的化合物。c. 三重态分子。轨道中也有两个单电子，但它们相距较近，彼此间有很强的磁相互作用，与双基不同。d. 过渡金属离子和稀土离子。它们的 3d、4d、5d 和 4f 轨道上含有未成对电子以及一些内部缺陷形成 F 心和 V 心的晶体❶。

---

❶ 色心是一种非化学计量比引起的空位缺陷。F 心是离子晶体中的一个负离子空位束缚一个电子构成的点缺陷；与 F 心相对的色心是 V 心，为了保持电中性，在晶体中出现了正离子空位，形成负电中心，这种负电中心可以束缚一个带正电的空穴，所组成的体系称为 V 心。

5.4.4.4 荧光光谱法（FS）

物体经过较短波长的光照后，会缓慢发射出较长波长的光，发射的这种光称为荧光。将荧光能量与波长作图便可以得到荧光光谱。荧光光谱辐射峰的波长与强度包含许多有关样品物质分子结构与电子状态的信息，这种利用物质的荧光光谱进行定性、定量分析的方法称为荧光光谱法。荧光光谱包括激发光谱和发射光谱两种。激发光谱是指固定荧光发射波长和狭缝宽度扫描，得到荧光激发波长和相应荧光强度关系的曲线。发射光谱是指固定荧光激发波长和狭缝宽度扫描，得到荧光发射波长和相应荧光强度关系的曲线。由于在测定过程中仪器及其构件等因素的影响，同一物质的荧光激发光谱和荧光发射光谱均有不同程度的差别。

在荧光物质浓度较小的情况下，产生的荧光强度与溶液中该物质的浓度成正比。当浓度增大到一定程度，荧光强度常随浓度的增加而下降。因此，荧光光谱法适用于微量和痕量组分的测定，而不适用于常量和大量组分的分析。运用分析的首要条件就是物质分子必须具有能够产生荧光的生色团，然后还应该具有一定的荧光效率和适宜的环境。分子中能够发射荧光的基团称为荧光团。通过测定被分析物（具有荧光）的荧光强度来确定其浓度的方法为直接测量法，这种方法的使用具有很大的局限性。若分子中没有荧光团，则可以通过化学反应使无荧光的物质转变为适合测定的荧光物质，该方法为间接测定法，应用更为广泛。

荧光通常会发生在具有共轭双键的分子体系中，且体系中 π 电子共轭程度越大，电子就越容易被激发，相应地，荧光就越容易产生，因此，绝大多数能产生荧光的物质都含有芳香环或杂环。π 电子共轭程度的结构改变，可以提高荧光效率或使荧光波长向长波方向移动，具有强烈荧光的有机分子基本上都具有刚性的平面结构。若有机分子具有共轭双键的非刚性链，而使分子处于非平面构型，则这样的有机分子往往不会产生荧光。另外，在芳香化合物上的取代基的位置和类型，对有机化合物的荧光强度和荧光光谱都有很大的影响。此外，溶剂、温度和 pH 值等分子所处的环境都会影响分子的结构和立体构型，也会影响分子的荧光强度。

在自由基的检测中，·OH 可以与捕获剂反应生成具有荧光特性的产物，从而可以用荧光光谱法间接检测·OH 的形成，因此，捕获剂中含有的成分及其与·OH 的反应特性是准确检测·OH 含量的关键。常用的捕获剂包括苯甲酸、对苯二甲酸和水杨酸等。比如，采用对苯二甲酸作为·OH 的捕获剂，可以得到荧光特性强烈的羟基化产物，且生成的产物单一，便于分析·OH 生成的情况，也可以用于比较不同电极生成·OH 的能力。

复习思考题

1. 论述催化剂的种类及性能指标。
2. 论述电催化的工作原理。
3. 如何选择催化剂的载体？
4. 论述电催化氧化的优缺点。
5. 论述电催化性能的影响因素。
6. 论述电催化电极的结构和组成。
7. 简单论述化学修饰电极的制备方法。
8. 采用浸渍法制备涂层钛电极时，热处理的意义是什么？

第6章 光催化材料

光催化技术兴起于 20 世纪 70 年代，是一种在环境和能源领域均具有重要应用前景的绿色技术。它是通过利用光催化材料将光能转化为电能来实现有机污染物的去除或能量的转换。经过半个世纪的发展，光催化形成了两大主要的分支，分别是环境光催化和太阳能转化光催化。

光催化技术的核心是光催化剂，二氧化钛（TiO_2）是最为典型的光催化剂，因其具有独特的光稳定性与光催化活性，同时还具有耐化学腐蚀、价格低廉等优点，目前在光降解制氢、降解有机污染物、废气净化和抗菌除臭等方面已开展了大量研究。但 TiO_2 也存在一些缺点，比如它较高的光生电子和空穴复合率会导致较低的光量子效率，而且 TiO_2 禁带较宽，只能够利用紫外光进行激发，对可见光和太阳能的利用效率较低。所以，为了解决 TiO_2 光催化剂存在的诸多应用问题，一些新型的光催化材料不断被开发出来，从某种程度上推动了光催化技术的发展。

基于光催化技术在环境保护方面的突出优点，本章首先对光催化材料进行简单概述，包括光催化的工作原理、光催化材料的分类和影响光催化性能的影响因素，在此基础上综合介绍了光催化材料的制备和改性方法，接着概述了光催化材料在降解气态污染物、降解废水污染物、废水深度处理等方面的应用，最后对光催化材料的发展进行了展望。

6.1 光催化材料概述

6.1.1 光催化材料发展简介

根据光催化半导体材料的研究历程，可以将其发展历程分为三个阶段。

第一阶段是 20 世纪 70 年代之前，这一时期主要是光催化现象的发现及初步研究。早在 20 世纪初期，人们就发现主要成分为 TiO_2 的钛白粉在光照的条件下可使有机染料褪色，使有机高分子黏合剂发生光致分解。后来人们发现在 TiO_2 表面涂上惰性氧化层，如氧化铝、氧化锆和氧化硅等，可以很大程度上减缓颜料的光致褪色和粉化。随着研究不断深入，人们发现 TiO_2 还具有稳定性好、无毒、光催化活性高等优点，因此，TiO_2 逐渐被认为是一种理想的催化剂。

第二阶段是 20 世纪 70 年代至 90 年代末期，由于纳米技术的兴起，人们开始制备各种新型纳米半导体光催化剂，深入研究纳米 TiO_2 半导体材料去除环境污染物的效果。1972 年，藤岛等首次发现 N 型半导体 TiO_2 电极在紫外光的照射下可以分解水，这种在常温下光分解水制氢的方法引起了很大的轰动。1976 年，John H. Carey 等研究了多氯联苯的光催化氧化，这是光催化材料去除环境污染物的首次研究，开创了光催化材料在环境领域应用的先河。1983 年，Pruden 等发现卤代有机物如三氯乙烯和二氯甲烷等在 TiO_2 体系中具有光致矿化作用。TiO_2 体系这些独特的功能为环境污染治理提供了新的方法。因此，TiO_2 半导体材料的研究迅速成为半导体光催化研究领域中最为活跃的部分，也给半导体材料的应用注入了新的活力。

第三阶段始于 20 世纪 90 年代末，此时光催化研究已经相当活跃。第三阶段的研究主要集中于突破 TiO_2 仅能在紫外光范围起作用的瓶颈，主要研究内容包括两方面，一方面是通过掺杂、表面修饰等改性方法研制宽谱响应的第二代 TiO_2 光催化剂，另一方面的研究主要集中于设计高效宽谱响应的新型半导体光催化剂上。与此同时，半导体光催化技术也越来越多地应用在环境治理方面，因为其不仅能够去除水体和空气中的烷烃、简单芳香化合物等有机污染物，而且可以将部分有毒无机污染物转化为无毒的物质。

光催化已经发展成一门新兴的前沿学科，随着对光催化作用机理的深入认识，人们开发了更多种类的光催化材料，使得光催化技术的应用领域不断拓宽，并展现出了巨大的社会和经济潜力。

6.1.2 光催化的工作原理

能带理论是一种经典的描述金属、绝缘体和半导体等晶体中电子状态及运动规律的学说，因此，本节也采用能带理论对光催化的工作原理进行解释。在能带理论中，能带结构通常由低能价带（VB）、高能导带（CB）和它们之间的禁带构成，价带顶和导带底之间的带隙能量差被定义为禁带宽度（带隙）。不同于金属或者绝缘物质，半导体材料具有不连续的能带结构，禁带宽度一般位于二者之间（$0.2 \sim 3eV$）。当光能等于或者超过半导体材料的带隙能量时，电子从价带跃迁到导带，从而形成光生电子（e^-）和空穴（h^+）。吸附在纳米光催化剂颗粒表面的溶解氧与光生电子结合，形成化学性质极为活泼的超氧阴离子自由基（$\cdot O_2^-$）；空穴与 H_2O 或者 OH^- 等结合形成化学性质极为活泼的羟基自由基（$\cdot OH$）。超氧阴离子自由基及羟基自由基都具有强氧化性，能将绝大多数有机物直接氧化为 CO_2、H_2O 和其他小分子有机物。此外，空穴本身也可夺取吸附在半导体表面的有机物中的电子，使原本不吸收光的物质被直接氧化分解，整个过程可以用下列各式表示。

$$光催化剂 + H_2O \longrightarrow e^- + h^+ \tag{6-1}$$

$$h^+ + H_2O \longrightarrow \cdot OH \tag{6-2}$$

$$h^+ + OH^- \longrightarrow \cdot OH \tag{6-3}$$

$$O_2 + e^- \longrightarrow \cdot O_2^-, \cdot O_2^- + H^+ \longrightarrow H_2O \cdot \tag{6-4}$$

$$2H_2O \cdot \longrightarrow H_2 + H_2O_2 \tag{6-5}$$

$$H_2O_2 + O_2 \longrightarrow \cdot OH + OH^- + O_2 \tag{6-6}$$

$$h^+ + e^- \longrightarrow 热量 \tag{6-7}$$

随着研究的深入，人们发现在整个反应过程中光生电子（e^-）和空穴（h^+）会在催化剂内部和表面进行迁移、转化、捕获、复合等过程。图 6-1 显示了几种更为典型的反应历程。

反应途径 A 和 B：光生电子（e^-）和空穴（h^+）迁移到半导体催化剂表面（途径 A）或者迁移到半导体催化剂内部（途径 B）并且发生再复合，放出化学热或者产生荧光。

反应途径 C：光生电子迁移到半导体催化剂的表面上，可以被催化剂表面的电子受体捕获，这些被捕获的电子与电子受体之间发生还原反应。

反应途径 D：光生空穴迁移到半导体催化剂的表面之后，可以被吸附在催化剂粒子表面的电子供体所捕获，被捕获的空穴与吸附的电子供体之间发生氧化反应。

其中，反应途径 C 和 D 是光生电子和空穴向催化剂表面迁移的过程，是决定下一步光催化反应能否进行的关键步骤。因此，光生载流子（半导体中的载流子有两种，即带负电的自由电子和带正电的自由空穴）的再复合（反应途径 A 和 B）和迁移（反应途径 C 和 D）在半导体催化剂内部互相竞争，导致可以参与光催化反应的光生电子数量减少，在很大程度上限制了半导体光催化剂的光利用效率。

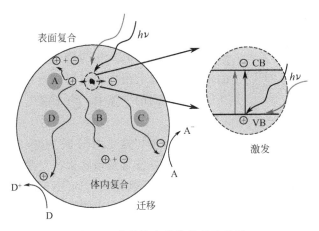

图 6-1　半导体光催化机理示意图

6.1.3　光催化材料的分类

6.1.3.1　金属氧化物

在现有光催化材料中，金属氧化物材料占了绝大多数，主要包括钛、铋、铟、铊及镍等的金属氧化物。本小节对前两种氧化物进行简单概述。

（1）钛系氧化物

自从发现 TiO_2 具有光催化活性以来，钛系氧化物逐渐受到关注，目前研究的钛系氧化物主要包括 TiO_2、隧道结构钛酸盐、钙钛矿复合氧化物和层状钛酸盐等。

① 隧道结构钛酸盐。钛酸碱金属盐、钛酸钡等是典型的含钛离子隧道结构的光催化剂。Ogura S. 等制得了 $M_2Ti_6O_{13}$（M＝Na、K、Rb），发现其具有矩形棱柱隧道结构，$BiTi_4O_9$ 则具有五边形棱柱隧道结构，它们在负载 RuO_2 或 Pt 的情况下均能有效地光催化分解水产生 H_2 和 O_2。其光催化分解原理为：在 $M_2Ti_6O_{13}$（M＝Na、K、Rb）的矩形棱柱结构中，［TiO_6］通过钛离子偏离 6 个氧原子中心产生三种变形的八面体，而在 $BiTi_4O_9$ 五边形棱柱结构中，

[TiO₆] 通过钛离子偏离 6 个氧原子中心产生两种变形的八面体，两者严重变形产生的偶极矩可促进光生电子和空穴的分离，对提高水分解速率起到关键作用；此外，RuO_2 和 [TiO₆] 八面体之间的相互作用促进了光生电子和空穴的形成和分离，最终提高了催化剂的反应活性。

② 钙钛矿复合氧化物。钙钛矿复合氧化物一般包括钙钛矿型无机钛酸盐（用 ABO_3 表示）及稀土钙钛矿光催化剂。前者研究较多，包括钛酸铅（$PbTiO_3$）和钛酸碱土金属盐类。钙钛矿复合氧化物的优势在于当其他金属离子部分取代 A 位或 B 位离子后，可以形成阴离子缺陷、阳离子缺陷或不同价态的 B 离子，使其光催化性能得到改善，而晶体结构却不会发生根本改变。

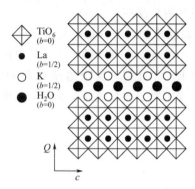

图 6-2　$K_2La_2Ti_3O_{10}$ 结构示意图

③ 层状钛酸盐。层状化合物具有纳米量级的二维层板，层内多为共价键结合，层间为范德瓦耳斯力或弱化学键等作用。层状钛氧化物一般以 [TiO₆] 八面体为主要结构单元，再复合其他物质。其突出优势是可以对其进行层间修饰，利用层间作为合适的反应点，使光生电子（e^-）和空穴（h^+）有效分离，抑制逆反应的发生，从而提高光催化反应效率。$K_2La_2Ti_3O_{10}$ 和 $K_2Ti_4O_9$ 是层状氧化物光催化剂中比较具有代表性的两种。以 $K_2La_2Ti_3O_{10}$ 为例（图 6-2），其禁带宽度为 $3.4 \sim 3.5eV$，[TiO₆] 八面体通过顶点共用构成三层相连的类钙钛矿层，K^+ 填充在层与层之间的空隙中，为光催化反应提供位点。

(2) 铋系氧化物

铋系氧化物光催化剂具有良好的光催化性能，这是由于 Bi 的 6s 轨道和 O 的 2p 轨道杂化，提高了价带的位置，从而减小了禁带宽度，使得铋系氧化物光催化剂在可见光范围内具有明显的吸收。目前已报道的铋系氧化物包括卤氧化铋 [BiOX（X＝Cl，Br，I）]、氧化铋等。虽然含铋氧化物因其自身的轨道杂化方式而有了突出的光催化性能，但也存在结构不稳定、易发生光腐蚀、重复性较差等问题，尚待深入系统地研究。

6.1.3.2　氮（氧）化物

半导体氧化物的导带能级主要由过渡金属离子空的 d 轨道构成，而价带能级主要由非金属离子 O 的 2p 轨道构成，与 O 的 2p 轨道相比，N 的 p 轨道具有较高的能级。当利用 N 原子部分取代或者全部取代半导体氧化物中的 O 原子时，可以提高其价带位置，缩小禁带宽度，促进对可见光的吸收。

目前，用作光催化剂的氮化物及氮氧化物主要包括 TaON、Ta_3N_5、$LaTiO_2N$、$MTaO_2N$（M＝Ca，Sr，Ba）等。图 6-3 为通过电化学分析和紫外光电子能谱（UPS）检测所得 TaON、Ta_3N_5 等的键位。虽然氮化物、氮氧化物系列的光催化材料一般具有合适的导带和价带位置，能够吸收可见光，有较强的光解水制氢产氧等能力，但由于其能带位置的不同，很多光催化剂无法实现完全分解水，或者能带结构适宜但无法克服光解水的过程中光生电子（e^-）和空穴（h^+）大量复合的问题。

6.1.3.3　金属硫化物

研究发现，硫化物光催化剂的导带由 d 和 sp 轨道组成，而价带由 S 的 3p 轨道组成，比 O 的 2p 轨道更负，从而使导带电位足以还原 H_2O 和 CO_2。很多硫化物（如 CdS、PbS、

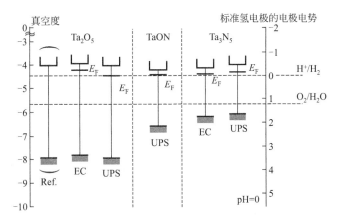

图 6-3　通过电化学分析和 UPS 检测所得 TaON、Ta_3N_5 等的键位

Ref.—参比；EC—导带；UPS—紫外光电子能谱；E_F—费米能级

Bi_2S_3、MoS_2）具有较窄的带隙，能在可见光甚至红外光范围响应，从而受到广泛关注。金属硫化物根据其组分可分为二元金属硫化物（ZnS、CdS 等）和多元金属硫化物（如 $ZnIn_2S_4$、$CdIn_2S_4$ 等）。

虽然金属硫化物性能优异，但易发生光腐蚀，即在光照和水溶液分散条件下晶格中的 S^{2-} 容易被氧化为单质硫或硫酸盐，从而在一定程度上限制了其进一步的应用。

6.1.3.4　共轭聚合物

共轭聚合物是一类不饱和聚合物，其主链上所有的原子均为 sp 或 sp^2 杂化，多个平行的 p 轨道共同构成了一个大 π 键。在共轭聚合物中，类石墨相氮化碳（$g\text{-}C_3N_4$）是一种在可见光下具有良好光响应性的共轭材料，其结构如图 6-4 所示。$g\text{-}C_3N_4$ 的导带由 C 的 2p 轨道构成，价带由 N 的 2p 轨道构成。其能带结构与水解制氢产氧的电势相匹配，在牺牲剂和助催化剂的作用下，$g\text{-}C_3N_4$ 可有效地光催化分解水制氢产氧。除了 $g\text{-}C_3N_4$ 体系外，一维聚合物、二维石墨烯基材料、多孔有机骨架材料等也是具有一定光催化产氢或降解有机污染物能力的碳基半导体材料。其中，一维聚合物多为芳香化合物。一维聚合物的链与链之间重叠较少，相互作用弱，不利于载流子在链间进行传输，从而限制了其光催化性能。二维石墨烯基材料的层与层之间存在大面积 π 电子重叠，相互作用强，有利于载流子的传输。应该注意的是，石墨烯复合光催化材料中，其他半导体起光催化活性中心的作用，而石墨烯主要起促进光生载流子分离的作用。多孔有机骨架材料具有共轭结构易调节、比表面积大等优点。

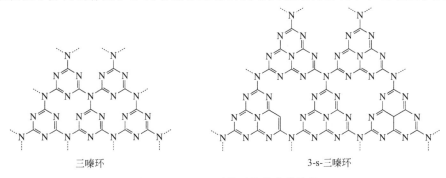

三嗪环　　　　　　　　　　　3-s-三嗪环

图 6-4　$g\text{-}C_3N_4$ 两种可能的化学结构

在光催化反应中，这类材料目前只应用于光催化活化分子氧生成$^1O_2$，应用于多相光催化的研究较少。目前，在制备 g-C_3N_4 型光催化材料的过程中还存在合成温度高、生成副产物多等问题，仍需进一步改进。

6.1.3.5 表面等离子体

表面等离子体光催化材料是具有表面等离子体共振效应的贵金属复合半导体所形成的一类材料，可大致分为如下三类。

（1）基于银纳米颗粒的表面等离子体光催化材料

银纳米颗粒在紫外光区有较强的吸收，可通过控制银纳米颗粒的形貌和所处环境使其吸收光谱发生红移，进而增强对光的吸收。在基于银纳米颗粒的表面等离子体光催化材料中，卤化银是一种普遍使用的感光材料。银纳米颗粒的表面等离子体共振效应有效促进了卤化银对可见光的响应，使其在整个可见光区都有很强的吸收，大大提高了太阳光的利用效率。

（2）基于金纳米颗粒的表面等离子体光催化材料

金纳米颗粒表面等离子体共振能够吸收波长为 520nm 的绿光，具有较好的稳定性，不易被氧化。研究者制备出了 Au/TiO_2 薄膜，在 600nm 波长光照下，发现负载 Au 的材料光电流强度比一般 TiO_2 薄膜高出 3 个数量级，而 TiO_2 在 600nm 的入射光下难以激发产生光生电子（e^-）和空穴（h^+），由此证明金纳米颗粒的表面等离子体共振效应可有效增强光电流。

（3）基于铂纳米颗粒的表面等离子体光催化材料

铂纳米颗粒的表面等离子体共振难以被激发，因此在制备的铂复合半导体材料中，铂与半导体接触并未表现出表面等离子体共振效应。这类材料的优势主要体现在铂纳米颗粒与半导体紧密接触，降低了催化材料与降解污染物之间的接触势垒，从而促进了体系中光生电子（e^-）和空穴（h^+）的分离。

目前，关于表面等离子体光催化的机理已开展了一些研究，但并没有很好地解释贵金属、载体、贵金属/载体界面和光催化反应之间的联系。此外，在热场、光场和光热协同作用下催化反应的异同及其与催化活性的联系等尚不明确，仍待进一步研究。

6.1.4 光催化性能的影响因素

影响光催化材料光电性能的因素很多，大致可以分为外场因素、材料结构特征和环境因素三类。其中，外场因素包括外加电场、微波场、超声波场及磁场等，材料结构特征包括半导体本征带位置、掺杂、敏化及微观结构等，环境因素则包括光强、溶液 pH 值、溶解氧及有机物浓度等。

6.1.4.1 外场因素对光催化材料性能的影响

（1）外加电场

电场辅助光催化原理是，当光激活的半导体粒子浸泡在含有氧化还原组分的电解液中时，可以形成肖特基势垒，使光生电子（e^-）和空穴（h^+）以电迁移的方式向相反方向移动，促进电荷分离。通常实现电场辅助光催化的方式如下：将半导体材料涂在导电玻璃上，制成光电极，外加低的阳极偏压，在特定波长光源的照射下，光照激发产生的电子通过外电路流向阴极，实现了光生电子（e^-）和空穴（h^+）的分离，降低了光生电子（e^-）和空穴（h^+）的复合率，从而提高催化剂降解效率。

（2）外加微波场

外加微波场可以强化光催化氧化的原因包括三个方面。首先是促进光催化材料表面的光吸收。其次是促进光催化剂表面羟基生成游离基。微波的辐射促使处于激发态的羟基数目增多，促进其活化，有利于生成具有较高氧化性的羟基自由基，从而提高光催化反应的催化效率。最后是抑制了光生电子-空穴复合。

（3）外加超声波场

超声波作用于液体时，液体快速形成微小的气泡并在极短的时间内破裂释放出能量，瞬间产生具有高压、高温和高速冲流等极端状态的微环境，且伴随有激烈的空化效应和微射流作用。这样的极端环境有利于溶液中氧分子和水分子的化学键断裂，形成大量的·OH、·O 和·H 等自由基，这些自由基相互反应或者与水分子反应生成·O_2^-、H_2O_2 等基团或强氧化性物质，可把水体中的大分子有机物最终矿化为水和二氧化碳等无机物，从而提高了污染物的降解效率。而且空化气泡还会对催化剂表面产生强烈的冲刷作用，促进降解产物的脱附，从而提高光催化剂的反应速率。

（4）外加磁场

自由基通过化学反应产生后，通常以单重态或三重态形式存在，两者可以互相转化，而自由基的重结合只发生在单重态自由基之间。因此，为阻止自由基的重结合，应减少或防止自由基以单重态存在，而磁场作用可以控制自由基不同状态之间相互转化，将其保持在三重态下。此外，外加磁场还可以延长反应自由基的寿命，从而提高光催化材料的性能。

6.1.4.2　材料结构特征对光催化材料性能的影响

（1）能带结构

① 半导体的禁带宽度。能量大于半导体禁带能量的光子激发产生光生电子（e^-）和空穴（h^+）是半导体产生光催化反应的基本条件。半导体的吸收特征主要是吸收波长，又叫带边波长，其值取决于禁带宽度，关系式为：

$$\lambda_g = 1240/E_g \tag{6-8}$$

式中，λ_g 为半导体材料吸收波长，nm；E_g 为材料的禁带宽度，eV。以锐钛矿型纳米 TiO_2 为例，其禁带宽度为 3.2eV，计算得其对应的吸收波长为 387.5nm，属于紫外区，即在波长小于 387.5nm 的光照下，锐钛矿型纳米 TiO_2 能吸收能量高于其禁带宽度的辐射，产生电子跃迁，形成光生电子（e^-）和空穴（h^+）。

② 导带和价带的位置。半导体的禁带宽度和入射光能量决定了它能否激发光生载流子，而半导体表面所产生的光生电子转移到吸附物上的能力受半导体的带边位置和吸附物的氧化还原电位控制。图 6-5 为几种半导体在水溶液中（pH＝0）的禁带宽度及导带和价带电位（NHE）示意图。其中，空心圆代表半导体的导带电位，实心圆代表半导体的价带电位，两者差值代表禁带宽度。价带的氧化还原电位越正，空穴的氧化能力越强，导带的氧化还原电位越负，电子的还原能力越强，即价带与导带的离域性越好，光生电子或空穴的迁移能力越强。

根据半导体的导带和价带位置不同，可将半导体分为氧化型、还原型、氧化还原型三

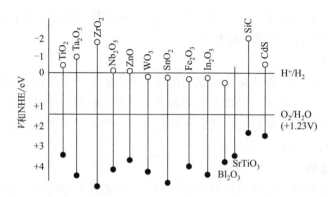

图 6-5 几种半导体在水溶液中（pH=0）的禁带宽度及导带和价带电位

类。在光催化分解水的反应中，氧化型光催化半导体材料的价带边低于 O_2/H_2O 的氧化还原电位，在光照下可以氧化水放出 O_2，如 WO_3、Fe_2O_3 等。还原型光催化半导体材料的导带边高于 H^+/H_2 的氧化还原电位，光照下可以还原水释放出 H_2，如 CdSe。氧化还原型半导体的导带边高于 H^+/H_2 的氧化还原电位，价带边低于 O_2/H_2O 的氧化还原电位，光照下可以分解水同时生成 H_2 和 O_2，如 TiO_2 等。

（2）微观结构

在制备光催化剂的过程中，通过调控催化材料的晶型、粒径以及缺陷等微结构参数，可有效提高催化剂的光电性能。

① 晶型。以 TiO_2 晶型结构为例，如图 6-6 所示为 TiO_2 的三种晶型——锐钛矿型、金红石型、板钛矿型。金红石型 TiO_2 具有良好的晶型，相较其他两种结构的 TiO_2 更稳定；锐钛矿型 TiO_2 晶格缺陷、错位多，可以产生较多的氧缺陷来捕捉电子，相较其他两种晶型具有较高的光催化活性，也是使用最广泛、应用最多的光催化剂；板钛矿型 TiO_2 因其不稳定而应用较少。

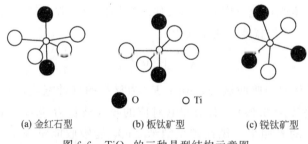

（a）金红石型　　（b）板钛矿型　　（c）锐钛矿型

图 6-6 TiO_2 的三种晶型结构示意图

再如，ZnO 是一种典型的直接带隙宽禁带 N 型半导体，在常温下，呈六方晶格的纤锌矿结构，如图 6-7 所示。这种四面体配位结构形成了沿六棱轴方向的极性轴，具有相反极性和不同的表面松弛能量，是 ZnO 产生缺陷的重要因素。

② 粒径。通常，半导体粒径越小，越有利于光生空穴和电子的分离。单位质量内颗粒数越多，比表面积就越大，越有利于吸附有机物，也有利于光催化反应在表面进行，从而提高光催化效率。原因主要有如下几点。

a. 当粒径处于 $1\sim10nm$ 时，材料会出现量子尺寸效应，导致禁带变宽。通常使用下式来描述粒径与激发态能量的关系。

$$E(R) = E_g + \frac{h^2 \pi^2}{2R^2}\left(\frac{1}{m_e} + \frac{1}{m_h}\right) - \frac{1.8e^2}{R\varepsilon} \qquad (6\text{-}9)$$

式中　$E(R)$——激发态能量，大小与粒径有关；

E_g——半导体块材或体相的能隙；

h——普朗克常数；

m_e——电子的有效质量；

m_h——空穴的有效质量；

ε——介电常数；

R——粒径。

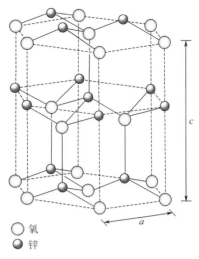

○　氧
●　锌

图 6-7　ZnO 晶胞结构

当 R 减小时，式 (6-9) 中第二项与 R^2 成反比，因此第二项增大，激发态能量增大，意味着吸收波长减小，产生蓝移。式 (6-9) 中第三项与粒径大小的一次方成反比，当 R 减小时，第三项增大，激发态能量减小，意味着产生红移。综合两项大小变化来看，第二项增大程度相较第三项减小程度更大，因此总体激发态能量变大，半导体的禁带宽度变大，产生蓝移更多。因此，尺寸的量子化使半导体获得更大的电子迁移速度，减少光生空穴与电子的复合，提高催化效率。

b. 半导体纳米粒子具有较大的表面积，因而提升了吸附污染物的性能。同时，由于纳米粒子的表面效应，光催化剂表面存在大量的氧空穴，增加了反应活性位点。

c. 半导体纳米粒子的粒径通常小于空间电荷层的厚度，此时空间电荷层的影响可以忽略，光生载流子可通过简单的扩散从粒子的内部迁移到粒子的表面而与电子给体或受体发生氧化还原反应。

③ 缺陷。根据热力学第三定律，除了在绝对零度，所有物理系统几乎都存在不同程度的不规则分布。对于晶体的空间点阵式结构，这种不规则性体现为一种或多种晶体缺陷。此外，当晶格掺杂微量元素时，也可能因杂质置换形成缺陷。有的缺陷可能成为电子-空穴的复合中心而降低光催化活性。相反，有的缺陷也可能成为电子或空穴的捕获中心，抑制两者的复合，有利于光催化活性的提高。这些晶体缺陷对光催化活性有非常重要的影响。

6.1.4.3　环境因素对光催化材料性能的影响

(1) 溶液 pH 值

溶液 pH 值的大小会影响催化剂表面的电荷和能带位置，表面电荷通过影响催化剂对污染物的吸附性能，进而影响光催化剂降解速率。能带位置则是通过影响光催化剂的吸光特性，从而影响其氧化还原能力。

(2) 有机物浓度

当光催化降解低浓度有机物时，有机物的初始浓度对降解效果的影响不适用 Langmuir-Hinshelwood (L-H) 动力学方程，因此采用 Eley-Rideal (E-R) 反应动力学来说明。有机溶液浓度对光催化速率的影响主要通过以下两方面发挥作用：一是改变羟基自由基浓度；二是改变有机物的传质能力。当浓度较低时，有机物向光催化剂表面的扩散速率较慢，导致催化速率较低；当浓度较高时，由于溶质会吸收辐射光，减弱催化剂表面光强，减少了羟基自由基的形成，同时对羟基自由基消耗速率也较大，总反应速率常数较小。

（3）溶解氧

吸附态的 O_2 是电子捕获剂，一方面，可捕获光生电子生成·O_2^-，抑制光催化剂上电子-空穴的复合；另一方面，生成的·O_2^- 经质子化后可生成具有强氧化性的羟基自由基，加快反应速率。在密闭容器中，溶解氧就可能成为反应速率的限制因素。

（4）光强

研究 TiO_2 时发现，在低光强范围内，有机物的降解速率与光强呈一次线性关系，光催化量子效率不随光强的改变而改变；在中光强条件下，降解速率与光强呈 0.5 次方的关系，光催化量子效率与光强呈 −0.5 次方关系；在高光强的条件下，降解速率不随光强的改变而改变，光催化量子效率与光强呈反比，降解速率与光强呈非线性关系，可能是由于反应器的构型和传质过程。

6.2　光催化材料的制备和改性方法

6.2.1　光催化材料的制备方法

一般而言，光催化剂多为纳米材料，因此，纳米材料的合成方法普遍适用于光催化剂的可控合成。根据光催化纳米材料的结构、尺寸、晶型等不同要求，往往采用不同的制备工艺进行合成。目前，纳米粒子制备方法可以分为物理法、化学法和其他方法，如图 6-8 所示。其中，化学法是从分子、原子的层次出发，制备出一些物理法无法制备出的复杂形态纳米光催化剂的常用方法。

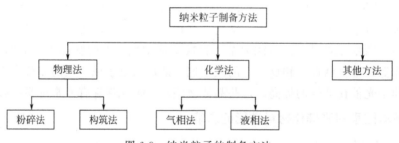

图 6-8　纳米粒子的制备方法

本节以制备纳米 TiO_2 为例，对化学法合成光催化剂进行介绍。

6.2.1.1　气相法

利用气相法制得的纳米 TiO_2 具有化学活性高、颗粒尺寸小、粉体结晶程度高等优点。目前典型的气相法包括化学气相沉积法（CVD）、激光 CVD 等。

（1）化学气相沉积法

化学气相沉积法是使气态金属卤化物或挥发性有机物通过化学反应生成所需物质，再经过冷凝得到纳米颗粒的方法。首先在高于热力学计算的临界温度下，反应物转化为过饱和蒸气，自动凝聚成核，然后凝聚成的颗粒随气流进入低温区，颗粒经历成长、聚集、结晶等过程，最终即可得到纳米颗粒。

TiO$_2$ 制备过程中，气相反应的母体有两类：TiCl$_4$ 和钛醇盐。化学反应有以下四类。

① TiCl$_4$ 氧化法。化学反应方程式为：

$$TiCl_4 + O_2 \longrightarrow TiO_2 + 2Cl_2 \tag{6-10}$$

$$n\,TiO_2 \longrightarrow (TiO_2)_n \tag{6-11}$$

② 钛醇盐直接热裂法。化学反应方程式为：

$$Ti(OR)_4 \longrightarrow TiO_2 + 4C_nH_{2n} + 2H_2O \tag{6-12}$$

③ 钛醇盐气相水解法（气溶胶法）。化学反应方程式为：

$$Ti(OR)_4 + 2H_2O \longrightarrow TiO_2 + 4ROH \tag{6-13}$$

④ 气相氢火焰法。化学反应方程式为：

$$TiCl_4 + 2H_2 + O_2 \longrightarrow TiO_2 + 4HCl \tag{6-14}$$

（2）激光 CVD

激光诱导化学气相沉积技术（激光 CVD）是一种制备纳米微粉材料的重要合成方法。该技术最早由美国 Haggery 提出。采用该法制备的纳米微粉具有成分纯度高、粒形规则均匀、表面污染少等优点，同时也存在一些缺点，比如反应原料必须是气体或强挥发性的化合物，而且要有与激光波长相对应的红外吸收带，因此限制了产品的种类并导致了制备成本的增加。

6.2.1.2　液相法

液相法是选择一种或多种合适的可溶性金属盐类，按所制备的材料组成计量配制成溶液，使各元素呈离子或分子态，接着选择一种合适的沉淀剂或用蒸发、升华、水解等操作，使金属离子均匀沉淀或结晶，最后将沉淀或结晶脱水得到产品。液相法的种类较多，具体如下。

（1）沉淀法

沉淀法是指将沉淀剂加入盐溶液中反应，通过控制反应条件使溶液中的阳离子形成颗粒大小、形状等不同的沉淀，再经过后期过滤、洗涤、干燥得到固态纳米颗粒。沉淀法操作简单，但是合成的颗粒纯度低、半径大。

（2）水热法

水热法又称为高温溶解-结晶法，其原理是将那些在常温常压下不溶或者难溶的物质在高温高压的水溶液条件下反应或者溶解，在放有籽晶的生长区形成过饱和溶液进行结晶生长。水热反应通常具有如下特点。

① 反应过程是在压力和气氛可控的封闭条件下进行的，无法观察生长过程，不直观。

② 生长区基本处于恒温和恒定浓度的条件下，浓度梯度较小。

③ 属于稀薄相生长，溶液黏度低。

④ 设备要求是耐高温高压的钢材以及耐腐蚀的内衬，安全性能较差。

影响水热反应合成的因素主要包括温度的高低、反应时间的长短、溶剂类型、升温速度、搅拌速度、矿化剂种类等。常见的水热反应釜见图 6-9。

利用水热法可以控制纳米粒子的成核与生长过程，从而

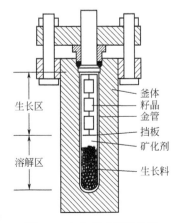

图 6-9　水热反应釜示意图

可制备出形貌各异、结晶度高、粒径均匀的 TiO_2 纳米粒子。

（3）溶胶-凝胶法

溶胶-凝胶法（简称 SG 法）的化学反应过程一般可概括为先将无机物或金属醇盐等原料分散在水溶液中，经过水解等化学反应形成活性单体，活性单体聚合形成溶胶进而生成有一定结构的凝胶，最后在干燥等一系列操作下生成纳米材料。

① 水解反应：

$$M(OR)_n + xH_2O \longrightarrow M(OH)_x(OR)_{n-x} + xROH \tag{6-15}$$

② 聚合反应：

$$-M-OH + HO-M- \longrightarrow -M-O-M- + H_2O \tag{6-16}$$

$$-M-OR + HO-M- \longrightarrow -M-O-M- + ROH \tag{6-17}$$

溶胶-凝胶法也存在一些不足，比如溶胶-凝胶反应过程较长，需要数天甚至几周，实验进度慢，存在残留小孔洞，等等。

（4）水解法

水解法一个重要的应用是金属醇盐水解。部分有机醇盐可发生水解，生成氢氧化物或水合物沉淀，经过加热分解后制备得到纳米材料。如赵文宽等利用高温热水解法制得了纳米 TiO_2。利用水解法合成的纳米 TiO_2 颗粒分布均匀，纯度高，形状易控制，但成本较高。

（5）微乳液法

微乳液法是两种互不相溶的液体在表面活性剂的作用下形成热力学稳定、各向同性、外观透明或半透明的分散体系，在微泡中经成核、聚结、团聚、热处理后得到纳米粒子的过程。通常微乳液分散相的粒径小于100nm，所形成的粒子具有单分散和界面性好的特点。根据分散相和分散介质的不同可分为 O/W、W/O 两种，前者分散相为油，分散介质为水，后者相反，即分散相为水，分散介质为油，两种微结构的粒径均在 $5\sim70$nm。相较于传统制备方法，微乳液法具有不需加热、设备简单、操作容易、粒子可控等优点，值得深入研究。

6.2.2 光催化材料的改性方法

目前，光催化研究的核心材料纳米 TiO_2 存在一些不足，阻碍了其工业化应用，例如：光谱响应范围窄，只能是紫外光；单纯 TiO_2 的光生电子-空穴对的逆反应速率快，即复合率高，导致光催化性能不突出。因此亟须对 TiO_2 进行改性。目前常用的改性方法包括贵金属沉淀改性法、非金属掺杂改性法、金属离子掺杂改性法等。

6.2.2.1 贵金属沉淀改性法

目前，常用来沉积于半导体催化剂表面的贵金属有 Au、Pt、Ag、Pd、Ir、Ru 等，其中应用较多的是 Au、Pt、Ag、Pd 这四种贵金属。液相法是目前制备贵金属/TiO_2 催化剂最常用的方法。常用的液相法包括溶胶-凝胶法、光化学沉积法、沉积-沉淀法等。

目前，关于贵金属沉淀改性法机理有两种观点。第一种观点认为，当贵金属沉积于 TiO_2 时，两者接触使得载流子重新分布，电子从费米能级较高的物质转向费米能级较低的物质，即从 TiO_2 材料转移到贵金属，直至二者费米能级相平衡。两者相互接触后，贵金属获得多余的电子呈负电性，TiO_2 材料表面呈正电性，导致能带向上弯曲形成肖特基势垒，贵金属可以有效地捕捉电子，进而阻止光生电子和空穴的复合。

另一种观点认为，贵金属进入 TiO_2 晶格中置换了晶格中的 Ti^{4+}，改变了 TiO_2 晶格结构和电子结构，从而使光生电子-空穴对分离，有利于提高光催化活性。在晶体结构方面，置换后的晶格常数、原子间的键长、平均静电荷等发生变化，使得八面体结构中正负电荷中心不再重合，由此产生内部偶极矩，生成局部电场，这一电场使电子-空穴对得到有效分离。在电子结构方面，贵金属的掺入使 TiO_2 价带上方或导带下方产生了杂质能级，这些杂质能级可以作为浅受主能级或浅施主能级，成为光生电子的有效捕获陷阱，有利于光生电子-空穴对的分离。

6.2.2.2　非金属掺杂改性法

非金属元素掺杂改性光催化剂可以在不降低其紫外光催化活性的同时，获得较好的可见光催化性能。2001 年 Asahi 提出掺杂 N 能使 TiO_2 的带隙变窄，在不降低紫外光活性的同时，使 TiO_2 更具可见光活性。该研究掀起了非金属掺杂改性 TiO_2 的热潮，同时提出了使掺杂 TiO_2 具有可见光催化活性所必备的三个条件：一是掺杂能够在 TiO_2 带隙间形成能吸收可见光的中间能带；二是新产生的中间能带应该和 TiO_2 的带隙状态充分重叠，从而保证光生载流子在其周期内被传递到催化剂表面进行反应；三是掺杂后的导带能级最小值应该和 TiO_2 相等，或者比 H_2/H_2O 的电极电位高，以保证催化剂光还原活性。研究较多集中在 N、C、S、B、F 等元素的掺杂。

（1）N 掺杂

目前制备 N 掺杂 TiO_2 的方法主要包括高温焙烧法、溅射法、钛醇盐水解法、机械化学法等。

高温焙烧法是将 TiO_2 或 TiO_2 前驱体在空气或含氮的气氛（NH_3、N_2 或 NH_3 与 Ar 气的混合气体）中煅烧，通过控制温度等条件制备含氮量不同的 TiO_2。溅射法是在真空下电离惰性气体形成等离子体，离子在靶偏压的吸引下轰击靶材，溅射出靶材离子沉积到基片上。磁控溅射利用交叉电磁场对次级电子的约束作用，使次级电子与工作气体碰撞电离的概率大大增加，从而提高了等离子体的密度。钛醇盐水解法是指用含钛的醇盐前驱体直接在含氮的水溶液中水解或钛的醇盐水解后再与含氮的物质反应，从而制备得到 N 掺杂的 TiO_2。该方法通常不需要非常高的温度即可达到掺杂目的。机械化学法是指通过压缩、剪切、摩擦、延伸、弯曲、冲击等手段，对固体、液体、气体物质施加机械能，从而诱发这些物质的物理化学性质发生变化或使其与周围环境中的物质发生化学反应。

虽然 N 掺杂可以促进 TiO_2 有效利用可见光，提高光催化活性，但也存在掺杂氮后电荷平衡受到破坏、在紫外光下活性不高、催化剂抗光蚀及抗氧化还原等稳定性较弱和使用寿命较短等问题，仍需进一步探讨研究。

（2）C 掺杂

Asahi 等根据电子密度函数理论预测出 $TiO_2\text{-}xC_x$ 存在很大不确定性。而 Khan 等通过加热金属 Ti 的方法，实现了 TiO_2 中掺杂 C，并且显著改变了 $TiO_2\text{-}xC_x$ 对可见光的吸收特性。

目前，常用 C 掺杂方法包括四种：第一种是 TiO_2 前驱体或 TiO_2 在含碳气氛中煅烧或者与含碳物质混合直接进行焙烧；第二种是 TiC 氧化法，即加热氧化 TiC 得到 C 掺杂的 TiO_2；第三种是钛的前驱体和含碳物质反应焙烧；第四种是化学气相沉积法，即在氩气氛条件下，利用钛酸正丁酯作为钛源和碳源，制备 C 掺杂 TiO_2 小球和高度有序的 TiO_2 纳米管。虽然 C 掺杂 TiO_2 逐渐被重视，但最佳掺杂浓度、掺杂理论、提高量子产率以及应用到工业废气和废水处理等方面仍需深入研究。

（3）S掺杂

制备S掺杂TiO$_2$的方法主要包括水热法、高温焙烧法、机械化学法和钛醇盐水解法等。不同方法有不同的使用范围和优缺点。

水热法制备S掺杂TiO$_2$时，一般直接以固体粉末或者配制的钛盐凝胶作为前驱体，在高压釜中加入硫掺杂剂，按照一定的升温速度加热，再恒温一定时间后取出，经冷却、过滤、洗涤、干燥等步骤即可获得掺杂硫的TiO$_2$。

高温焙烧法是将TiO$_2$前驱体或TiS$_2$在空气或者保护气的氛围下进行煅烧，通过控制温度、反应物比例等条件来制备不同含硫量的TiO$_2$，如Umebayashi等通过将TiS$_2$加热氧化烧结制成S掺杂TiO$_2$。研究表明，硫主要掺杂在锐钛矿型TiO$_2$中，其中硫元素以两种形式存在，一种是以SO$_2$形式吸附在TiO$_2$表面，另一种是少量硫原子替代氧原子进入TiO$_2$晶格内，后者使价带变宽，禁带变窄，光催化活性提高。

机械化学法是通过一系列的物理方法，如剪切、摩擦、弯曲、压缩等手段，对固体、液体、气体物质施加机械能，从而导致这些物质的物理化学性质发生变化，使其与周围环境中的物质发生反应。

钛醇盐水解法是利用含钛的醇盐前驱体直接在含硫的水溶液中水解或钛的醇盐水解后再与含硫物质反应，制得掺杂硫的TiO$_2$的一种方法。这种方法反应条件温和，故常用来制备TiO$_2$粉末。

目前掺杂硫改性TiO$_2$的反应机理主要包括三种。第一种认为在TiO$_2$中掺杂硫会在TiO$_2$禁带中引入杂质能级，有助于捕获激发TiO$_2$产生的光生载流子。第二种观点认为TiO$_2$中O的2p轨道和非金属S中能级与其能量接近的p轨道杂化使价带宽化上移，禁带宽度相应减小，产生光生载流子而发生氧化还原反应。第三种观点认为对TiO$_2$进行硫掺杂后，价带上会形成一个电子占据能级，价带上的电子占据能级的价带顶位由S的3p态构成，导致TiO$_2$的价带和导带间的带隙变窄，从而拓宽了TiO$_2$的可见光响应范围。目前，S掺杂改性TiO$_2$已取得了一定的进展，但光催化性能的机理、光催化剂的降解应用及催化剂的固定化应用等方面仍需进一步探索。

（4）F掺杂

F掺杂改性TiO$_2$的制备方法有物理法和化学法，其中以化学法为主。化学法又分为气相法和液相法。喷雾热解法、化学气相沉积法、离子注入法等属于气相法，多以钛醇盐、钛片和四氯化钛等作为母体，通过激光、等离子体等手段使反应物变成蒸气，使之在气态下发生物理化学变化，最后经冷却、凝聚、长大成为纳米TiO$_2$颗粒。如Li等以H$_2$TiF$_6$水溶液为原料，采用喷雾热解法（SP）制备了F均匀掺杂TiO$_2$粉体。气相法制备掺杂F的纳米TiO$_2$颗粒纯度较高，颗粒团聚少，但同时也存在成本高、产率低等一系列问题。制备F掺杂TiO$_2$的液相法主要包括溶胶-凝胶法、水解法、水热法、溶剂热法、电化学氧化法等。液相法是首先配制一定浓度的可溶性金属钛盐，再以氟化铵、氟化氢、三氟乙酸、氟化钠等含氟化合物作为氟源，最后用沉淀剂（蒸发、升华、水解等方法）使金属离子均匀沉淀下来。Yu等以NH$_4$F作为氟源，水解制得锐钛矿型和板钛矿型混晶的含氟TiO$_2$。液相法制备改性TiO$_2$具有工艺简单、合成温度低、成本低等优点。

虽然掺杂非金属离子具有可将纳米TiO$_2$的光响应波长拓展到可见光区域、保持紫外光区的光催化活性、掺杂之后光催化剂的效率提高、制备方法简单等优点，但非金属离子掺杂改性机理缺乏系统理论支持，有待进一步研究。

6.2.2.3　金属离子掺杂改性法

金属离子掺杂是在光催化材料的导带和价带之间引入杂质能级，使得导带电子易于被杂质能级捕获，从而抑制电子-空穴对的复合。相关研究表明，有效的金属离子掺杂应满足两个条件：第一个条件是掺杂的金属离子或稀土元素应可以同时捕获电子和空穴，促使其局部分离；第二个条件是被捕获的电子和空穴可以被释放并且迁移到反应界面。通常，金属离子掺杂量存在一个最佳值。

掺杂金属离子提高光催化材料活性的机理可以概括为以下三个方面。

① 掺杂可产生晶格缺陷，有利于形成更多的 Ti^{3+} 氧化中心。

② 掺杂增大了载流子扩散长度，延长了电子和空穴寿命，抑制光生电子和空穴的复合。

③ 掺杂形成捕获中心，价态低于 Ti^{4+} 的金属离子捕获空穴，价态高于 Ti^{4+} 的金属离子捕获电子，从而有利于抑制光生电子和空穴复合。

虽然掺杂金属离子有延长载流子的寿命、使催化剂的吸收发生红移、拓展光谱响应范围等优点，但也存在热稳定性变差、注入金属成本较高及紫外光活性降低等不足，仍需不断探索。

6.2.2.4　多元共掺杂改性法

目前研究较多的是两种非金属元素共掺杂、两种金属离子共掺杂、金属与非金属共掺杂改性的 TiO_2 光催化剂材料。共掺杂催化剂的光催化性能通常比单一掺杂催化剂更好。常见的两种非金属元素组合主要包括 N-B、N-C、N-F、S-B 等。Ohno 等采用研磨法，将硫脲和 TiO_2 粉末混合，再在高温下矿化，得到了碳、硫共掺杂的 TiO_2。金属与非金属共掺杂改性方法中，掺杂非金属能够提高光催化剂在可见光区的吸收，而金属离子或贵金属沉积可以有效分离电荷，金属和非金属共掺具有协同作用，能够更好地提高光催化效率。

6.2.2.5　复合半导体

目前，复合半导体光催化材料主要包括固溶体和异质结两大类。利用两种半导体形成固溶体，其性质随着各个组元在固溶体中所占比例而变化，因此可实现半导体带隙的连续可调。固溶体光催化材料按照能带调控可归为三类：导带连续调控、价带连续调控以及双带同时调控。

光催化材料中大部分材料表现出 N 型半导体特征，即由于氧空位的存在而引起的差异，如 TiO_2、WO_3 等。较少的光催化剂表现出 P 型半导体特征，如 CuO_2。因此，根据半导体的导电类型不同，两种半导体光催化材料组成的异质结构可以分为 N-N、P-P 和 N-P 三种。由于光催化材料多为 N 型半导体，N-N 型异质结研究较多，如 $WO_3/BiVO_4$、Fe_2O_3/TiO_2 等。在 N-N 型异质结复合光催化材料中，由于 N 型半导体的空穴迁移能力较低，限制了其光催化活性的提高。而 P 型半导体的空穴传导能力明显高于 N 型半导体，因此采用 P 型半导体作为空穴受体而 N 型半导体作为电子受体，构建 P-N 型异质结光催化材料成为目前的研究热点。

PN 结结构简单示意图见图 6-10。当以光子能量大于半导体带隙的入射光照射 PN 结时，光子被吸收在结的两边产生电子-空穴对。在光激发下，多数载流子浓度改变很小，少数载流子浓度变化很大。由于 PN 结内存在内建电场（从 N 区指向 P 区），PN 结两边的少数载流子向相反方向运动，即 P 区电子穿过 PN 结进入 N 区，N 区空穴穿过 PN 结进入 P 区，最终实现了光生电荷的分离，提高光催化材料的催化活性。

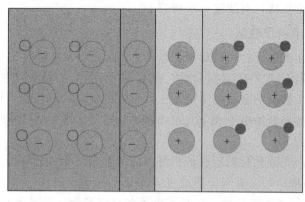

P区　　　　空间电荷区　　　N区

图 6-10　PN 结结构简单示意图

近年来，一些学者在二元半导体复合材料方面开展了较多的研究，如 TiO_2-CdS、TiO_2-SnO_2、TiO_2-V_2O_5、SnO_2-ZnO、TiO_2-CuO_2 等。

6.2.2.6　表面还原处理

TiO_2 表面覆盖的钛羟基是捕获光生载流子的浅势阱，然而更有效的光生电子界面转移部位是 Ti^{3+}。因此，增加表面的 Ti^{3+} 则可以增强光催化材料活性，采用还原气体热处理 TiO_2 的方法可以达到这一目的。钛羟基和 Ti^{3+} 在 TiO_2 表面的适合比例是影响电子和空穴的有效分离、界面电荷的转移与光催化活性提高的重要因素。

6.2.2.7　有机染料光敏化

光敏化即在反应体系中，反应物 A 不能直接吸收某种波长，当向体系中加入反应物 B 时，反应物 B 能吸收这种光辐射，并把光的能量传递给反应物 A，使反应物 A 能够发生化学反应的过程，其中反应物 B 称为光敏剂。目前，要获得有效的光敏化需要同时满足两个条件：一是染料容易吸附在半导体表面上；二是染料激发态的电位与半导体的导带电位相匹配。贵金属复合化合物是典型的光敏剂，主要包括 Ru、Pd、Pt、Rh 及 Au 的氯化物，其次是各种有机染料及其贵金属复合物，包括叶绿酸、曙红等。

6.3　光催化材料在环境中的应用

6.3.1　光催化材料在降解气态污染物中的应用

气态污染包括室内空气污染和大气污染。室内空气污染主要是由于室内装饰、家具、人体本身、生活设备及装修材料（如涂料、防腐剂、胶合板等）在常温下释放出污染物造成的污染，如甲醛、苯、甲苯等，这些物质具有的特殊气味容易导致人体不适，同时它们具有毒性和刺激性，能够诱发疾病、致癌或致畸。

大气污染是指由于人类活动或自然过程向大气排放污染物并对环境或人造成损害的现象，大气污染物包括粉尘、悬浮物、硫氧化物、氮氧化物及挥发性有机物等。大气中的污染物同样会对环境以及人体健康造成重大影响。目前，处理大气污染物的主要方法包括物理法、化学法和生物法三类，不同方法的主要优缺点如表 6-1 所示。其中，光催化氧化技术是一种绿色、高效、成本低廉的新型大气污染物处理技术。

表 6-1　大气污染物处理方法优缺点对比

方法分类	方法名称	优势	劣势
物理法	吸附法	技术成熟、无选择性	设备占地面积大、吸附速率慢、吸附后的吸附剂为固体危险废物
	吸收法	对于污染物的降解速率快	对于污染物有一定选择性、溶剂的回收会增加成本、对于设备要求较高
	冷凝法	产物纯净、得到的物质可再次利用、对人员操作要求低、适用于高浓度有机废气	并不适用于所有气体
化学法	直接燃烧法	对于废气尤其是有机废气的去除率高、反应速率快	需要耗费大量能源、成本高
	催化燃烧法	处理效率高、能耗相对较低、适用于大流量低浓度气体	催化剂易失活且不耐高温
	光催化氧化法	常温常压下能降解多种反应物、反应过程快	催化剂需要进一步研究
生物法	—	成本低	对于难溶性以及难生物降解的气体处理效率低、去除负荷低、占地面积大

6.3.1.1　挥发性有机污染物

挥发性有机物包括烃类、卤代烃、芳烃、多环芳烃等，其成分复杂，化学性质多样，对人体危害较大。目前，在光催化降解 VOCs 方面，研究较多的是过渡金属半导体材料，包括 TiO_2、ZnO、CdS、WO_3、SnO_2 等。TiO_2 光催化剂可将烷、烯、醛、酮、芳烃等气相有机污染物氧化。例如，烷烃类在室温下可以在 TiO_2 表面光催化氧化成酮和醛，最终产物为 CO_2 和 H_2O；又如，醇类一般经过脱水生成相应的烯烃，再进一步氧化成醛和酮，最终也是生成 CO_2 和 H_2O。采用光催化氧化法一般可降解室内 20%～80% 的挥发性有机污染物。顾巧浓等利用 TiO_2 作为光催化剂，采用功率 15W、波长 253.7nm 的医用紫外荧光灯作为光源，对模拟二氯甲烷和三氯乙烯废气的去除效果进行了实验研究。结果表明，对于流量为 160mL/min、初始浓度为 1.23×10^{-5} mol/L 的二氯甲烷和三氯乙烯的去除率均达到了 70% 以上。总结发现，光催化材料在降解挥发性有机污染物，尤其是室内污染物方面具有显著的效果。

6.3.1.2　氮氧化物

NO_x 是氮氧化物的总称，包括 NO、NO_2、N_2O、N_2O_3 等。NO_x 是引起温室效应、导致臭氧空洞及光化学烟雾的主要污染物之一，对环境危害极大。光催化氧化 NO_x 是光催化剂在光照的条件下将 NO_x 最终氧化为 NO_3^-。

目前常用的去除 NO_x 的光催化剂是 TiO_2 基光催化剂。赵毅等在自行设计的光催化反应器上进行实验，在有氧条件下脱硝效率达到了 67%。此外，还有学者将负载 TiO_2 的混凝土铺装在路面上，用于去除汽车尾气中的有害物质。利用光催化剂降解去除 NO_x 具有成本低廉、不需要额外增加反应物、产生的 NO_3^- 可以被吸收或作为化肥回收利用等优点，但是在反应过程中生成的 NO_3^- 易覆盖在催化剂表面，所以需要再生催化剂，同时也需要考虑生成的 NO_3^- 的使用和储存等问题。

6.3.1.3 硫化物

SO_2 是造成酸雨的主要原因，对人类健康及自然生态环境造成的危害极大。目前，对 SO_2 的处理主要采用湿式石灰石-石膏法、循环流化床法、海水脱硫法等。在光催化降解方面，有学者利用自行设计的实验台对 SO_2 光催化氧化实验条件进行了研究，同时进行了脱硫脱硝的实验，其脱硫效率达 98%。

此外，硫化氢（H_2S）是一种对环境危害极大且对人体致毒的化学品，目前工业上大多采用 Claus 工艺处理 H_2S 得到单质硫，但 H_2S 中的氢以水的形式放出，会造成资源的浪费，而利用光催化氧化技术分解 H_2S，可以回收 H_2S 中的氢。

6.3.2 光催化材料在降解废水污染物中的应用

传统水处理方法可以去除水体中的悬浮颗粒物等污染物，但对浓度较低且溶于水、毒性较大的污染物处理效率较低，同时为了达到标准所耗费的成本较高，对部分污染物甚至无法处理。使用光催化降解废水污染物的优势主要体现在以下几个方面。

① 水中多种有机污染物均可被完全降解为 CO_2、H_2O，同时水中的无机污染物也可被氧化或还原为无害物质。

② 不需其他电子受体即可实现催化。

③ 光催化剂可重复使用，具有廉价、无毒、稳定等优点。

④ 可以利用太阳能作为光源激活光催化剂。

⑤ 工艺简单，容易控制，高效且无二次污染产生。

6.3.2.1 无机废水的处理

水体中的无机污染物主要包括氰离子和金属离子等，主要来源于矿井、电化学工业、钢铁工业等产生的废水。一方面，污染水体中的重金属对人体危害巨大；另一方面，部分重金属是贵金属，地球上储量有限，任其从污水中流失也是一种资源浪费。因此，处理废水中的金属以及回收废水中的贵金属非常必要。

光催化材料在激发后产生的电子和空穴，可以还原高氧化态的有毒无机物或氧化低氧化态的有毒无机物，从而消除无机物的污染。如在紫外光照射下，纳米 TiO_2 能将剧毒的 CN^- 氧化为 ONC^-，再进一步氧化成 CO_2、N_2，可用于消除电镀废液中氰化物对环境的污染。此外，高氧化态汞、银、铂等贵、重金属离子可以通过吸附在纳米 TiO_2 表面，并利用光生电子将其还原为细小的金属晶体，沉积在催化剂表面。这样既消除了废水的毒性，又可从工业废水中回收贵、重金属。

6.3.2.2 有机废水的处理

在生产生活中会产生大量的有机废水，这些废水中含有大量的脂肪、蛋白质、纤维素、碳水化合物等有机物，直接排放会对水体造成严重污染。目前常用的处理方法包括萃取法、吸附法、浓缩法、超声波降解法等。光催化纳米材料去除水中有机污染物是一种新兴处理技术，它可以将水中的绝大多数有机污染物转化为无污染的物质，如能将烃类、卤代烃、有机染料、含氮有机物等污染物完全氧化为 H_2O 和 CO_2 等无害物质。本小节将从化工废水、染料废水、造纸废水、含油废水、农药废水等方面的处理进行阐述。

(1) 化工废水的处理

有机化工所使用的原料复杂，中间产物多种多样，排出的废水含有许多难降解有机物，排放后易造成水质恶化，而且进入环境后对生物体有一定的毒害，并且有积累作用。大量研究表明，纳米 TiO_2 可以催化氧化多种化工废水有机物，如邻苯二酚、间苯二酚、对苯二酚、2,4-二氯苯酚、2,4,6-三氯苯酚、硝基苯、苯胺、氯仿、四氯化碳、二氯乙烷、环己烷等。姚淑华等利用溶胶-凝胶法制备了纳米 TiO_2 光催化剂，并且利用自制的反应装置测得当苯酚废水 pH 值为 4.0、光照时间为 8.0h、光催化剂用量为 2.5g/L 时，光催化降解苯酚效果最佳，去除率可达 90% 以上。

(2) 染料废水的处理

染料废水有机污染物含量高，色度深，难降解的有机物成分多，且因其水体中大多含有苯环、氨基、偶氮基团等致癌因素，可造成严重的环境污染，是我国目前几种难治理的行业废水之一。光催化降解染料废水和传统的处理手段相比，在节能高效、污染物降解彻底、维持生态平衡、实现可持续发展等方面具有显著的优点。裴鹏等采用溶胶-凝胶法制备了 TiO_2 薄膜，并将其应用于光催化实验中，采用 8W 的 UV-B 紫外灯照射，光催化反应 5h 后，该 TiO_2 薄膜对亚甲基蓝的降解率达到了 74.88%。赵小川等利用超声波分散法成功制备出了新型中空球型纳米 Bi_2WO_6 光催化剂，研究表明，制得的催化剂的催化活性是纯粉体钨酸铋的 3 倍，对罗丹明 B 的脱色率达到了 84.9%。

目前，利用光催化氧化处理染料废水的研究较多，处于理论研究或技术开发阶段，许多问题仍需进一步研究。

(3) 造纸废水的处理

造纸行业是一个耗能耗水较多的行业，由于废纸中含有成分复杂的废杂质，需要化学品制剂将其去除以完成制浆，加之抄纸过程中需添加施胶剂、滑石粉等制剂，致使废纸再生过程中会排放大量含有毒有害污染物的废水，其中制浆黑液和漂白废水中含有苯酚、卤代烃、氯代酚类等有机污染物，毒性较大且难降解。光催化氧化技术可以降解酚类物质，并完全消除其毒性，同时光催化氧化法对于造纸废水中的二噁英等有毒且难被生物降解的有机物也有很好的降解效果。

光催化降解造纸废水的实际应用受困于催化剂的回收和光源电耗两大难题，今后该法的发展方向主要包括以下几个方面。

① 应重点研制出能在可见光下发挥作用的新型高效光催化剂，并选择合适的光催化剂载体，开发出优良的光催化改性技术，等等。

② 充分利用其他处理方法的优势，并将其与光催化技术联用，以取得更好的降解效果。

③ 光催化研究应着重于降解多组分造纸废水污染物，从而使该技术更具有实际应用潜力。

(4) 含油废水的处理

含油废水主要来源于石油、石油化工、钢铁、焦化、煤气发生站、机械加工等工业部门。其主要成分是链烃和芳香烃，对环境的危害巨大，如影响水生物的正常生长，导致藻类、浮游生物乃至鸟类、鱼类死亡。

在石油类污水处理方面，张海燕等报道了其制备的掺杂型纳米 TiO_2 光催化剂，在太阳光与人工光源并用处理现场低含油污水时，光照 2.5h 后可使污水中油的去除率达到 99%，用太阳光照射 3h 后，油的去除率也可达到 98%，该结果证实了利用太阳能处理油田污水是完全可行的。

（5）农药废水的处理

我国是农药使用大国，农药品种繁多，农药废水水质复杂，主要成分包括酚、砷、汞等有毒物质以及许多生物难以降解的物质。农药废水因其具有污染物浓度高、毒性强、水质水量不稳定等特点而较难处理。目前使用的处理方法主要是生化法，但存在处理费用高昂、效果较差等问题，而且处理后的有机废水的化学需氧量较难达到国家排放标准。

近年来，随着光催化降解污染物技术研究的深入，人们发现光催化对降解农药废水有一定的效果。相关研究表明，在降解有机磷杀虫剂的实验中，处于悬浊液中的纳米 TiO_2 在紫外光的照射下，可将含磷的有机物完全无机化，并能定量地生成 PO_4^{3-}。同样，有机硫农药通过纳米 TiO_2 光催化氧化可得到类似的结果，S 被定量地氧化为 SO_4^{2-}。百草枯、四环素等多种药物在纳米 TiO_2 粉体或纳米 TiO_2 薄膜和紫外光条件下，可成功实现光催化降解。

虽然纳米 TiO_2 光催化材料在彻底降解实际水体中污染物方面拥有广阔应用前景，但仍有以下关键问题亟待解决。

① 太阳能利用率低。TiO_2 的禁带宽度在 $3.0\sim3.2eV$ 之间，光吸收区约为 380nm，只对紫外光有响应，而紫外光只占太阳光总能量的 5%，太阳能的利用率低，而对于大面积水域，提高材料的太阳能利用率是十分必要的。

② 低浓度污染物降解速率慢。实际水体中污染物浓度相对较低，降解更加困难，这与光催化材料对污染物的吸附富集能力有关。

③ 纳米光催化剂的回收难。纳米 TiO_2 的高分散特性使得光催化剂与液相的分离和循环使用变得困难，限制了材料的实用化进程。

6.3.3 光催化材料在深度处理中的应用

深度处理按照水源不同可以分为污水深度处理和饮用水深度处理，传统方法存在对部分污染物难以降解、易产生消毒副产物等问题。本小节就污水深度处理和饮用水深度处理进行简单概述。

在污水深度处理中，原水通常是经过污水厂处理的二级出水，大部分易于降解的污染物已经被去除，只留下难生物降解的污染物（如多氯联苯、多环芳烃等）。光催化氧化技术由于具有处理难降解污染物的功能，近年来逐渐受到关注和重视。

有研究表明，将纳米 TiO_2 固定于玻璃纤维网上形成催化膜，在用于净化饮用水时，自来水中有机物总量的去除率在 60% 以上，19 种优先控制污染物中，有 5 种完全去除，其他 21 种有害有机物中，有 10 种的浓度降至检出限以下。同时，细菌总数也明显降低，全面提高了水质，达到了直接安全饮用的要求。

光催化氧化法应用于污水深度处理有许多优势，比如：反应条件温和，常温常压下即可进行；无须添加任何氧化剂〔如臭氧（O_3）、H_2O_2 等化学药剂〕，避免了连带的化学污染，并降低了成本；光催化氧化反应彻底，可将污染物彻底转化为 CO_2、H_2O、酸和无机盐等；适用性广，是一种广谱水处理方法。

在饮用水深度处理方面，传统饮用水处理工艺存在易产生危害人类健康的消毒副产物、对部分病原微生物难以去除等问题，光催化技术对部分有机污染物的降解选择性低，具有良好的杀菌能力且能有效抑制病毒活性。应用光催化技术进行饮用水深度处理已成为一项紧迫的研究课题。其主要特点有以下几个方面。

第一，纳米 TiO_2 光催化技术对饮用水中消毒副产物（除三卤甲烷、卤乙酸、三氯硝基甲烷等）的去除具有广泛的适用性。

第二，研究表明，运用光催化技术去除腐殖质等消毒副产物的前驱体具有良好效果。腐殖酸本身是无毒或者低毒的有机化合物，但它在原水的氯化消毒过程中容易与氯反应生成三卤甲烷或者其他消毒副产物。

第三，光催化技术可以有效降解内分泌干扰物。如 TiO_2 光催化技术去除水体中的有机农药、酚类及邻苯二甲酸类等内分泌干扰物比现在所用的饮用水处理方式都更为有效，且不会产生对人体有害的中间产物。

第四，光催化技术对深度处理饮用水中的藻类、藻毒素、细菌、病毒及真菌等均表现出良好的去除效果。

虽然光催化在废水处理中有许多优点，但也存在较多不足，限制了其在工程实践中的应用。其中主要的原因为催化剂的存在形式制约了其实际应用，存在催化剂失活的问题及光源的选择和利用率问题。

6.3.4　光催化材料在其他方面的应用

光催化材料除了广泛应用在气态污染物处理、水体污染物处理等方面，在抗菌防臭、防雾自清洁、制备氢气及染料敏化太阳能电池等方面也有广泛应用。

（1）抗菌防臭

细菌是自然界分布最广、个体数量最多的有机体，部分会致使人类生病甚至死亡，有的细菌也会使储藏物变质、产生异味等，因此杀死部分细菌是十分必要的。光催化技术灭菌原理与饮用水深度处理微生物病原体相似。1985 年，Matsunaga 等的研究表明，光激发 TiO_2 产生的羟基自由基能够氧化溶解细菌的细胞壁，破坏细胞膜从而直接作用于细菌体内的辅酶 A，使单聚体聚合为二聚体，导致细菌失去有氧呼吸能力而逐渐死亡。此外，纳米 TiO_2 对人和动物无害，能杀灭微生物，且不会产生任何毒素，可用作食品添加剂。近年来开发的含纳米 TiO_2 和 ZnO 的抗菌除臭纤维，不仅可以用于医疗，还可制成抑菌防臭的高级纺织品（如服装、鞋袜等）。光催化氧化应用于消毒领域有以下优点。

① 用于激活催化剂的光可以是宽幅紫外光，不需要额外的电源，杀菌系统也基本不需要维护，节约成本。

② 除了空气外不需要专门的氧化剂，且催化剂无毒无害、廉价稳定。

③ 能杀死多种细菌，无选择性。

随着研究的不断深入，光催化氧化杀菌消毒必将显示出广阔的应用前景。

（2）防雾自清洁

在防雾自清洁方面，纳米 TiO_2 具有超亲水性和超亲油性，用纳米 TiO_2 处理后的化纤具有双亲性能，用这种化纤制作的衣服、窗帘和帐篷等也能起到自洁作用，无须使用化学洗涤剂，降低了污水的排放量。虽然纳米 TiO_2 在自清洁等方面具有较大的发展潜力，但目前仍存在可见光下光催化效率较低、TiO_2 膜大面积制备技术仍不成熟等问题，限制了其在现阶段的应用，需要开展更多的研究来解决这些问题。

（3）制备氢气

在光解水制备氢气方面，利用太阳能直接从水中获得氢气，将其作为能源使用，反应产物为水，是一种可持续发展的能源循环利用方法。目前，太阳能光解水制氢气的研究主要集中于以下三个方面。

① 利用半导体光催化分解水制氢。

② 光敏化分解或还原水制氢。

③ 光生物制氢。在自然条件下，绿藻在无氧条件下，以水为原料，可利用其产氢系统等将水分解为氢气和氧气，并且在制氢过程中不产生二氧化碳。目前研究较多的为利用绿藻光解水制氢，但是研究规模仅限于实验室，还未实现利用光合厌氧型细菌进行工业化生物制氢。

（4）染料敏化太阳能电池

染料敏化太阳能电池是一种模仿光合作用原理、廉价的薄膜太阳能电池，其原理如图 6-11 所示。随着 TiO_2 在分解利用水制备氢气方面的不断推进，TiO_2 作为太阳能电池材料的研究也逐渐展开。基于吸附染料光敏催化剂的纳米 TiO_2 薄膜的新型光致电池与传统太阳能电池相比，具有如下优势。

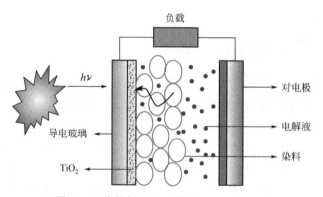

图 6-11　染料敏化太阳能电池原理示意图

① 寿命长。使用寿命可达 15～20 年。

② 结构简单、易于制造，生产工艺简单，易于大规模工业化生产。

③ 制备电池耗能较少，能源回收周期短。

④ 生产成本较低。成本仅为硅太阳能电池的 1/5～1/10，预计电池的成本（以峰值功率计）在 10 元/W 以内。

⑤ 生产过程中无毒无污染等。

经过几年的研究，染料敏化太阳能电池在各个方面都取得了显著进展，但其在提高稳定性、耐久性以及效率等方面仍需要不断研究。

6.4　光催化材料发展展望

目前，光催化材料应用研究的对象主要是单一污染物的降解，且在实际环境污染治理方面的应用尚处于探索阶段。因此，在以后的发展中，光催化反应机理及大规模实际应用等方面都需要不断深入研究，尤其应重视以下几个方面的研究。

① 研究开发出高效的光催化剂，不断提高光催化剂的催化活性。

② 设计制造价廉、实用、能够满足一定规模污水处理需求的光催化反应装置，优化光催化降解工艺条件，加大对成分复杂的实际废水处理的研究力度。

③ 多项单元技术的优化组合是当前水处理领域的发展方向。将光催化与其他水处理技术联用，利用技术的协同作用提高水处理效率，开拓更广阔的应用前景。

总而言之，随着研究的不断推进，光催化材料必将得到空前发展，将逐渐解决寿命问题、材料合成问题，为全球能源发展、环境保护提供切实可靠的解决方案。

复习思考题

1.简述光催化的原理。

2.简述光催化性能的影响因素。

3.简述光催化材料有哪些。

4.简述光催化材料制备和改性方法。

5.简述光催化材料在降解污水中的应用。

6.简述光催化材料未来的研究方向。

第7章　催化湿式氧化材料

7.1　催化湿式氧化的理论基础

7.1.1　催化湿式氧化概述

湿式氧化（WAO）是在高温（150～350℃）及高压（0.5～20MPa）的反应条件下，以空气或氧气作为氧化剂（后续也将臭氧、过氧化氢等作为氧化剂），对水中的有机物或还原态无机物进行氧化的一种高级氧化技术。该法可将有机物转换为二氧化碳、水和无机离子等最终产物，将还原态无机物转化成各种盐类或氧化物。该氧化过程在液相中进行，因此称为湿式氧化。相较于其他常规氧化技术，湿式氧化法具有以下优点：适用范围广、处理效率高、二次污染小、氧化速率快、占地面积小、能量消耗低等。其广泛用于含有毒有害物质废水或高浓度有机废水的处理。

1958年，美国的Zimmerman首次提出湿式氧化工艺，并将该技术用于处理造纸黑色废水，废水中COD去除率达到高于90%的优异效果。在这之后的十多年间，湿式氧化工艺成为城市污水处理厂污泥和造纸厂黑液处理的主要技术。20世纪70年代以后，随着湿式氧化工艺的快速发展，其应用范围也进一步扩大，研究内容也从最初的适用性和最佳工艺条件的探究拓展到反应过程机理及动力学的研究，同时反应装置数量和规模也明显增加。该技术广泛应用于各种废水的处理，包括含氰或含酚废水、造纸黑液、难降解有机废水、城市污水处理厂污泥及垃圾渗滤液，也可用于活性炭再生过程中。

但该工艺在应用中也存在一定的局限性。

① 所需反应条件为高温高压，而且降解中间产物多为有机酸，因此要求构建设备的材料具有耐高温、耐高压、耐腐蚀的特点，因而装置设备费用高，一次性投资大。

② 仅适用于处理高浓度小流量的废水，若用于处理低浓度大流量的废水时，经济性极低。

③ 难以完全氧化去除多氯联苯类有机物。

基于上述不足，同时为了降低湿式氧化的反应温度和压力，提高处理效果，研究人员在传统湿式氧化的基础上进行了一系列的技术改进，主要有以下几个方面。

① 使用高效、稳定催化材料的催化湿式氧化法。催化材料可以降低反应的活化能，加

快反应速率。

②　将反应温度和压力升高至水的临界点以上，利用超临界水的良好特性来加速反应进程的超临界湿式氧化法，也称为超临界水氧化法。

③　在反应中加入比氧气更强的氧化剂，如臭氧、过氧化氢等，这类湿式氧化法也称为过氧化物氧化法。

这些技术改进都受到了广泛的关注，并且研究者开展了大量的研究工作，其中技术最成熟、应用最广泛的是催化湿式氧化法。该法在传统湿式氧化法基础上，加入合适的催化材料来降低反应温度和反应压力（催化湿式氧化法的反应温度和压力一般为150~280℃、2~8MPa），提高氧化降解能力，缩短反应时间，减少设备腐蚀，达到降低设备投资和运行成本的目的。

1982年，德国的拜耳（BAYER）公司开始对催化湿式氧化法进行研究，并且提出了LOPOX工艺。相比传统的催化氧化工艺，LOPOX工艺在较低的温度（<200℃）和较低的压力（0.5~2MPa）下进行，以纯氧为氧化剂，操作条件更优，反应条件更温和，因此对设备要求不高，工程投资也较为合理。目前，已有4座工业化处理装置采用LOPOX工艺，主要对含难生物降解污染物的有毒化工类废水进行前处理。催化湿式氧化法受到越来越多的关注，各种工艺也随之出现。在20世纪80年代中期，日本的大阪煤气公司研发了一种催化湿式氧化工艺，主要用来处理有机废水。该工艺的反应温度为160~250℃，反应压力为0.98~7.8MPa。研究表明，用该工艺处理含有脂肪酸、甲醇、乙醛等有机物的废水时，COD去除率相当高。当进水COD为2500mg/L时，去除率高达99%。

对于催化湿式氧化法的研究，我国目前仍处于实验探索阶段，实际工程应用很少。研究内容主要是用催化湿式氧化技术来处理特定的废水，如含酚、含硫、农药、造纸、染料、碱渣等有机工业废水，处理效果比较理想。

7.1.2　催化湿式氧化的分类

催化反应通常根据体系中催化剂和反应物的相态进行分类，当催化剂与反应物形成均一相时，称为均相催化反应；当催化剂与反应物形成非均相体系时，称为非均相催化反应或多相催化反应。同样，催化湿式氧化可分为均相催化湿式氧化和非均相催化湿式氧化两大类。

7.1.2.1　均相催化湿式氧化

均相催化湿式氧化是向反应溶液中加入可溶性催化剂，该材料能够在分子或离子水平上对反应起到催化作用，故而所加催化剂被称为均相催化剂。均相催化湿式氧化的特点是反应温度更温和，反应性能更专一，是选择性催化。催化湿式氧化材料的研究最初主要集中在均相催化剂上，当前最受重视的均相催化剂都是可溶性过渡金属的盐类，其中铜盐的催化性能较为理想。在结构上，Cu^{2+}外层具有d^9电子结构，其轨道的能级和形状易与其他基团形成配位键，使Cu^{2+}具有显著的形成络合物的倾向，容易与有机物和分子氧的电子结合形成络合物，进一步通过电子转移过程提高有机物和分子氧的反应活性。

在均相催化湿式氧化体系中，催化剂溶解在反应溶液中，但为了避免催化剂流失引起的经济损失和环境污染问题，需要通过一定方法回收催化剂。然而，从溶液中回收催化剂流程复杂，且废水处理成本会显著提高，因此科研人员开始进行固体催化剂的应用研究，并用于非均相催化湿式氧化技术。

7.1.2.2 非均相催化湿式氧化

非均相催化湿式氧化是向反应溶液中加入固体催化剂（即非均相催化剂），通过催化剂表面的催化作用将氧分解为活性氧原子实现对污染物的氧化。非均相催化剂与反应溶液容易分离，且具有活性高、稳定性好等特点。从 20 世纪 70 年代开始，催化湿式氧化的研究重点便集中在高效稳定的非均相催化剂上。

7.1.3 催化湿式氧化的基本原理

当溶液中温度、压力发生变化时，水的介电常数、黏度、密度及离子积等性质会发生急剧变化，故通过改变温度、压力可以达到调控湿式氧化反应效果的目的。

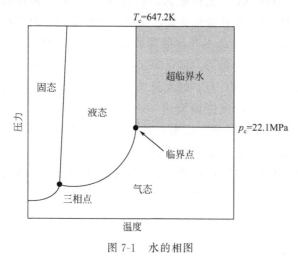

图 7-1 水的相图

高温水对气体、非极性有机物都具有较高的溶解度，同时具有气体易于扩散和迁移的特点，因而是一种良好的溶剂。250～300℃高温水的离子积 K_w 是常温水的 1000 倍。在反应过程中，这种高温水可充当酸催化剂、碱催化剂，能极大促进酸碱催化反应；同时，其在醇的脱水、醇醛缩合、双键加水、Friedel-Crafts 反应等过程中均表现出催化效果。从水的相图（图 7-1）来看，随着水的温度和压力进一步升高，水会达到一个临界点（$T_c = 647.2\text{K}$、$p_c = 22.1\text{MPa}$）。临界点以上的水称为超临界水，此状态下的水处于一种既非气态又非液态的"第四态"——超临界态。本章介绍的催化湿式氧化一般发生在水的临界点以下区域。

为了更好地理解催化湿式氧化的基本原理，首先介绍湿式氧化的基本原理。湿式氧化反应过程较为复杂，主要包含两个步骤：传质过程，即氧气从气相进入液相的过程；氧化过程，即溶解氧与溶液中有机物或还原态无机物发生反应的过程。从反应进程上看，湿式氧化过程大致分为两个阶段：前半小时内，因反应物浓度很高，氧化速率很快，去除率快速增加，此阶段受氧的传质控制；半小时之后，因反应物浓度降低或中间产物更难氧化，氧化速率趋缓，此阶段受反应动力学控制。

7.1.3.1 传质过程

随着温度和压力的增加，水和作为氧化剂的氧分子的物理性质都发生了变化，如表 7-1 所示。从表 7-1 中可以看出，在 25～350℃的温度区间，氧在水中的溶解度随温度的升高开始降低，但当温度高于 150℃时，氧在水中的溶解度随温度的升高反而增大，同时，氧在水中的扩散系数也随温度的升高而增大。氧气在水中的这些性质有助于氧气在高温下作为氧化剂参与到还原性物质的氧化分解反应中。

表 7-1　不同温度下水和氧的物理性质

物理性质	25℃	100℃	150℃	200℃	250℃	300℃	320℃	350℃
水								
蒸气压/MPa	0.033	1.05	4.92	16.07	41.10	88.17	116.64	141.90
黏度/(Pa·s)	922	281	181	137	116	106	104	103
密度/(g/mL)	0.944	0.911	0.955	0.934	0.908	0.870	0.848	0.828
氧(5atm[①],25℃)								
扩散系数/(m²/s)	22.4	91.8	162	239	311	373	393	407
亨利常数/(1.01MPa/mol)	4.38	7.04	5.82	3.94	2.38	1.36	1.08	0.9
溶解度/(mg/L)	190	145	195	320	565	1040	1325	1585

① 1atm＝101325Pa。

7.1.3.2　氧化过程

一般认为水中有机物的降解过程包括热分解、局部氧化和完全氧化三个阶段。

① 热分解。在此过程中，大分子有机物水解、溶解，但并没有被氧化。热分解的速率主要取决于水温，其主要特点是使废水的悬浮性 COD 减少，溶解性 COD 增加，总 COD 不变。

② 局部氧化。在此过程中，大分子有机物被氧化为分子量较低的中间产物，如乙酸、甲醇、甲醛等，同时含氮有机物被氧化为硝酸盐、亚硝酸盐和其他低分子量的中间产物。

③ 完全氧化。在此过程中，中间产物进一步被氧化为二氧化碳和水，同时含氮的低分子量中间产物被氧化为硝酸盐、亚硝酸盐。

湿式氧化法的反应机理十分复杂，一般认为湿式氧化反应属于自由基反应，目前关于这方面的研究尚处于较为粗浅的阶段，主要通过对中间产物及自由基的检测来开展研究。通常认为自由基反应是链式反应，主要分为三个阶段，即链的引发、链的传递和链的终止。

① 第一阶段：链的引发。由反应物分子生成自由基，此过程中，分子活化断裂产生自由基需要一定能量，为此通常运用加入引发剂、特殊光谱和热能这三种方法加快自由基的生成。

$$RH + O_2 \longrightarrow R· + HOO· \tag{7-1}$$

$$2RH + O_2 \longrightarrow 2R· + H_2O_2（RH 为有机物） \tag{7-2}$$

$$H_2O_2 + O_2 + M \longrightarrow 2HO· + MO_2（M 为催化剂） \tag{7-3}$$

② 第二阶段：链的传递。这是自由基与分子之间相互作用的过程。

$$R· + O_2 \longrightarrow ROO· \tag{7-4}$$

$$ROO· + RH \longrightarrow ROOH + R· \tag{7-5}$$

$$RH + HO· \longrightarrow R· + H_2O \tag{7-6}$$

③ 第三阶段：链的终止。当自由基经过碰撞后生成稳定分子时，即发生链的终止。

$$R· + ·R \longrightarrow R—R \tag{7-7}$$

$$ROO· + R· \longrightarrow ROOR \tag{7-8}$$

$$ROO· + ROO· + H_2O \longrightarrow ROH + ROOH + O_2 \tag{7-9}$$

式（7-2）中 H_2O_2 的生成表明湿式氧化反应的机理为自由基反应机理。Shibaeva 等在含酚废水湿式氧化实验中检测到 H_2O_2 的生成，证明了酚的湿式氧化反应是自由基反应。

但自由基的生成不仅仅是通过上述反应来体现，还存在其他多种解释。Li 和 Tufano 等认为有机物的湿式氧化过程是通过下列自由基的形成进行的。

$$O_2 \longrightarrow O\cdot + O\cdot \tag{7-10}$$

$$O\cdot + H_2O \longrightarrow HO\cdot + HO\cdot \tag{7-11}$$

$$RH + HO\cdot \longrightarrow R\cdot + H_2O \tag{7-12}$$

$$R\cdot + O_2 \longrightarrow ROO\cdot \tag{7-13}$$

$$ROO\cdot + RH \longrightarrow R\cdot + ROOH \tag{7-14}$$

根据上述反应可知，自由基的浓度会影响氧化反应的速率。初始自由基的形成速率及浓度决定了氧化反应"自动"进行的速率。若在反应初期加入 H_2O_2 或某些 C—H 键薄弱的化合物，如偶氮化合物，将其作为启动剂，可起到加速氧化反应进行的作用。反应开始后，在自由基增殖和结束期，自由基被消耗并达到某一平衡浓度，反应速率亦将恢复至初始时的速率。为提高自由基的引发和生成速率，过渡金属化合物（即催化材料）的加入是另一种有效的方法，即具有可变化合价的金属离子可从饱和化合键中得失电子，从而导致自由基的生成，进而促进链引发反应。但是，当过渡金属离子的浓度过高时，会出现反催化作用，即抑制氧化反应速率。

一般认为催化湿式氧化的反应机理主要是自由基的氧化机理，催化湿式氧化法和湿式氧化法的自由基反应机理没有本质区别。目前，全面的催化湿式氧化法反应机理的研究还比较少，大多数的研究表明催化剂的加入只是加快了自由基的产生过程。

7.1.4　催化湿式氧化的动力学研究

动力学模型的研究相对于机理的研究要容易得多，并且可以用于解释机理和指导工程设计。目前提出的动力学模型主要有三大类，分别为机理模型、经验模型和半经验模型，下面分别介绍。

7.1.4.1　机理模型

催化湿式氧化反应过程较复杂，根据基元反应导出动力学模型非常困难。Rivas 等以催化湿式氧化法降解苯酚中可能发生的 44 个自由基反应为基础，通过一系列的假设提出了催化湿式氧化法降解苯酚的动力学模型，将动力学模型与实验数据相结合进行模拟，计算了苯酚与一些自由基反应的活化能和指前因子，并结合模型研究了温度、O_2 浓度、溶液 pH 和 H_2O_2 等因素对苯酚降解反应的影响，推导出苯酚催化湿式氧化法降解过程中起主要作用的是 $HO\cdot$ 和 $PhOO\cdot$，而 $HO_2\cdot$ 起的作用很小。

7.1.4.2　经验模型

大多数文献都用式（7-15）所示的指数型经验模型来表达催化湿式氧化法的过程。

$$-\frac{dc_1}{dt} = k_0 \exp\left(\frac{-E_a}{RT}\right) c_1{}^m c_2{}^n \tag{7-15}$$

式中　k_0——指前因子；

　　　E_a——反应活化能，kJ/mol；

　　　T——反应温度，K；

　　　c_1——有机物浓度，mol/L；

　　　c_2——氧化剂浓度，mol/L；

t——反应时间，s；

m，n——反应级数；

R——摩尔气体常数，8.314J/(mol·K)。

其中，有机物浓度可用具体的有机物浓度或水质综合指标［如 COD 和总有机碳（TOC）等］表示，氧化剂浓度可用液相溶解氧浓度表示，k_0 的量纲取决于 m 和 n。

经验模型相对而言比较简单，因此早期研究多以这种模型为主。但该类模型受处理物类别、反应温度、反应压力、催化剂类型和加入量以及反应装置类型的影响很大，因此得出的拟合方程差别也较大。同时，该类模型过于简单，并不能准确概括催化湿式氧化的本质特征，所以该类模型的应用也受到很大的限制。

7.1.4.3 半经验模型

半经验模型是指利用可测的中间产物浓度和一些综合水质指标来表征反应物的转化规律，之后采用简化反应网络的方式来推导的动力学模型。

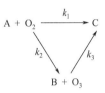

图 7-2 废水中有机物的转化关系

Li 等将废水中有机物分成 A、B、C 三类：A 指原水中有机物和不稳定的中间产物；B 代表难氧化的中间产物；C 为氧化终端产物，如 CO_2 和 H_2O。这三类物质的转化关系如图 7-2 所示，通过一系列假设推导得到式（7-16）。

$$\frac{c_A + c_B}{c_{A0} + c_{B0}} = \frac{k_2}{k_1 + k_2 - k_3}\exp(-k_3 t) + \frac{k_1 - k_3}{k_1 + k_2 - k_3}\exp[-(k_1 + k_2)t] \quad (7\text{-}16)$$

式中　　c_A——任意时刻 A 的浓度，mg/L；

c_B——任意时刻 B 的浓度，mg/L；

c_{A0}——初始时刻 A 的浓度，mg/L；

c_{B0}——初始时刻 B 的浓度，mg/L；

k_1，k_2，k_3——反应速率常数。

该模型是一个经典的三集总模型，但是该模型没有考虑实际过程中有机物在催化剂上的吸附过程。之后，Belkacem 等在该模型的基础上引入了吸附态物质，对三集总模型进行了拓展，认为扩充后的集总动力学模型更符合催化湿式氧化的实际情形。Larachi 等进一步在扩充的三集总模型基础上考虑积炭，使集总动力学模型更接近实际情形。

7.1.5 催化湿式氧化的影响因素

催化湿式氧化的处理效果取决于待处理废水的性质、氧化剂浓度、操作条件（温度、压力、停留时间、搅拌强度等）和反应中加入的催化剂等。

7.1.5.1 废水的性质

废水中有机物的可氧化性与其电荷特性和空间结构有关，不同废水含有不同类型的有机污染物，因而有不同的反应活化能，故氧化反应过程也不一样，因此催化湿式氧化的难易程度也大不相同。今村成一郎在研究中发现，氧元素所占比例越小，或碳元素所占比例越大，有机物越容易被氧化。实验还发现，有机物的可氧化性与异构体也有关系，如醇类异构体的可氧化性强弱顺序是：叔醇类＞异醇类＞正醇类。Randall 等在研究有毒有害废水的湿式氧化处理时发现，氰化物、脂肪族和卤代脂肪族化合物、芳烃（如甲苯）、芳香族和含非卤代基团的卤代芳香族化合物（如五氯苯酚）等易被氧化，不含非卤代基团的卤代芳香族化合物（如氯苯和多氯联苯）则难被氧化，低分子量的有机酸（如甲酸和乙酸）则不易被氧化。

虽然废水中含有的有机物种类有差别，但在氧化过程中，都必须经过若干中间小分子化合物（如最常见的乙酸）才能完全被氧化。一般情况下，有机物在湿式氧化过程中通常可以分为大分子分解成小分子的快速反应期和小分子中间产物继续氧化的慢速反应期两个过程。研究表明，中间产物苯甲酸和乙酸会抑制进一步湿式氧化。由于具有较高的氧化数，乙酸很难被湿式氧化，因此其为最常见的累积中间产物。采用湿式氧化法处理废水时，有机污染物被完全氧化的去除效率很大程度上取决于乙酸被氧化的程度。

7.1.5.2　废水浓度

废水浓度主要影响催化湿式氧化技术的经济性，一般认为催化湿式氧化法更适合处理高浓度废水。对于低浓度大流量废水的处理，采用催化湿式氧化法很不经济。研究表明，催化湿式氧化技术可在宽浓度范围内（COD 浓度为 10～300g/L）处理多种废水，而且具有较好的经济效益。

曾新平等进行了高浓度难降解乳化废水湿式氧化影响因素研究，探究了质量浓度对乳化废水湿式氧化［条件为 220℃，$p(O_2)$（25℃）＝1.2MPa］的影响。结果表明，进水 COD_{Cr} 为 8948～74110mg/L 时，反应 2h，相应的 COD_{Cr} 去除率为 81.8%～89.3%。在一定范围内，最终出水有机物去除率随着进水质量浓度的增加而升高，可见湿式氧化法在较宽质量浓度范围内仍具有优良的处理效果，但更适于处理浓度较高的废水。

但废水进水浓度并非无限制。早在 1975 年，蔡明初在阐述湿式空气氧化及其在石油化工废水处理中的应用时，以反应器的操作压力 105.5 kgf[❶]/cm² 、反应温度 289℃ 为例进行探究，为了保证反应器内有液态水存在，废水 COD 须低于 104g/L，否则全部水都将以蒸汽状态存在于气相中，反应过程就会停止。此外，为了使氧化反应顺利进行，水在气相与液相的分布比例以不大于 85∶15 为佳，因此，进水 COD 浓度不应超过 90g/L。

7.1.5.3　反应温度

反应温度是催化湿式氧化工艺处理效果的最主要影响因素。一般而言，反应速率随着操作温度的升高而加快，反应温度越高，反应就进行得越彻底。同时，温度升高，氧气在水中的溶解度和传质系数也随之增大，液体黏度降低，表面张力减小，这些都有利于氧化反应的进行。

当反应温度过低时，即使延长反应时间，污染物的去除率也不会显著提高。一般认为反应温度不宜低于 180℃。反应温度越高，达到相同去除率所需的反应时间越短，相应的反应容积越小，但同时总压力增大，动力消耗增加，对反应器材质的要求越高。因此，过高的温度是不经济的。通常选择合适的温度，在满足工艺处理效果的同时，又能获得合理的经济效益。一般催化湿式氧化工艺的操作温度在 150～280℃。

7.1.5.4　反应压力

总压不是氧化反应的直接影响因素，它与温度耦合，从而影响反应过程。在反应过程中，控制一定的总压是为了保证体系的反应在液相中进行。如果总压过低，大量的反应热就

---

❶ 1kgf＝9.80665N。

会消耗在水的汽化上，这样不但保证不了反应温度，反应器还有蒸干的危险（当进水量＜汽化量时，反应器就会被蒸干）。所以总压应不低于反应温度下水的饱和蒸气压，并且随反应温度升高，必须相应地提高反应压力。一般，总压范围为 5.0～12.0MPa。

当以氧气为氧化剂时，气相氧分压对氧化过程有一定的影响。气相氧分压决定了液相中溶解氧浓度，当氧分压过低，溶解氧浓度就会成为氧化反应的控制因素。因此要控制氧分压在一定范围内，以保证液相中溶解氧浓度足够高。

7.1.5.5　反应时间

对于不同的污染物，催化湿式氧化的难易不同，所需的反应时间也不同。一般来说，温度越高，压力越大，达到一定处理效果所需要的时间越短，污染物去除率越高，处理效果越好。若反应时间过长，不仅耗能，而且废水的处理效果也不会明显提高。根据污染物氧化的难易程度以及相应的处理要求，可确定最佳反应时间。催化湿式氧化处理装置的停留时间一般在 0.1～2.0h。

为了加快反应速率，缩短反应时间，可以采用提高反应温度、增大反应压力和选取合适的催化材料等措施。

7.1.5.6　进水 pH 值

催化湿式氧化过程中，大分子有机物分解和局部氧化会生成易于生物降解的中间产物，大部分中间产物是小分子羧酸，随着反应不断进行，羧酸被进一步氧化分解。因此，在催化湿式氧化过程中，反应体系的 pH 值不断变化，而且温度越高，物质转化也就越快，pH 值变化越剧烈。其变化规律一般是先减小，后略有回升。废水的性质不同，pH 值对其催化湿式氧化过程的影响也不同，主要有以下 3 种情况。

① pH 值越低，氧化效果越好。如在有机磷农药废水的处理中，相较于中性和碱性条件，有机磷水解速率在酸性条件下大大加快，同时 COD 去除率随初始 pH 值的减小而增大。

② pH 值越高，处理效果越好。如有研究表明，在 pH＞10 时，NH_3 的催化湿式氧化降解效果显著；在对橄榄油和酒厂废水的催化湿式氧化处理中，COD 去除率随初始 pH 值的增大而增大。

③ pH 值对废水 COD 去除率的影响存在极值点。如对于含酚废水，采用催化湿式氧化工艺处理，COD 去除率在 pH 值为 3.5～4.0 时达到最大。

由此可见，废水的 pH 值是影响催化湿式氧化效果的一个重要因素，将废水调至适当的 pH 值，有利于提升氧化速率和高效去除污染物。pH 值过低或者过高，都会加速反应设备的腐蚀，此时对反应设备的耐腐蚀性要求更高，导致设备投资提高。另外，低 pH 值会引起催化材料活性组分的溶出和流失，导致浪费和环境污染问题。因此，确定催化湿式氧化工艺进水 pH 值时应兼顾设备腐蚀和催化剂失活的问题。

7.1.5.7　搅拌强度

当反应在高压反应釜内进行时，氧气从气相至液相的传质速率与搅拌强度有关。当搅拌强度增大时，液相的湍流程度增加，氧气的传质速率随之增大，但当搅拌强度增大到一定程度时，氧气的传质速率便不再显著增大。当氧气的传质过程成为催化湿式氧化的限制步骤时，可以通过增加搅拌或提高搅拌强度来消除氧气传质的影响。

7.1.5.8　反应产物

一般情况下，大分子有机物经热分解和局部氧化形成分子量较小的中间产物，中间产物进一步被氧化为二氧化碳和水等最终产物。甲酸、乙酸是常见的中间产物，然而乙酸难以被进一步氧化，往往会积累下来。若进一步提高反应温度或选择适宜的催化材料，可将乙酸彻底氧化为二氧化碳和水。因此，采用催化湿式氧化法处理废水时，选用合适的催化材料和操作条件，有利于中间产物彻底氧化，提高 COD 去除率。

7.1.5.9 催化剂

高活性催化剂的应用是提高催化湿式氧化效率的重要因素。催化剂能降低反应的活化能，因此，适当的催化剂应用可大大提高湿式氧化反应的速率和处理效果。有关催化剂的具体内容参见第 7.2 节。

7.2 催化湿式氧化的催化剂

7.2.1 催化剂的分类

催化剂是催化湿式氧化的核心。按照是否可溶，催化剂可分为可溶性（均相催化剂）和不溶性（非均相催化剂）两类。对于有机物的催化湿式氧化，常用的催化剂主要包括过渡金属及其氧化物、复合氧化物和盐类。其中，贵金属催化剂（如以 Pt、Ru、Rh、Ir、Au、Ag 为活性成分）活性高、寿命长、适应性强，但价格昂贵。非贵金属催化剂（如 Cu、Fe、Mn、Co、Ni 等一种或几种作为主要成分）价格便宜，但催化活性较低，并且活性组分溶出量较大，稳定性不好。实践表明，以 Ce 为代表的稀土系列氧化物催化剂表现出优良的催化性能和稳定性。目前实际应用的催化剂主要是贵金属系列，但贵金属价格高、耗量大、易于引发中毒现象，所以对非贵金属催化剂的研究已成为催化材料研究的热点。

7.2.1.1 均相催化剂

均相催化剂与反应物处于同一相态，在催化湿式氧化中，它们同处于液相。均相催化剂主要包括 Cu、Co、Ni、Fe、Mn、V、Zn、Cr、Mo 等的可溶性盐类以及芬顿试剂。均相催化剂有以下特点：反应物与催化剂同处于液相，不存在固体表面上活性中心性质以及分布不均匀的问题；活性高，选择性好；反应条件较温和，反应易于控制；必须分离回收，否则会导致活性组分流失，带来经济损失和造成环境的二次污染，且回收费用高。

目前研究最多的均相催化剂是可溶性过渡金属盐类，其中，具有 d^9 电子结构、能形成络合物的 Cu^{2+} 催化活性较高。Lei 分别用 $Cu(NO_3)_2$、$Mn(NO_3)_2$、$FeSO_4$ 和 $CuSO_4$ 作为催化剂对印染废水进行处理，发现效果最好的 $Cu(NO_3)_2$、$Mn(NO_3)_2$ 对 COD 去除率均达80%以上。Imamura 等以乙酸为底物研究了多种金属硝酸盐的催化作用，发现 $Cu(NO_3)_2$ 的催化活性最高，其次是 $Fe(NO_3)_3$，而其他金属的硝酸盐几乎无催化作用。

早期多采用可溶性铜盐 [$Cu(NO_3)_2$、$CuSO_4$ 或 $CuCl_2$] 作为催化剂，用于均相催化处理酚、表面活性剂、造纸工业的黑液、有机聚合物等污染物。村上等的研究成果表明，在多种催化剂中，可溶性铜盐可有效处理含酚或表面活性剂的废水。他们还探究了铜盐催化剂在不同的 pH 值、反应时间、温度和压力条件下的催化效果，认为 Cu^{2+} 质量分数在 $1.5 \times 10^{-4} \sim 2.0 \times 10^{-4}$ 范围内效果最好。

可通过下述三种途径来强化铜系催化剂中铜离子的催化作用：一是加入 H_2O_2，生成自由基；二是加入氨，生成铜氨络合物以提高铜盐的稳定性和催化活性；三是加入铁或其他金属离子以提高其活性。尽管铜系均相催化剂具有较高活性，但其与一般均相催化剂相似，使用后铜离子仍留在水中而被排放掉，将因催化剂的流失导致经济损失以及对环境的二次污染。为此，尚需对处理后的水进行后续处理，如用活性炭吸附或离子交换树脂来脱除铜离子，使得工艺流程变得复杂，废水处理的成本提高。

均相催化湿式氧化技术应用较为广泛，除铜系催化剂外，人们还用铁系催化剂进行了研究，其中最著名的是芬顿试剂中的铁催化剂，即在溶液中加入 Fe^{2+} 或 Fe^{3+} 作为催化剂，用 H_2O_2 作为氧化剂，催化剂快速分解 H_2O_2 形成·OH 氧化有机物。Sedlak 等成功地用该法降解氯苯。Plgnatello 使用该法完全降解了酸性溶液中的除草剂 [2,4-二氯苯氧基乙酸（2,4-D）和 2,4,5-三氯苯氧基乙酸（2,4,5-T）]，有机物降解为 CO_2 的程度取决于 H_2O_2 的浓度，而与 Fe 的氧化态无关。

7.2.1.2　非均相催化剂

非均相催化剂为固态物质，主要有贵金属系列、非贵金属系列（Cu 的催化性能较好）和稀土金属系列三大类。非均相催化剂有以下特点：催化剂为固态，而反应物为液态，固体表面活性中心分布不均匀；这些金属及其氧化物、复合氧化物一般负载在氧化铝等载体上，催化剂的活性成分的质量分数一般为 $0.05\% \sim 25\%$；常用非均相催化剂的形状有球形、网形、矩形、圆柱形、蜂窝形、粉末状等。

相比均相催化剂，非均相催化剂有以下优点：催化剂以固体形式存在，在废水中分离比较简便，可使处理流程大大简化；活性高、稳定性好；制备方法多样，可根据需要采用特定的方法，以达到最佳催化效果。因此，从 20 世纪 70 年代后期，人们便将注意力转移到高效稳定的非均相催化剂上。目前，采用贵金属作为催化剂的催化湿式氧化技术已经实用化，为了降低成本，非贵金属催化剂的研发已成为该技术研究的重点。

由于过渡金属氧化物具有较强的吸附和活化氧的能力，在非均相催化湿式氧化反应中多选用过渡金属氧化物作为催化剂。此类催化剂可以分为贵金属催化剂和非贵金属催化剂两大类。其中，贵金属催化剂的活性组分有 Pt、Pd、Rh、Ru 及 Ir 等，由于这类催化剂具有催化活性高、寿命长等优点，具有实际应用的价值，因此在催化湿式氧化催化剂研究的前期，大部分工作集中在贵金属催化剂体系上。但贵金属催化剂价格昂贵，进一步提高了催化湿式氧化技术的一次性投资费用，大大限制了该技术的推广。目前，开展催化湿式氧化非贵金属催化剂研究的领域越来越多。非贵金属催化剂一般选择的活性组分主要是具有较好氧化性的 Cu、Mn 及 Co 等。另外，以铈（Ce）为代表的稀土金属氧化物催化剂不但本身具有较高的催化活性和稳定性，其复合或负载型催化剂还存在协同增效作用。目前，将稀土系列催化剂用于催化湿式氧化处理废水的研究已成为国内外的热点。

（1）贵金属系列催化剂

在非均相催化湿式氧化中，贵金属催化剂具有高活性和稳定性，已被大量应用于石油化工和汽车尾气治理行业。

针对相同的废水，以不同贵金属作为催化剂活性组分，即使在相同的降解反应条件下，催化湿式氧化反应的实际处理效果也有所不同。Ioffe 等以糠醛溶液作为模拟废水，以活性炭上负载 Pt、Pd、Rh 和 Ru 为催化剂分别进行了催化湿式氧化反应的研究。在温度为

250℃、反应时间为30min、贵金属负载量为2%、糠醛浓度为0.2mol/L的条件下，发现催化剂催化活性按以下顺序排列：Ru＜Pd＜Rh＜Pt。此外，Gallezot等还分别以小分子羧酸（乙二醛酸）溶液作为模拟废水，考察了贵金属系列催化剂的催化湿式氧化反应的催化活性。结果发现，在稍高于室温的反应条件下，催化剂催化活性Ru＜Rh＜Pd＜Ir＜Pt。从以上所列举的两项实验结果来看，无论是处理大分子有机物，还是处理一般为催化湿式氧化反应中间产物的小分子羧酸，贵金属Pt的催化活性都最强，其次为Rh、Pd，而贵金属Ru的催化活性最差。需要特别指出的是，在处理小分子羧酸时，贵金属Ir也具有较强的催化活性。但在处理废水中的氨氮时，以上催化活性顺序就不再适用。Qin等以NH_3溶液作为模拟废水，详细考察了贵金属催化剂的催化活性。在230℃、1.5MPa反应条件下，Al_2O_3上负载3%贵金属催化剂催化活性顺序为：Ru≈Pd＞Rh＞Pt。此顺序与处理废水中有机物时的催化活性顺序有很大不同。虽然Ru与Pd的催化活性相近，但由于Ru的价格远低于Pd，以Ru为活性组分的催化剂更适于处理含氨氮一类污染物的废水。

（2）铜系列催化剂

大量研究表明，非均相Cu系催化剂在处理多种工业废水的催化湿式氧化中显示出较好的催化性能，但在使用过程中存在严重的催化材料活性成分溶出现象。这种溶出将造成催化剂流失，活性下降，不能重复使用，同时流失会造成二次污染。

Luck等在TiO_2上负载5%的CuO作为催化剂，利用催化湿式氧化法处理污泥废水。与不使用催化剂的湿式空气氧化过程相比，COD去除率提高10%，但催化剂出现溶出现象，可以在处理后的废水中检测到铜离子。Alvarez等将5%CuO负载在活性炭上作为催化剂，以苯酚溶液作为模拟废水，着重考察了催化剂的稳定性。新鲜的催化剂没有发现活性组分Cu的流失，重复使用后发现有Cu的流失，并且导致苯酚的去除率下降和氧化速率降低。通过实验发现，碱性反应条件可以阻止活性组分的流失，延长催化剂的寿命。对于由过渡金属氧化物制备的非贵金属催化剂来说，其致命缺陷是活性组分的溶出问题，这大大限制了其在废水处理中的实际应用。解决这个问题的方法目前主要有两个：一是在过渡金属氧化物中添加稀土金属，通过过渡金属元素与稀土金属元素之间的相互作用，减少过渡金属的流失；二是以具有特殊规整结构的前驱体合成复合金属氧化物，通过形成的复合氧化物元素之间的相互作用增强催化剂的稳定性。

（3）稀土系列催化剂

因为贵金属系列催化剂价格昂贵，铜系列的过渡金属氧化物始终存在溶出问题，近来研究较多的还有以Ce系列为代表的稀土氧化物，其中CeO_2是催化湿式氧化过程中应用最广泛的稀土氧化物。稀土元素在化学性质上呈现强碱性，表现出特殊的氧化还原性，而且稀土元素离子半径大，可形成特殊结构的复合氧化物，在催化湿式氧化过程中可以减少溶出量，稳定性好。

Ce系列稀土金属元素催化剂早已被应用于气体净化、CO和烃的氧化、汽车尾气治理等方面，证明其具有良好的催化活性和稳定性。

催化湿式氧化处理乙酸废水时，当使用Ti-Ce和Ti-Ce-Bi复合氧化物催化剂时，在230℃的条件下，废水COD去除率高达96%，催化剂离子溶出值均低于0.1mg/L，且稳定性良好。Chen等使用CeO_2作为催化剂对苯酚废水进行催化湿式氧化处理。反应4h后，苯酚的转化率达到90%以上，二氧化碳的选择性超过80%，同时研究发现CeO_2受到的冲击越高，氧交换能力越强。然而，再生后的CeO_2催化剂由于表面含有一定的残留物，催化活性显著下降，因而对 CeO_2 的改性有待进一步研究。

意大利学者 Leitenburg 以乙酸为研究对象，使用催化剂 CeO_2-ZrO_2-CuO 和 CeO_2-ZrO_2-MnO_2 的混合物进行催化湿式氧化研究，发现 Cu（或 Mn）与 Ce 之间的协同作用能提高催化活性，同时极少出现溶出现象，催化剂能保持稳定性能。

我国是稀土储量大国，在催化湿式氧化工艺中，稀土作为一类性能优异的催化剂，可以在严苛的反应条件下保持稳定性能，因此后续工作可加强关于稀土催化剂的研究。

7.2.2 催化材料的载体

固体催化剂一般由活性组分、助剂和载体三部分组成。活性组分即主催化剂，是催化剂中产生活性的部分，没有它催化剂就发挥不了催化作用。助剂本身没有活性或活性很低，但将其加到催化剂中，可与主催化剂发生反应，具有明显改善催化剂活性和选择性的作用。载体在机械承载催化活性组分的同时，可增加有效的催化活性表面，提供适宜的孔结构，提高催化剂的热稳定性和抗毒能力，减少催化剂用量，降低成本。

为了减少催化材料的用量以及让催化剂更好地分散，通常将催化剂活性组分负载在高比表面积的载体上。载体的选择对催化材料的活性有很大影响。

常用的催化剂载体有 γ-Al_2O_3、TiO_2、CeO_2 以及 CeO_2-ZrO_2 材料。作为载体，不仅要有高比表面积，让催化剂更好地分散在反应溶液中，而且要可以提高活性组分的催化性能，加快反应速率和反应进程。除此之外，将不锈钢箔压成波浪状制成的整体型合金载体比无机氧化物材料有更高的稳定性。因为稀土金属的添加可以有效减少非贵金属催化剂活性组分的流失，所以稀土金属氧化物是一种十分优良的载体，下面介绍稀土金属氧化物载体。

稀土元素氧化物尤其是 CeO_2，由于具有较好的储氧作用、良好的耐酸碱腐蚀性和较高的烧结温度而普遍被用作非均相催化剂的载体、结构助剂和电子助剂。CeO_2 在催化剂中所起的作用很复杂，至今也没有完全地阐明。但可以明确的是，在 CeO_2 中存在很重要的 Ce 元素的混合价态（+3 价和 +4 价），这种固有的缺陷结构允许活性氧的插入和移出，这也是 CeO_2 具有储氧能力的原因。最新研究表明，在 CeO_2 中掺杂其他二价和三价过渡金属离子，可以进一步提高 CeO_2 的储氧能力。这些过渡金属离子可以促进 Ce^{4+} 还原为 Ce^{3+}，使电子从过渡金属转移到 CeO_2。但是对于催化湿式氧化反应来说，更为重要的是，这种过渡金属离子和 CeO_2 的相互作用可造成过渡金属离子取代 CeO_2 体相中的 Ce 离子，或在过渡金属氧化物和 CeO_2 两相之间发生阳离子取代，可以起到稳定过渡金属离子的作用，提高其催化稳定性，同时由于 CeO_2 具有独特的储氧和释氧作用，还可提高催化剂的催化活性。

7.2.3 催化剂的制备

催化剂的制备过程对其性能有很大的影响。催化剂的制备应选择适宜的方法，并根据催化剂的应用调整参数，以期在特定反应中得到最佳催化性能。常用的催化剂制备方法有浸渍法、沉淀法、离子交换法、共混合法、熔融法、金属有机络合物法和冷冻干燥法等。其中，浸渍法和沉淀法是催化湿式氧化催化剂最常用的两种制备方式。

7.2.3.1 浸渍法

浸渍法是制备金属及其氧化物催化材料的最简单、最常用的方法。该法是将多孔性固态载体浸泡到含有活性组分的溶液中，当多孔载体分散到溶液中时，在表面张力作用下产生毛细管压力，溶液进入毛细管内部，溶液中的活性组分再在毛细管表面吸附，将溶液全部浸入载体或在吸附平衡后除去多余溶液，再经过干燥焙烧、活化等工艺，制成最终催化剂成品。浸渍法无须过滤、成形等步骤，还可选择适宜的催化载体来为催化剂提供所需的物理结构（如比表面积、孔径分布、机械强度等），而且可以将金属活性组分以尽可能稀疏的形式铺展在载体表面，从而提高活性组分的利用率，减少金属用量，降低制备成本。

催化载体的浸渍时间、溶液 pH 值、干燥和焙烧的时间、涂层的先后顺序对催化材料的性能都有影响。对于 Al_2O_3 载体，溶液浓度越高，pH 值越低，浸渍时间越长，金属离子越趋于向 Al_2O_3 内部扩散和分布。反之，金属离子趋于富集在 Al_2O_3 表面。

此法的优点在于可使用形态和大小合乎要求的载体，省去催化剂成形工序；可选择恰当的载体，为催化剂提供所需的宏观结构特性，包括比表面积、孔结构、机械强度、热导率等；负载组分仅仅分布在载体表面上，利用率高，用量少，经济性好。因此，浸渍法被广泛用于制备负载型催化剂，尤其是低负载量的贵金属催化剂。

7.2.3.2 沉淀法

沉淀法是借助沉淀反应来制备固体催化剂，即用沉淀剂将可溶的催化剂成分转化为难溶的化合物，再经分离、洗涤、干燥、焙烧成形等工艺，制成成品催化剂。沉淀法所制备催化剂的各组分混合均匀，易于控制微观孔结构而不受载体形态的限制，因而广泛用于高含量的非贵金属、金属氧化物、金属盐催化剂或催化剂载体制备。沉淀法最常用的沉淀剂有氨水和 $(NH_4)_2CO_3$，这是因为在洗涤和热处理时铵盐容易去除。如果使用 KOH 和 NaOH 作为沉淀剂，K^+ 和 Na^+ 常常会遗留在沉淀中，且 KOH 和 NaOH 的价格较贵。

严格来说，几乎所有的固体催化剂至少都有一部分是由沉淀法制成的。浸渍法中所用的载体在合成的某一步中便可能是通过沉淀法制备的，如 Al_2O_3、SiO_2 等。共混合催化剂中的一种或多种组分有时也是经沉淀法所得。因此，沉淀法应用广泛，同时也是经典的催化剂制备方法。

沉淀法的基本原理是在含金属盐类的水溶液中加入沉淀剂，以便生成氢氧化物、水合碳酸盐或凝胶，而后将生成的沉淀物分离、洗涤、干燥及煅烧后即得所需催化剂。

沉淀法可以分为以下几类。

（1）单组分沉淀法

单组分沉淀法是用沉淀剂与一种待沉淀组分的前驱体溶液来制备单一组分沉淀物的方法。该方法由于沉淀物只含一种组分，操作相对简单，是催化剂制备中最常用的方法之一，可用来制备非贵金属单组分催化剂或载体，若与机械混合或其他操作单元相配合，又可用来制备多组分催化剂。

（2）共沉淀法（多组分共沉淀法）

共沉淀法是将催化剂所需的两种或两种以上组分同时沉淀的一种方法。其特点是一次可以同时获得几种组分，而且各组分的分布比较均匀。如果组分之间能够形成固溶体，分散度将更为理想。所以该方法常用来制备高含量的多组分催化剂或催化剂载体。共沉淀法的操作原理与沉淀法基本相同，但由于共沉淀物的化学组成比较复杂，要求的操作条件比较特殊。

为了避免各组分的分步沉淀，各金属盐的浓度、沉淀剂的浓度、介质的 pH 值以及其他条件必须同时满足各组分一起沉淀的要求。

（3）均匀沉淀法

首先使待沉淀溶液与沉淀剂母体充分混合，形成均匀体系，然后调节温度，逐渐提高 pH 值，或在体系中逐渐生成沉淀剂等，创造形成沉淀的条件，使沉淀缓慢地进行，以制取颗粒均匀且纯净的固体。例如，在铝盐溶液中加入尿素，混合均匀后加热升温至 90～100℃，此时体系中各处的尿素同时水解，生成 OH^-，于是氢氧化铝沉淀可在整个体系中均匀地形成。

（4）超均匀沉淀法

超均匀沉淀法是以缓冲剂将两种反应物暂时隔开，然后迅速混合，在瞬间使整个体系形成均匀的过饱和溶液，可使沉淀颗粒大小一致，组分分布均匀。如选择加氢的镍/氧化硅催化剂的制备方法是：在沉淀槽底部装入硅酸钠溶液，中层隔以硝酸钠缓冲剂，上层放置酸化硝酸镍，然后骤然搅拌，静置一段时间便析出均匀的沉淀物。

（5）浸渍沉淀法

浸渍沉淀法是在浸渍法的基础上辅以均匀沉淀法发展起来的一种新方法，即在浸渍液中预先配入沉淀剂母体，待浸渍单元操作完成后，加热升温使待沉淀组分沉积在载体表面上。此法可以用来制备比浸渍法分布更加均匀的金属或金属氧化物负载型催化剂。

（6）水热合成法

在常温常压水溶液中，影响沉淀发生的主要因素是溶度积和相对过饱和度，为了得到较大的过饱和度，水溶液温度升到常压沸点以上，为了保持液相，必须加压。在高压下水的气相和液相可以共存。水在高温高压下时称为水热状态。在此状态下合成无机化合物称为水热合成，此反应称为水热反应。利用水热合成可以合成大的单晶以及沸石分子筛。水热合成的温度在 150℃ 以下时称为低温水热合成，温度在 150℃ 以上的称为高温水热合成。较低的温度有利于较多的水结合到沸石中，可得到孔径较大的沸石。低温水热合成反应中得到的沸石大多是处于非平衡状态的介稳相，自然界中不存在。

7.2.3.3　共混合法

许多固体催化剂通过比较简便的混合法经碾压制成，即将活性组分与载体机械混合后，碾压至一定粒度和分散度，再经挤条、成形，最后煅烧活化制得。

多组分催化剂在压片、挤条等成形之前，一般都要经历这一步骤。此法设备简单，操作方便，产品化学组成稳定，可用于制备高含量的多组分催化剂，尤其是混合氧化物催化剂，但此法分散度较低。

混合可在任意两相间进行，可以是液-固混合（湿式混合），也可以是固-固混合（干式混合）。混合的目的：一是促进物料间的均匀分布，提高分散度；二是产生新的物理性质（塑性），便于成形，并提高机械强度。

混合法的不足之处是多相体系混合和增塑的程度较低，颗粒的混合不能达到两种流体物的完全混合状态，因此只有整体均匀性而无局部均匀性。为了改善混合的均匀性，增加催化剂的表面积，提高丸粒的机械稳定性，可在固体混合物料中加入表面活性剂，固体粉末在同表面活性剂溶液的相互作用下增强了物质交换过程，可以获得分布均匀的高分散催化剂。

7.2.3.4　离子交换法

离子交换法是利用载体表面存在的可进行交换的离子，将活性组分通过离子交换负载在载体上，再经过洗涤、还原等制成负载型金属催化剂。离子交换法所负载的活性组分分散度高，分布均匀，尤其适用于低含量、高利用率贵金属催化剂的制备。分子筛为常用的载体，可先用水热法合成钠型分子筛，再用离子交换法引入其他各种金属活性离子进行改性。

7.2.3.5 溶胶-凝胶法

溶胶-凝胶法就是将含高化学活性组分的化合物经过溶液、溶胶、凝胶而固化，再经热处理形成氧化物或其他化合物固体的方法。以无机物或金属醇盐作为前驱体，在液相将这些原料均匀混合，并进行水解、缩合反应，在溶液中形成稳定的透明溶胶体系，溶胶经陈化，胶粒间缓慢聚合，形成三维空间网络结构的凝胶，凝胶网络间充满了失去流动性的溶剂，形成凝胶，凝胶经过干燥、烧结固化制备出分子乃至纳米亚结构的材料。

7.2.4 催化剂的失活

催化剂在长期使用中，其活性会逐渐减弱，即出现催化剂失活。工业催化剂失活的原因可分为以下三类：一是中毒，当反应体系中某些组分牢固且不可逆地化学吸附在材料表面的活性中心上，则导致催化剂永久性中毒，当这些组分可逆地吸附于表面活性中心，则催化剂可再生；二是积炭，指催化过程中生成的难挥发性物质，如高聚物或结焦等，它们可覆盖活性中心或堵塞催化剂微孔，从而导致催化剂失活；三是物理结构发生变化，如催化剂晶粒长大、比表面积减小以及表面溶解等。近年来关于催化湿式氧化高效催化剂的研究中，多采用苯酚、乙酸等氧化降解模型化合物来表征催化剂的活性，所以在反应体系中通常不会引入对催化剂有毒性威胁的杂质；而一般的催化湿式氧化反应温度在250℃以下，在这样相对较低的温度下，催化剂由于受热发生的物理结构变化十分微小。因此通常而言，在催化湿式氧化中催化剂失活主要是由催化剂活性组分的流失和催化剂表面积炭这两个方面造成的。例如，Cu 的氧化物作催化剂时，Cu^{2+} 的溶出是该催化剂活性降低的主要原因；而在稀土金属氧化物及其复合氧化物作催化剂时，催化剂表面的积炭现象是催化剂失活的主要原因。

7.2.4.1 催化剂失活机理

（1）活性组分流失

Cu 系氧化物催化剂具有廉价易得和催化活性高的特点，在催化湿式氧化催化剂的研究中备受关注。但在苛刻的反应条件下，活性组分 Cu 的流失问题严重，根据已有研究，铜离子溶出量可高达 40mg/L。谭亚军等研究认为，Cu^{2+} 溶出机理可归结为酸性溶出和反应溶出两类。在湿式酸性条件下，即便不发生氧化反应，当 pH 值为 2.1 时，溶液中 Cu^{2+} 浓度也会大于 3mg/L，远高于 pH 值为 6.0 时的溶出量，随着 pH 值的升高，金属离子溶出量显著减少。此外，氧化反应过程也会破坏铜氧化物与载体间的结合而导致金属离子的溶出，其主要原因是催化剂中的晶格氧参与反应以及催化湿式氧化中常常出现的中间产物乙酸和 Cu 之间的络合作用。

对于负载型的催化剂，活性组分在载体表面分散，活性组分与载体间的结合程度将直接关系到催化剂的稳定性。窦和瑞等认为催化剂活性组分的溶出与晶格能及晶体结构的完整性有关。晶体的晶格能越大，其稳定性越高。若催化剂中活性组分以 CuO 形式存在，由于其不具有均匀完整的结构并且晶格能偏低，在反应过程中常出现溶出现象。Fortuny 等在滴流床反应器中降解苯酚，研究 Co、Fe、Mn、Zn 与 Cu 的二元复合氧化物催化剂时发现，在反应开始的两天内催化剂的活性下降迅速，随即达到稳定状态。在反应过程中由于苯酚降解产生小分子有机酸导致体系 pH 值降低，紧接着这些热酸性介质攻击催化剂，最终导致催化剂的失活。

活性组分流失是 Cu 系催化剂失活的主要原因，但其他类别的催化剂也存在金属流失问题。针对 Mn/Ce 复合氧化物催化剂的研究发现，在间歇式淤浆反应器中温度为 $80\sim130℃$ 时催化氧化苯酚，Ce^{2+} 的溶出不明显，而检测到 Mn^{2+} 溶出浓度最高可达 10mg/L。

（2）积炭失活

催化剂失活另一个比较突出的原因是催化剂表面积炭。在催化湿式氧化反应过程中生成一类碳多氢少的聚合物，它们是一些具有石墨碳和稠环芳烃结构且类似脂肪族化合物的物质，这类物质能够紧紧吸附在催化剂表面，覆盖催化剂表面的活性中心，同时还可能堵塞催化剂的微孔通道，使反应物很难扩散至微孔内部的活性中心上，导致催化剂活性降低。

7.2.4.2　催化剂失活的影响因素

（1）催化剂的组成及制备方法

催化剂一般由活性组分、载体及助剂组成，其中不同成分的选择及配比不但影响催化剂活性，同时对其稳定性也具有很大影响。不同配比的活性组分在载体上的分散程度不同，与载体的结合牢固程度也不同。添加催化助剂则有助于改善催化剂的晶体结构及表面性质，提高其活性和选择性，降低副反应速率，从而可减少积炭的发生，同时对于金属离子的溶出具有抑制作用。在催化剂的制备方法中，焙烧温度是最主要的因素。在高的焙烧温度下，催化剂容易因为烧结而导致活性降低，但活性组分能进入载体的晶格中，形成稳定的结构，可降低金属离子的溶出量。

（2）反应条件

处理废水的 pH 值对催化剂活性组分的流失有一定的影响。宾月景等在催化湿式氧化 H-酸的研究中发现，废水 pH 值由 8.0 变为 12.0 时，COD 的去除率降低而金属离子的溶出量减少。值得注意的是，在催化湿式氧化反应过程中会生成小分子的有机酸，如乙酸、甲酸等，反应体系的 pH 值会随着反应的进行而发生变化，故催化剂活性组分的流失不仅与初始 pH 值有关，同时也与反应过程中体系的酸度有关。

催化剂表面的积炭量易受反应温度的影响，升高温度可加快积炭的生成。Hamoudi 等考察不同反应温度下在间歇反应器中使用一定时间后 MnO_2/CeO_2 催化剂表面的含碳量，发现初始几分钟后含碳量随温度升高而增加，而 90min 后催化剂表面含碳量则变化不大，推测表面积炭覆盖已达饱和。在连续流反应器中，催化剂表面含碳量随温度变化的规律也与间歇反应器中一致，即温度越高积炭生成速率越快。催化剂完全失活时二者表面含碳量则大致相同。

（3）反应物初始浓度及反应时间

对积炭失活问题来说，反应物及中间产物是生成积炭物质的前驱体，因此反应物的初始浓度越高，积炭产生速率越快。而随着反应时间的延长，积炭量必然增加，催化剂表面活性位点逐渐被覆盖直至完全失活。

（4）反应器类型

非均相催化湿式氧化是气-液-固三相催化反应，适合该反应体系的三相反应器分为两大类：固定床反应器和淤浆反应器。Larachi 等比较了 4 种三相反应器进行催化湿式氧化反应的性能，催化剂的积炭现象在淤浆反应器（包括淤浆鼓泡塔和三相流化床）中比在固定床反应器中严重。因为在淤浆反应器中，床层液固比大，在液相中易发生均相聚合反应生成聚合物并吸附到催化剂表面；而固定床中液膜厚度薄，极少发生液相副反应，积炭速率显著降低。

7.2.4.3 催化剂稳定性的提高方法

(1) 活性组分流失的控制

要控制活性组分的流失，必须提高催化剂晶体结构的稳定性，增强活性组分和载体间结合的紧密性。Alejandre 等利用含不同组成的 $Cu^{2+}/Ni^{2+}/Al^{3+}$ 且具有类水滑石结构的前驱体制备复合氧化物催化剂，催化剂活性组分具有良好的分散性能和尖晶石型结构，在滴流床反应器中连续运行 15 天后，其活性无明显降低。研究者们对比了由非类水滑石前驱体和类水滑石前驱体制备的催化剂中 Cu^{2+} 流失的差异，在氧化苯酚和磺基水杨酸时，即使废水的 pH 值很低，由类水滑石前驱体制备的催化剂中 Cu^{2+} 流失也很微弱，基本小于 0.3mg/L，主要是类水滑石前驱体中金属离子分散均匀，在高温焙烧后仍具有较好的晶体结构。

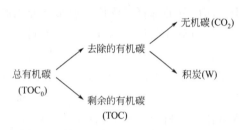

图 7-3 催化湿式氧化中总有机碳的转化

(2) 积炭的控制

催化湿式氧化处理废水的目的是将有机污染物矿化为无机物质 CO_2 和 H_2O 或作为生化处理的预处理步骤。废水中初始的总有机碳（TOC_0）在催化湿式氧化过程中的转化如图 7-3 所示。

从图 7-3 中看出，生成积炭的反应与主反应为平行反应，若生成无机碳的反应趋势远远大于积炭反应，由于积炭导致的催化剂失活速率则相对缓慢，所以提高催化剂的选择性是控制积炭失活的关键。

在工业催化剂研究中，经常将碱金属作为助剂来提高催化剂的活性、选择性和稳定性。Hussain 等利用间歇式反应釜研究催化剂的性能，发现使用三次后的掺杂了 K 的 Mn/Ce 复合氧化物催化剂其比表面积和孔径变化不大，而未掺杂的催化剂在使用一次后比表面积就大大减少。同时，掺杂后的催化剂选择性在第三次使用时仍达到 78.6%，而未掺杂的催化剂的选择性第一次使用时仅有 33.2%。

7.2.5 催化材料的研究展望

在催化湿式氧化法中，目前实际应用的催化材料主要是贵金属系列，非贵金属的研究也在进行中。近年来，将碳材料作为催化材料的报道也不断涌现。如用多壁碳纳米管作为催化湿式氧化苯酚和苯胺的催化材料，采用间歇反应装置，开展催化材料活性和稳定性的研究。实验研究表明，作为催化湿式氧化的催化材料，多壁碳纳米管经混酸（67% HNO_3 与 98% H_2SO_4，体积比为 1∶3）处理后具有高活性、高稳定性等特点。苯酚的初始浓度为 1000mg/L，在 160℃、215MPa 的实验条件下反应 20min，其去除率接近 100%，而 COD 去除率达 68%。实验研究表明，碳纳米管不仅可作为催化材料的载体，而且其本身可以直接作为催化材料使用，在催化湿式氧化中表现出良好的应用前景。

从国内外催化湿式氧化催化材料的发展来看，在研究和应用中，日本走在前面，其中大阪瓦斯公司已经做了大量有关催化湿式氧化处理方面的研究，在催化材料的制备、应用等方面已相当成熟。日本等国已实现催化湿式氧化法的工业化规模应用，催化材料专利每年都层出不穷。对于推广催化湿式氧化法在处理各种有毒有害废水的应用，研究和开发新型高效催化材料具有较高的实用价值。

7.3　催化湿式氧化法的应用

7.3.1　处理石化废水

用丙烯氧化制丙烯酸的过程中，有大量废水产生，废水中含有乙酸、甲基丙烯酸、丙烯酸、甲醛、乙醛等有机物，废水 COD 高达 $3 \times 10^4 \sim 3.5 \times 10^4 \, mg/L$，呈强酸性，处理比较困难。在开展催化湿式氧化处理该类废水的研究时发现，催化湿式氧化降解效果显著。在 270℃、7.0MPa 的反应条件下，采用 Pt（其质量分数为 0.5%）作为催化材料，对 COD 高达 $3.2 \times 10^4 \, mg/L$ 的丙烯酸废水进行催化湿式氧化处理，处理后出水的 COD 浓度低于 100mg/L，有机污染物的去除率达 99% 以上。可见，催化湿式氧化法对于处理丙烯酸废水有明显的效果。

该类废水的热值约为 1380J/g，适合于催化湿式氧化法处理。丙烯酸废水有机污染物浓度高，催化湿式氧化法的运行费用低。

7.3.2　处理农药废水

农药废水具有以下特点：水量较少；污染物浓度高，其 COD 浓度最高可达 5000mg/L；水质不稳定；成分复杂，毒性大。当前我国处理农药废水的方法主要是经过预处理之后再进行生化处理。常见的预处理方法有酸解法、碱解法、溶剂萃取法和沉淀萃取法等。理论上，这些预处理方法可将农药废水中的毒性成分有效分解为无毒或低毒产物，或将毒性成分分离出来。而在实际应用中，上述处理方法并不能完全分解或分离出废水中的毒性成分。因此，为了不影响后续生化处理过程，还需对废水进行高倍稀释来降低有毒物质的浓度，减少对生化处理中微生物的毒害作用，故预处理的意义并不大，且会增加生化处理的负荷，增大药剂投加量，运行费用也随之上升。而催化湿式氧化法处理高浓度小水量的农药废水有较好的效果。

研究表明，当反应温度在 204～316℃ 范围内，废水中烃类有机物及其卤代物的去除率可达 99% 以上，甚至常规化学氧化方法难以处理的氯代物（如多氯联苯等）经过催化湿式氧化处理后，其毒性也被大大降低，这有效提高了出水的可生化处理性，使得后续的生化处理过程得以顺利进行。

7.3.3　处理含酚废水

工业废水（如焦化废水、石化废水、高分子材料生产废水、农药废水等）普遍含有酚类有机污染物。我国国家标准规定，饮用水水体含酚的最高允许浓度为 0.002mg/L，其他大部分国家的国家标准规定水体含酚最高允许浓度也极低。传统的处理技术存在以下缺点：萃取法会消耗大量溶剂，而且出水难以达标；吸附法需要保证有效的预处理过程，同时吸附剂价格昂贵，运行成本较高；普通化学氧化法处理效果好，但是所用氧化剂价格较高，经济性差。相对而言，催化湿式氧化法处理后的含酚废水出水稳定，处理效果好。若进水浓度不高，经处理后可直接排放；若进水浓度极高，处理后废水的可生化性好，可以增加生化处理步骤来达到排放标准。因而催化湿式氧化技术在处理含酚废水方面具有良好的应用前景。

7.3.4 处理垃圾渗滤液

城市生活垃圾的产生量随着经济增长和人口增加而不断增加。卫生填埋法由于具有较好的经济性和可操作性，是目前城市垃圾的主要处理方法。垃圾经微生物作用后会产生大量垃圾渗滤液，其中含有大量高浓度污染物，包括有机物、重金属、苯酚、氨氮等。垃圾渗滤液的水质复杂，污染物种类多，含量高，处理困难。经过催化湿式氧化法处理后，垃圾渗滤液的 COD 去除率可达 80% 以上。研究表明，利用 Ru/活性炭催化剂湿式氧化处理垃圾渗滤液（COD 8000mg/L，氨氮 1000mg/L），处理后的渗滤液 COD 去除率达 89%，氨氮去除率达 62%，酚类去除率达 99% 以上。此外，可根据处理工艺条件及实验参数初步估计该工艺的投资费用和运行费用。与其他处理方法相比，催化湿式氧化工艺处理垃圾渗滤液具有良好的应用前景。采用催化湿式氧化工艺处理垃圾渗滤液，能将其中高浓度有机物和氨氮迅速氧化降解，使各项污染物指标达到排放标准，同时该工艺占地面积小，二次污染少，具有很好的环境效益和社会效益。

复习思考题

1. 简述催化湿式氧化的基本原理。
2. 催化湿式氧化的影响因素有哪些？
3. 简述有机物的降解过程。
4. 废水浓度对催化湿式氧化效果的影响是怎样的？
5. 均相催化剂和非均相催化剂各具什么特点？
6. 非均相催化剂分为哪几类？
7. 常用的催化剂载体具有哪些特点？
8. 催化剂失活的原因有哪些？
9. 概述稀土元素的催化性能。
10. 常用的催化剂制备方法有哪些？
11. 何为积炭？积炭的产生对催化剂有怎样的影响？
12. 概述催化湿式氧化法在实际工程中的应用。

第8章 环境生物材料

随着经济发展和社会进步，人类活动产生的大量污染物排放到自然界中，造成了严重的全球性环境污染。环境生物技术在处理全球范围内普遍存在的水体污染、固体废物污染以及生物多样性损伤等生态环境问题上具有突出的优势。

环境生物技术是一门由现代生物技术与环境工程相结合的新型交叉学科。该技术是直接或间接利用完整生物体或某些生物体代谢产物，实现污染物降解或消除的处理工艺技术。有学者认为，可将生物技术中的三个部分纳入环境生物技术范畴：一是应用于环境中的生物技术；二是涉及环境中某些可看作生物反应器部分的生物技术；三是作用于一些必定要进入环境的材料的相关生物技术。采用生物技术处理环境污染物具有处理速度快、效率高、耗能低、成本低、反应条件温和以及无二次污染等优点。随着现代生物技术的迅猛发展，环境生物材料的开发和合成逐渐受到重视，目前环境生物技术主要是利用微生物及其代谢产物以及少部分植物作为环境污染控制的"材料"。常用的环境生物材料包括生物絮凝剂、生物吸附剂、生物降解材料、生物表面活性剂、微生物固定化材料和生物催化剂等。

8.1 生物絮凝剂

生物絮凝剂是一类由微生物新陈代谢产生，可用于凝聚、沉淀液体中不易降解的固体悬浮颗粒物的天然高分子产物，主要包含糖蛋白、多糖、蛋白质、纤维素和 DNA 等成分，具有较好的絮凝作用。这类絮凝剂主要通过细菌、真菌和放线菌等微生物的发酵、提取、精制来获得，可生物降解，是一种高效、廉价、无毒、无二次污染的水处理剂，被广泛应用于饮用水、生活废水及工业废水处理中。

8.1.1 生物絮凝剂的起源与发展

1876 年，巴斯德在酿造工业中发现发酵后期的酵母菌（*Levure casseeuse*）具有一定的絮凝能力，这也是关于微生物絮凝现象最早的描述。1879 年，博尔代观察到血液中分离出的抗体可以凝聚细菌细胞。巴特菲尔德于 1935 年从活性污泥中发现了可以分泌絮凝剂的微生物，即絮凝剂产生菌。20世纪70年代，美国学者在研究活性污泥菌胶团时发现微生物相生枝动胶菌（*Zooloea ramigera*）具有良好的絮凝活性，其生长过程中能产生聚合纤维素纤丝且具有荚膜。日本学者在研究邻苯二甲酸酯生物降解时发现了具有絮凝作用的微生物培养液，从此掀起了生物絮凝剂研究的热潮。

20世纪80年代，关于生物絮凝剂的研究全面启动，并取得了一些标志性的研究成果。1985年，Takagi等研究发现了对枯草杆菌、大肠杆菌、啤酒酵母等具有良好沉降性能的 *Paecilomyces* sp. I-1 絮凝剂产生菌。1986年，Ryuichiro Kurane等通过特定培养条件，将从自然界分离出的红球菌属红平红球菌（*Rhodococcus erythropolis*）的 S-1 菌株制成絮凝剂 NOC-1，该絮凝剂对畜产废水、砖厂生产废水、污泥膨胀和废水脱色等均具有良好的处理效果，是目前公认的效果较好的生物絮凝剂。目前已发现的拥有絮凝性状的微生物种类包括霉菌、酵母菌、细菌，特别是放线菌以及藻类等，其产生的生物絮凝剂类型也多种多样。

我国生物絮凝剂的研究起步相对较晚，开发的生物絮凝剂的种类和数量也相对较少。在20世纪90年代，张本兰和张彤等对生物絮凝剂进行了初步探索。此后，国内全面启动了有关生物絮凝剂的研究。1997年，中科院成都生物研究所李智良等利用产碱假单胞菌菌株 *P. alcaligenes* 8724 生产的絮凝剂处理色度较深的纸浆黑液和氯霉素废水，脱色率分别可达95%和98%。2000年，尹华等采用少量的菌株 GS 7 处理城市污水，浊度去除率能够达到93.5%，并且澄清速率很快。同年，王竞等利用胞外高聚物 WJ-1 吸附 $Cr(Ⅵ)$，在 pH<2 时其吸附速率仍高达98%，吸附过程符合弗罗因德利希吸附模型和表面螯合机理。2005年，曹建平等用高效絮凝剂产生菌 M-25 所产生的微生物絮凝剂处理酱油废水，发现其处理效果要优于 $Al_2(SO_4)_3$，并且与聚丙烯酰胺（PAM）效果接近。该絮凝剂沉降耗时短，当将其与 $Al_2(SO_4)_3$ 联合使用时，絮凝率和 COD 去除率分别可达77.2%和79.8%。此外，大连理工大学的徐斌、同济大学的柴晓利、上海大学的黄民生以及内蒙古大学的卢文玉和张通等，均筛选分离出了相应的絮凝剂产生菌，并取得了很好的效果。

在水处理工艺中，由于生物处理过程成本较低且效果较好，绝大部分工艺都倾向于使用生物处理法。若将水处理中的化学絮凝剂替换成生物絮凝剂或者与生物絮凝剂联用，既可以缩短处理流程，也可以减少化学絮凝剂的投加量，从而减少工艺的运行成本。目前，生物絮凝剂的研究还存在很多问题，为了将其更好、更广泛地应用到实际生产中，对生物絮凝剂的研究可从如下几个方面展开。

① 高效絮凝剂产生菌的筛选培育，是决定生物絮凝剂能否应用于实际生产的关键。

② 利用现代分子生物技术和转基因技术构建高效生物絮凝剂基因工程菌，可针对性地提高絮凝剂的产量，同时还能弥补自然筛选得到的絮凝剂菌絮凝能力不稳定的缺点。

③ 探索更为廉价的培养基，降低培养原材料的成本以促进生物絮凝剂的发展。

④ 深入探讨生物絮凝机理，设计出目标性和选择性更强的新型生物絮凝剂。

⑤ 改良生物絮凝剂的提纯方法，目前烦琐复杂的提纯过程，耗药量大，时间较长，不利于生物絮凝剂的推广和使用。

⑥ 研发复合型生物絮凝剂，避免单一生物絮凝剂在使用过程中的局限性。

8.1.2 生物絮凝剂的特点与分类

（1）生物絮凝剂的优点

生物絮凝剂自发现以来，便引起了人们的广泛关注，它具有以下优点。

① 无毒无害，无二次污染，安全性高，属于环境友好型材料。生物絮凝剂是微生物菌体或菌体外分泌的生物高分子物质，主要成分为多糖、蛋白质和 DNA 等，具有良好的可生化降解性，消除了在其使用过程中可能带来的二次污染问题，且絮凝后的残渣也可以被生物降解，对环境无害，甚至通过简单的加工处理，还可以作为饲料的添加剂以实现废物的资源化利用。

② 使用范围广，净化效果好，处理效率高。生物絮凝剂具有良好的除浊和脱色性能，对油和无机超微粒子也有较高的去除效率。同时，生物絮凝剂还具有热稳定性强、受 pH 值影响较小、使用量少等特点。

③ 生物絮凝剂的生产和使用成本较低。生物絮凝剂由微生物发酵产生，相比于化学絮凝剂，其生产原料、能耗等成本都较低。此外，生物絮凝剂投加量相对较少，因此，生物絮凝剂处理技术的总费用比化学絮凝剂处理技术低。处理工业废水时，生物絮凝剂处理技术能比化学絮凝剂处理技术节约 1/3 的处理费用。

（2）生物絮凝剂存在的问题

尽管生物絮凝剂在水处理领域展现出较大的潜力，但目前生物絮凝剂的研究仍需解决如下问题。

① 生物絮凝剂相关研究处于实验室阶段，且现有研究主要集中于从自然界中筛选和培育絮凝剂产生菌，而对其诱变育种和基因控制方面的研究不足。

② 絮凝剂活性衡量指标较少，目前絮凝活性主要通过絮凝剂处理高岭土悬浊液的能力来间接表征，不能全面衡量其絮凝活性。

③ 生物絮凝剂针对性不强，由于缺乏对生物絮凝剂絮凝机理的研究，对于不同种类的生物絮凝剂与不同类型废水的对应关系了解不足，在使用生物絮凝剂时存在很大的盲目性，从而影响生物絮凝剂处理废水的效率。

（3）生物絮凝剂的分类

了解生物絮凝剂的特点和目前研究过程中存在的问题，能够有效指导生物絮凝剂在实际生产中的应用，也为今后的科学研究提供了方向。近年来，由于生物絮凝剂的研究备受关注，人们已经陆续筛选培育出大量性能各异的生物絮凝剂产生菌。表 8-1 对现有的生物絮凝剂进行了分类。

表 8-1　生物絮凝剂的分类

分类方式	类别	举例
来源	利用微生物细胞	细菌、霉菌、放线菌和酵母菌等
	利用微生物细胞提取物	酵母细胞壁的葡聚糖、甘露聚糖、蛋白质等
	利用微生物细胞代谢产物	细菌的荚膜和黏液质等
化学组成	多糖类物质	生物絮凝剂 MNBF3-3,66％的成分为多糖
	多肽、蛋白质和 DNA 类物质	生物絮凝剂 NOC-1，主要成分为蛋白质
	脂类物质	*Rhodococcus erythropolis* S-1 的培养液中成功分离得到一种脂类生物絮凝剂
在分散介质水中所带电荷	两性型	蛋白质和多肽类生物大分子
	非离子型	多糖类生物絮凝剂
	阴离子型	直接利用微生物细胞的絮凝剂

8.1.3 生物絮凝剂的絮凝机理

生物絮凝剂的有效成分包括多糖、蛋白质、多肽、DNA 和脂类等生物大分子，由于其有效成分与其他有机高分子絮凝剂类似，传统的絮凝机理同样适用于生物絮凝过程，包括吸附架桥作用、电荷中和作用、网捕卷扫作用和"化学反应"作用等。

8.1.3.1 吸附架桥作用

尽管不同生物絮凝剂的有效成分和性质各不相同，但它们在液体中对固体悬浮物颗粒的絮凝作用很相近，常通过氢键和离子键与固体悬浮物相结合。聚合细菌之间由细胞外聚物搭桥相连接，削弱了胶体的稳定性，使其聚合成絮凝体形成较大的颗粒并从液体中沉淀分离。一般情况下，随着分子量的增加，絮凝剂能形成更多的吸附位点，产生更强的桥联作用，从而增强微生物絮凝剂的絮凝效果。另外，当微生物絮凝剂处理具有相反电性的胶体颗粒时，可以增加微生物絮凝剂的解离程度，使得絮凝剂电荷密度加大，从而促进微生物絮凝剂的架桥作用。

8.1.3.2 电荷中和作用

水体中的污染物和胶体一般带负电，带链状结构的生物大分子絮凝剂及其水解产物一般带正电，因此生物絮凝剂通过离子键和氢键，可与水体中带有负电荷的胶粒发生作用，中和其表面的部分电荷，使胶粒脱稳，胶粒之间和胶粒与絮凝剂之间相互碰撞，并在分子间作用力下形成一个整体，依靠重力的作用从水体中沉淀分离出来。在对水体进行絮凝处理的过程中，通过加入一定量的金属离子或调节水体的 pH 值，可以对生物絮凝剂的絮凝效果产生一定的促进或抑制作用，该过程就是通过改变胶体表面的带电性而起作用的。

8.1.3.3 网捕卷扫作用

当生物絮凝剂的投加量一定且能够形成小粒絮体时，絮体在重力作用下发生沉降，大量的絮体在拥挤沉降阶段（或称区域沉淀阶段、成层沉淀阶段），颗粒在沉降时相对位置保持不变，像一张"过滤网"在下降过程中不断卷扫水中的胶粒及超微细颗粒（<5μm），以达到沉淀分离的效果，这一过程被称为网捕卷扫。需要注意的是，当水中胶体杂质浓度很低时，所需絮凝剂的量与原水杂质含量成反比。

8.1.3.4 "化学反应"作用

生物絮凝剂的絮凝活性主要依赖于生物大分子的某些活性基团，当这些活性基团与被絮凝物质接触，活性基团与絮凝物质的基团之间就会发生化学作用，从而与被絮凝物质聚集形成较大的分子，在重力的作用下沉淀下来。通过生物大分子的改性和处理，可以在生物絮凝剂表面引入或去除某些活性基团，改善絮凝剂的活性以达到特定的吸附效果。温度会影响微生物絮凝剂的活性基团，从而改变其絮凝活性。

絮凝是复杂的理化过程，在生物絮凝过程中，几种机理通常同时存在，并发生协同作用。生物絮凝剂产生菌的种类繁多，所絮凝的目标污染物也不尽相同，因此絮凝机理也不同，需通过对絮凝剂和污染物颗粒的组成、结构、电荷、构型及各种反应条件深入研究，才能更好地解释生物絮凝机理。

8.2　生物吸附剂

生物吸附是生物菌体的吸附作用，是利用生物的不同部位（有活性、非活性或其衍生物）通过络合、螯合、离子交换、转化、吸收和无机微沉淀等过程去除水体中的金属离子、非金属化合物和固体悬浮颗粒的一种方法。作为一种新型的重金属废水处理技术，生物吸附因其原料来源广泛、品种多、制作成本低、处理效果好、吸附容量大、选择性好及操作简单等优点，被广泛应用于环境治理方面。

8.2.1　生物吸附剂概述

1949 年，Ruchhoft 等首先提出了生物吸附的概念，他利用活性污泥从废水中回收^{239}Pu，认为在去除污染物的过程中，微生物可以代谢产生有巨大比表面积的胶状基质，该胶状基质能够吸附这种放射性材料。Polikarpovz 在水生生物的放射性生态学研究中发现，海洋环境中存在的核材料可以通过海洋微生物的积累直接从水体中吸附去除，这种性质与细胞的生命功能无关。无论这些生物是否具有生命特征，许多微生物都具有很好的吸附特性。

生物吸附作为环境生物技术研究中的重要内容，是利用自然界中广泛存在且廉价的生物或其衍生物（如真菌、细菌、藻类、苔藓和木质纤维素等）来吸附废水中的污染物。生物吸附技术对环境友好，不会引入二次污染，利用生物体作为吸附剂回收重金属，不仅能够高效处理低浓度的重金属废水，而且生物吸附剂的来源广泛，制作成本低，可以大幅度降低重金属废水的处理费用。

生物吸附剂对重金属的吸附效果主要由两个因素决定：一是生物吸附剂的结构特性；二是生物吸附剂对金属离子的亲和性。生物吸附作为处理重金属污染物的新技术，与其他同类技术相比，具有以下优点：可以对低浓度的重金属离子选择性去除；对钙离子和镁离子的吸附量比较小；处理效率高；适用范围广，pH 值和温度的适用范围均较宽；投资费用少，运行成本低；可以高效回收一些贵金属。

8.2.2　生物吸附剂分类

根据生物吸附剂的来源可以将其分为工业发酵废弃微生物吸附剂、大型藻类吸附剂、富含单宁酸的废物吸附剂、木质纤维素吸附剂和甲壳质吸附剂等五大类。

8.2.2.1　工业发酵废弃微生物

工业发酵是指通过工业生产的工艺将发酵原料转化为人类所需要的产品，微生物是工业发酵的灵魂，没有微生物就无法进行工业发酵。而工业发酵废弃物中含有大量的微生物及其代谢产物，可被用作生物吸附剂的原料，主要包括：葡萄糖和脂酶等工业所用的真菌，如少根根霉（*Rhizopus arrhizus*）、米赫毛霉（*Mucor miehei*）、产黄青霉（*Penicillium chryso-genum*）；食品和饮料工业所用的酵母菌，如酿酒酵母（*Saccharomyces cerevisiae*）；化学工业生产用的真菌，如生产柠檬酸用的黑曲霉（*Aspergillus niger*）；制药工业进行类固醇转化所用的真菌，如少根根霉（*Rhizopus arrhizus*）。

8.2.2.2 大型藻类

藻类是原生生物界的一类真核生物，没有真正的根、茎、叶，也没有维管束，可以进行光合作用，常被用作生态系统等的指示生物。藻类的吸附性能强，研究表明，死亡的藻类细胞对金属离子具有更强的吸附能力。这些藻类，不管是海洋微藻还是大型海藻，都可以用于水质的净化及重金属和贵金属的回收，是一种具有较大发展潜力的生物吸附剂。

8.2.2.3 富含单宁酸的废物

单宁酸又称为鞣酸，是一种黄色或淡棕色的轻质无晶型粉末或鳞片，它既是一种强效的固定剂，能够固定很多蛋白质及糖类的衍生物，又可作为一种媒染剂，增强对金属离子的吸附效果。单宁酸中具有吸附作用的活性组分主要是多羟基酚，相邻的羟基酚被金属离子取代发生离子交换作用，形成金属螯合物。诸如树皮、花生皮以及锯末等农业副产品中都含有大量的单宁酸。研究表明，使用富含单宁酸的物质（如废弃的茶叶和坚果壳等）吸附重金属离子，其吸附能力仅仅比活性炭稍弱。表8-2列举了部分富含单宁酸的废物及其对重金属离子的吸附容量。

表 8-2　富含单宁酸的废物及其对重金属离子的吸附容量

废物种类	Cd^{2+}/(mg/g)	$Cr_2O_7^{2-}$/(mg/g)	Hg^{2+}/(mg/g)	Pb^{2+}/(mg/g)
黑栎树皮	25.9	—	400	153.3
废弃的咖啡	1.48	1.42	—	—
坚果外壳	1.3	1.47	—	—
松树皮	8.00	—	3.33	1.59
红木树皮	32	—	250	182
废弃的茶叶	1.63	1.55	—	—
锯末	—	16.05	—	—

8.2.2.4 木质纤维素

木质纤维素是构成植物细胞壁的主要成分之一，是一种含有许多负电子基团的多环高分子有机物，对高价金属离子具有较强的亲和力。木质纤维素是世界上含量最丰富的有机物，成本大约是活性炭的5%，在造纸厂黑液中便可以提取出大量的木质纤维素。木质纤维素对重金属离子具有很好的吸附效果，对Pb^{2+}、Hg^{2+}和Zn^{2+}的吸附能力分别为1865mg/g、150mg/g和95mg/g。木质纤维素优良的吸附能力主要归因于其表面大量的官能团和多元酚，同时木质纤维素也可以进行一定的离子交换作用。

8.2.2.5 甲壳质

甲壳质又称为几丁质、甲壳素，经脱乙酰后称为壳聚糖。甲壳质在自然界中广泛存在于低等植物、菌类以及甲壳动物的外壳中，其丰富度仅次于植物纤维。甲壳质的化学结构和植物纤维素相似，分子量高达100万以上，且分子量越高的甲壳质吸附性能越强。结晶度、亲水性、脱乙酰度和氨基含量对甲壳质的吸附性能影响较大。实验表明，脱乙酰度为50%时，甲壳质的吸附性能最好，但此时甲壳质较高的溶解度不利于甲壳质吸附剂的分离。在溶液pH=5.5、吸附时间为2h的条件下，0.15g甲壳质对100mL Pb^{2+}溶液（100mg/L）中Pb^{2+}的去除率达90.47%，平衡吸附量为60.30mg/g。

8.2.3　生物吸附剂的吸附机理

微生物吸附作用主要包括静电作用、络合、离子交换、微沉淀和氧化还原反应等过程。

在微生物体表面具有大量能够与金属离子相互作用的官能团，比如羧基、羟基、羰基、醛基、磷酸基、氨基和巯基等，这些基团可通过与金属离子形成离子键或共价键来吸附金属离子。生物吸附剂吸附金属离子主要包括两个过程，第一个过程是细胞表面上的被动吸附，即重金属与胞外多聚物或细胞壁上的官能团结合；第二个过程是活体细胞的主动吸附，即细胞表面的一些酶将其表面的金属离子转移至细胞内。生物吸附剂的吸附机理在不同的吸附条件下，可能是协同作用，也可能是单独作用。

8.2.3.1　离子交换

离子交换在生物吸附领域是一个非常重要的概念，其定义是在细胞吸附重金属离子的同时，会伴随着其他阳离子的释放。尚未处理的生物吸附剂（微生物）表面一般含有 K^+、Na^+、Ca^{2+} 和 Mg^{2+} 等金属离子，它们最初与酸性官能团结合在一起。微生物的吸附过程会发生两个化学变化，即微生物的质子化和微生物与含有重金属离子的溶液反应。在强酸性条件下，H^+ 会置换结合位点（羧基、磺酸基等）上的轻金属离子。在微生物与含有重金属离子的溶液反应过程中，K^+ 和 Ca^{2+} 的结合位点被占用，轻金属离子的浓度会增加。这种释放出的轻金属离子与重金属离子之间的电荷平衡过程就是离子交换过程。

8.2.3.2　表面络合作用

微生物的细胞壁是金属离子吸附的主要场所，在微生物的新陈代谢过程中会产生大量的胞外多聚物，胞外多聚物的组分主要包括蛋白质、腐殖酸、糖醛酸、核酸、多糖和少量脂类，含有丰富的羧基、羟基、硫酸基和酰氨基等基团，基团内含有 N、P、O、S 等电负性较大的原子，可提供孤对电子与重金属离子形成络合物和螯合物，以达到去除水中重金属离子的目的。

8.2.3.3　氧化还原作用

许多菌类自身具有一定的氧化还原能力，变价金属离子可与这类菌发生氧化还原反应，这个过程会改变金属离子的价态。如酸还原菌（SRB）在厌氧条件下产生的 H_2S 可以与金属离子发生反应生成金属硫化物沉淀，从而去除废水中的 Zn^{2+}、Cd^{2+}、Pb^{2+}、Cu^{2+} 等金属离子。有研究发现，含羞草和绿茶等均具有一定的氧化还原能力，可以回收废液中的金。

8.2.3.4　酶促机理

活性和非活性的生物均具有一定的吸附重金属的能力，具有活性的生物细胞中，某种酶的活性一定程度上会影响细胞吸附金属的性能。如啤酒酵母液中的磷酸酶能够将废液中的重金属离子运输到细胞内部，这种磷酸酶的产生是因为在细胞培养过程中引入了"磷酸供体"（如甘油磷酸酯）。

8.2.3.5　无机微沉淀机理

无机微沉淀是指金属离子在细胞壁上或细胞内部形成无机沉淀物。其结合金属的能力会受到基团的数量、类型、结合方式以及孔径和孔隙率的影响。其中，细胞壁骨架的孔隙率决定了沉淀的形状和数量。某些金属离子可能会以磷酸盐、硫酸盐或者氢氧化物的形式在细胞壁或细胞内部沉积下来。

8.2.4　影响生物吸附剂的因素

宏观上讲，生物吸附剂的特性、被吸附的离子本身的物化性质以及操作条件等都是影响生物吸附的因素，在此主要讨论溶液 pH 值、吸附温度、吸附时间和共存离子等因素对吸附性能的影响。

8.2.4.1　溶液 pH 值

溶液 pH 值不仅决定金属离子的化学状态，还会影响吸附剂表面的电荷及金属离子的吸附位点。在 pH 值较低的情况下，H_3O^+ 占据金属的吸附位点，在静电斥力的作用下，金属阳离子很难接近细胞表面的吸附位点，不利于生物吸附。但是低的 pH 值有利于吸附以阴离子形式存在的重金属离子，如铬酸根离子。在较高的 pH 值下，吸附剂表面大量的吸附位点会暴露出来，有利于吸附剂表面金属离子的吸附。但是，过高的 pH 值会导致重金属阳离子以不溶性的氢氧化物、氧化物微粒的形式存在，从而造成生物吸附无法进行。总之，不同生物、不同金属离子均有最佳的 pH 值范围，以取得最佳的吸附效果。

8.2.4.2　吸附温度

对于活性生物体而言，吸附温度主要是通过改变生物吸附剂的新陈代谢过程、基团吸附热动力学和吸附热容等因素影响其吸附效果，但是从整体上看，温度对生物吸附效果的影响并不明显。另外，随着吸附温度的升高，运行成本会增加。因此，考虑到操作条件和深度处理成本问题，生物吸附过程不宜采用高温操作。

8.2.4.3　吸附时间

吸附时间是影响生物吸附剂吸附重金属离子非常重要的一个因素。生物吸附剂的吸附过程需要一定的时间才能够达到吸附平衡，以实现比较理想的去除效果。一般情况下，生物吸附需要 2～4h 或更长时间才能够达到吸附平衡。

8.2.4.4　共存离子

在实际废水中通常含有多种金属离子，这些离子存在于同一体系中，称为共存离子，其中需要被生物吸附剂吸附去除的金属离子称为目标离子，与目标离子竞争吸附位点的金属离子称为竞争离子，竞争离子对生物吸附剂的吸附具有干扰作用。由于各种竞争离子对吸附位点的亲和力不同，它们对目标离子吸附性能的影响也不尽相同。共存离子对金属离子生物吸附过程的影响有以下三种：促进作用，混合后的吸附量会大于各组分单独的吸附量；抑制作用，混合后的吸附量小于各组分单独作用时的吸附量；零作用，混合后各组分的吸附量没有变化。因此，研究生物吸附剂对多种离子共存状态下的吸附性能，对于去除目标离子具有重要意义。

8.3　生物降解材料

生物降解材料，亦称为绿色生态材料，是指在适当的自然环境条件下，在一定的时间内可被微生物（如细菌、真菌和藻类等）完全分解变成低分子化合物的材料。理想的生物降解材料可完全被降解为 CO_2 和 H_2O。这种生物降解材料能够在极大程度上弥补原有高分子材料使用后无法自然分解而产生大量废弃物的缺陷。因此，生物降解材料为从根本上解决环境问题提供了新的途径。

8.3.1　生物降解材料的概述

20 世纪 80 年代后期，生物降解材料作为一种可自然降解的新型材料迅速发展。目前，生物降解材料被认为是解决"白色污染"问题最为有效的方法之一，受到环境、材料等多个领域的青睐。

出于环境保护的目的，世界各国对生物降解材料的研究开发越发重视，无论是可降解材料的种类还是数量，发展速度都相当迅速。例如，生物合成的聚羟基脂肪酸酯（PHA）具有良好的可生物降解性，现已广泛应用于包装、生物医学、食品服务和农业等领域。

降解塑料主要是相对于普通塑料而言的，目前市场上降解塑料主要包括光降解塑料和生物降解塑料。普通塑料使用后，在自然条件下自动分解消失的速度极慢，而降解塑料使用后在自然条件下通过光或生物的作用短期内就可以分解成低分子物质而消失。最理想的生物降解材料是利用可再生资源，如利用生物合成的方法得到的生物材料。这种生物材料可以被生物重新利用，能够降解，产物最好是 CO_2 和 H_2O，从而使这种材料的生产和使用纳入自然界的循环。但是生物降解材料的制备依然存在很多问题，比如合成工艺复杂、价格昂贵、性能不稳定以及降解不可控和回收利用困难等技术不足，都严重阻碍了生物降解材料的推广和应用。

8.3.2　生物降解材料的分类

按照生物降解的过程可将生物降解材料分为两类。第一类为完全生物降解材料，包括天然高分子纤维素、人工合成聚己内酯等。完全生物降解材料的分解作用主要来自以下几个方面：微生物的迅速增长导致材料内部结构的物理性崩溃，可将其分解为小碎片；在微生物的生化作用、酶催化或酸碱催化下，材料发生生化作用而产生的水解作用导致分子链断裂；其他因素造成的自由基连锁式降解。第二类为生物崩解性材料，如淀粉和聚乙烯的掺混物。这类材料大多通过在聚乙烯和聚苯乙烯中添加淀粉和光敏剂，以共混的方式生产。由于其中的聚乙烯或聚酯材料很难被生物降解，该类材料只能被分解为碎片，且无法回收，因此仍会造成白色污染问题，所以开发完全生物降解材料尤为重要。

按照原料种类，可以将生物降解材料分为化学合成型、天然高分子型、掺混型、微生物合成型和转基因生物生产型等五类。

8.3.2.1　化学合成型

化学合成型生物降解材料，又称为官能团型生物降解材料，一般通过化学方法合成。该类材料通过在分子结构中引入在自然界中易被微生物或酶分解的具有酯基结构的脂肪族（共）聚酯，包括聚乳酸（PLA）、聚己内酯（PCL）和聚乙醇酸（PGA）等，以达到生物降解的效果。其中，PLA 和 PGA 具有优良的生物相容性和可吸收性，在自然条件下即可被完全分解为 CO_2 和 H_2O，是目前最具潜力的生物降解材料之一。

8.3.2.2　天然高分子型

天然高分子型生物降解材料，又称为纤维素类生物降解材料，通常利用淀粉、纤维素、甲壳素和木质素等天然高分子材料制得。这些材料来源丰富，属于天然高分子，具有完全可生物降解性，而且产物安全无毒，因此具有广阔的开发应用前景。

8.3.2.3　掺混型

掺混型生物降解材料，又称为共混型生物降解材料，主要通过将两种或多种高分子材料共混聚合而得，原料中至少有一种组分为生物降解材料，多为淀粉、纤维素等天然高分子材料。淀粉掺杂型生物降解高分子材料大致可分为三类，即淀粉填充型、淀粉基质型和生物降解高分子共混型。在这类生物降解材料的降解过程中，微生物首先摄取与土壤或水接触的聚合物中的淀粉添加剂，并留下多孔的海绵状结构，剩下的分解过程包括许多连续不断的酶反应，使其平均分子量逐渐减小，该过程相对漫长。这种材料具有较好的可生物降解性、可加工性、经济适用性，生产技术相对比较成熟，是一类具有发展前景的生物降解材料。

8.3.2.4 微生物合成型

微生物合成型降解材料以微生物为碳源，微生物通过新陈代谢合成高分子，这种高分子材料可以被完全生物降解，主要包括微生物聚酯和微生物多糖，其中以聚羟基脂肪酸酯（PHA）类居多。

8.3.2.5 转基因生物生产型

利用现代生物技术从一种细菌中获取合成高分子的基因转到另一种细菌中，从而获得具有超强高分子生产能力的超级工程菌，利用超级工程菌获得的高分子材料为转基因生物生产型高分子材料。韩国科学家获得的"工程大肠杆菌"在 $1m^3$ 的反应器中发酵 40h 可产生 80kg 以上的生物降解高分子材料。这种通过转基因生产高分子材料的方法不仅提高了产量，而且解决了发酵法生产成本过高的问题，是生物降解高分子材料开发的一个新方向。

8.3.3 生物降解机理

高分子材料降解主要是指由于高分子中化学键断裂所引起的化学反应，而生物降解高分子材料的降解是指在细菌、霉菌、放线菌和藻类等具有微生物活性（有酶的参与）的物质作用下，酶进入并渗透至聚合物的作用位点后，促使聚合物发生生物、物理和化学反应，从而使大分子骨架结构断裂成小的分子链，并最终分解成稳定的小分子产物的过程。生物降解机理主要是生物降解材料在微生物作用下逐步降解并最终分解为 CO_2、H_2O、蜂巢状的多孔材料和低分子盐类，这些物质可被植物用于光合作用，且不会对环境造成污染。生物降解机理主要包括三类：生物的物理作用，微生物细胞不断增长并攻击侵蚀高聚合物材料，使其组分发生水解、电离或质子化等，导致其产生机械性毁坏，分裂成低聚物碎片；生物的化学作用，微生物对聚合物作用产生新物质（CH_4、CO_2 和 H_2O）；酶直接作用，微生物侵蚀导致材料分裂或氧化崩裂。

8.3.4 影响生物降解的因素

影响生物降解的环境因素包括水、温度、pH 值和氧的浓度等。水是微生物繁殖和生长的最基本的条件，因此，合适的湿度是生物降解的首要条件。此外，应尽量满足适宜微生物生长的温度，比如真菌的适宜生长温度为 $20\sim28℃$，而细菌的适宜生长温度为 $28\sim37℃$。

材料的结构是决定其能否生物降解的根本因素。因此，可生物降解性会受到高分子的形态、分子量、氢键、取代基、对称性等因素的影响。此外，表面粗糙的材料由于更有利于微生物的附着等，相较于表面光滑的材料更易被降解。薄的材料比厚的材料更易被降解。聚合物主链结构的生物降解性按下列顺序递减：脂肪族酚键/肽键＞氨基甲酸酯＞脂肪族醚＞亚甲基。

不同的添加剂和添加量对材料的可生物降解性具有不同的影响。有利于微生物生长繁殖和消化的添加剂会增强材料的可生物降解性。在测定聚合物本身的可生物降解性时，为排除添加剂的影响，可用溶剂萃取的方法将添加剂从材料中除去。此外，微生物的酶类和酶活性也会影响生物降解效果，因为微生物分泌的酶具有专一性，即特定的酶作用于特定的物质，且微生物不同，分泌的酶也不同。

8.4 生物表面活性剂

生物表面活性剂是指微生物在代谢过程中分泌出的具有一定表面活性的代谢产物，包括糖脂、多糖脂、脂肽或中性类脂衍生物等，其主要特点是同时具备了亲油性和亲水性。与化学合成的表面活性剂相比，生物表面活性剂具有对生态系统的毒性较低、可生物降解的优点。近年来，随着人们对人体安全和环境保护的日益重视，生物表面活性剂的研究逐渐成为未来发展的重点之一。

8.4.1 生物表面活性剂的概述

早在 1946 年人们就开始了生物表面活性剂的研究。1955 年，Hasking 通过葡萄糖培养黑粉菌生产出了甘露糖、高级脂肪酸和赤藓糖醇酯化的糖脂生物表面活性剂。1968 年，Arima 在枯草芽孢杆菌发酵液中发现了表面活性素。Belsky 于 1979 年从乙酸不动杆菌的发酵液中分离出了脂多糖。2001 年，Veenanadig 等以小麦糠为原料，在 30L 的生物反应器中接种枯草杆菌 FE-2，得到了能够分散有机磷杀虫剂的生物表面活性剂。到目前为止，已研制出了一系列新型的生物表面活性剂，极大拓宽了生物表面活性剂的应用领域。我国生物表面活性剂的研究起步较晚，1996 年，张念湘利用硅胶吸附脂肪酶和糖，并用有机溶剂将吸附后的脂肪酶和糖与乙酸酐反应，合成了糖脂生物表面活性剂。赵裕蓉等以蔗糖为唯一碳源接种解烃棒状杆菌，得到一种新型的多元醇型非离子表面活性剂——蔗糖酯。随着研究的不断深入，一些新型生物表面活性剂也不断涌现，但大部分仍处于实验研究阶段。

8.4.2 生物表面活性剂的分类

生物表面活性剂主要是微生物在好氧或厌氧条件下的代射产物，可分为非离子型和阴离子型，阳离子型较为少见。与其他表面活性剂一样，生物表面活性剂通常由一个或多个亲水基和亲油基组成，亲水基包括酯基、羟基、磷酸盐基团和羧酸盐基团等，亲油基包括蛋白质或具有疏水性支链的缩氨基等。根据生物表面活性剂化学结构的不同，可将其分为五类：糖脂类、酯肽和脂蛋白类、磷脂和中性脂类、聚合物生物表面活性剂类和微粒表面活性剂类。表 8-3 列举了一些常见的生物表面活性剂的种类及其生产菌。

表 8-3 常见的生物表面活性剂的种类及其生产菌

生物表面活性剂	生产菌	
	中文名	拉丁名
糖脂	节杆菌属	*Arthrobacter* sp.
糖脂、蛋白质	嗜石油球拟酵母	*Torulopsis petrophilum*
槐糖脂	球拟酵母 蜜蜂生球拟酵母	*Torulopsis bombicola* *Torulopsis apicola*
海藻糖二霉菌酸酯	红串红球菌	*Rhodococcus erythropolis*
鼠李糖脂	铜绿假单胞菌	*Pseudomonas aerugmosa*

生物表面活性剂	生产菌	
	中文名	拉丁名
蔗糖酯	节杆菌	*Arthrobacter paraffimeus*
果糖酯	节杆菌	*Arthrobacter paraffimeus*
棒杆霉菌酸	野兔棒状杆菌	*Corynebacterium lepus*
脂肪酸、甘油单酯、甘油二酯	不动杆菌属	*Acimetobacter* sp.
多糖-脂肪酸混合物	热带假丝酵母	*Candida tropicalis*
脂质体	解脂念珠菌	*Canadia lipolytica*
多糖	乙酸钙不动杆菌	*Acinetobacter calcoaceticus*
中性脂	红粉诺卡菌	*Nocardia erythropolis*
表面活性素	枯草芽孢杆菌 地衣芽孢杆菌	*Bacillus subtilis* *Bacillus licheniformis*
酯肽	地衣芽孢杆菌	*Bacillus licheniformis*
多糖-蛋白质混合物	裂烃棒状杆菌	*Corynebacterium hydrocarboclastus*

8.4.2.1 糖脂类

糖脂是糖和脂质结合所形成的物质，在生物体中分布甚广，但含量较少，是生物表面活性剂中最重要的一类。糖脂的发现历史悠久，品种数量繁多，一些糖脂已经进入大规模的工业化生产阶段。在糖脂中，为人们所熟知的有鼠李糖脂、海藻糖脂和槐糖脂。

鼠李糖脂是假单胞菌（*Pseudomonas* spp.）在限制生长条件下进行胞外代谢所得，属于阴离子型，具有较高的分散、乳化、发泡和渗透能力。海藻糖脂是构成分枝杆菌属（*Mycobacterium*）、诺卡氏菌属（*Nocardia*）和棒杆菌属（*Corynebacterium*）细胞壁的主要成分，其优越的破乳化性质有利于提高石油的开采率。槐糖脂中羟基酸的链长取决于所用底物的链长，酵母培养条件对槐糖脂的组成也有一定的影响。槐糖脂是一种优越的乳化剂，常用于配制洗发香波，具有良好的去除头屑的功效。

8.4.2.2 酯肽和脂蛋白类

酯肽和脂蛋白可以从多种细菌和酵母菌中分离得到，短小芽孢杆菌（*Bacillus brevis*）和多黏芽孢杆菌（*P. polymyxa*）可以产生很多环酯肽，均具有很好的表面活性。枯草杆菌（*Bacillus subtilis*）IFO3039 可产生酯肽类表面活性剂，呈晶状，被称为表面活性素，一般可以从细菌的胞外代谢产物中分离得到，是肽链和 β-羟基十五烷酸经过酯键和酰胺键（肽键）连接而成的，是迄今为止效果最好的表面活性剂之一。

8.4.2.3 磷脂和中性脂类

磷脂生物表面活性剂的亲油基为两个脂肪酸链，亲水基为氨基和硫酸基，具有乳化、表面吸附和界面吸附等性质，是一种天然的两性表面活性剂，具有无污染、无毒、易生物降解及无刺激的特点。磷脂生物表面活性剂在菜籽、大豆、花生等油料作物种子中普遍存在，其中大豆中的含量最高。中性脂生物表面活性剂的亲水基为羧酸基，包括脂肪醇、甘油酯、蜡、脂肪酸等。

8.4.2.4 聚合物生物表面活性剂类

聚合物生物表面活性剂是一种生物聚集体，包括脂糖蛋白质复合物和脂多糖。脂糖蛋白质复合物是由氨基酸的烷基酯与明胶等水溶性蛋白质反应生成的，是脂肪酸和多糖通过酯化产生的高分子化合物，具有很强的乳化能力，其中亲油基为氨基酸的脂肪烃基，亲水基为水溶性蛋白质。

8.4.2.5　微粒表面活性剂类

生物膜的囊泡是典型的微粒表面活性剂，与同一微生物表面的膜相比，生物膜的囊泡大约可以包含 5 倍的磷脂和 350 倍的多糖，这些胞外膜囊泡具有分隔烃类的微乳化作用，在微生物细胞吸收烷烃类物质中发挥着重要作用。

8.4.3　生物表面活性剂的理化性质

相比于化学合成的表面活性剂，生物表面活性剂具有以下优点：可生物降解性好，对环境无污染；化学结构复杂多样，可以通过微生物的方法引入新的化学基团；应用广泛，具有不致敏、可消化的特点；在复杂环境下，生物表面活性剂的专一性和选择性更好。除了表面活性剂的结构和浓度以外，油水体积比、电解质、有机溶剂、温度、pH 值、混合强度和黏度等也会影响生物表面活性剂的性能。

8.4.3.1　临界胶束浓度

表面活性剂分子在溶剂中缔合形成胶束的最低浓度即为临界胶束浓度（CMC）。表面活性剂的表面活性源于其分子的两亲结构，亲水基使分子有进入水中的趋势，而亲油基则竭力阻止其在水中溶解而从水的内部向外界空气迁移，有逃逸水相的倾向。这两种倾向平衡的结果使表面活性剂在水表富集，亲水基伸向水中，亲油基伸向空气，其结果是水表面好像被一层非极性的碳氢链所覆盖，从而导致水的表面张力下降。胶束的形成在某种程度上影响了表面活性剂的性质，因此当表面活性剂的浓度超过 CMC 时就会具有明显的效果。CMC 越低，说明表面活性剂的表面活性越高。在 CMC 附近，表面活性剂的表面张力、界面张力、电导率、蒸气压、增溶性和光散射性都会发生明显的变化。

8.4.3.2　胶束的大小和形状

胶束主要由内核和外壳组成，亲油基聚集在一起形成内核，亲水基朝外与水接触形成外壳。胶束的大小和形状主要取决于表面活性剂的分子结构与浓度。聚集数是指平均每个胶束的活性剂离子或分子数，聚集数越大，则胶束越大。在表面活性剂亲水基不变的情况下，亲油基碳原子数的增加致使表面活性剂的亲油性增加，则其从水中逃逸的趋势增大，所以在水介质中胶束的聚集数也会相应增加。

在稍高于 CMC 的范围内，可形成球形对称的胶束。随着表面活性剂浓度的增加，在高于 10 倍的 CMC 时，胶束呈柱状结构，此时表面活性剂分子的亲油基与水的接触面积缩小，稳定性增强。随着浓度继续增加，柱状胶束聚集成六方柱形。而在更高的浓度时，水中会形成巨大的层状胶束，直至形成液晶结构或微乳状液。另外，活性分子中的亲水基和亲油基的相对大小也决定着胶束的形状：亲水头部越大，越易形成球状；亲水头部较小、疏水尾部较短时，则易形成棒状；具有较长尾部的活性剂会形成胶囊状的胶束。

8.4.3.3　增溶度

在水中加入少量的表面活性剂，能使不溶或者微溶于水的有机物溶解度显著增强的现象称为增溶现象。被增溶物质在含有表面活性剂的水溶液中的最大溶解度与其相同条件下在纯水中的溶解度之差称为表面活性剂对这种物质的增溶度。增溶作用就是表面活性剂所特有的将有机物加在胶束中的作用。增溶后的胶束不存在两相界面，具有热力学的稳定性。

表面活性剂分子的化学结构和浓度、被增溶物质的性质以及电解质的浓度等都能影响有机物的增溶度。表面活性剂分子中亲油基烃链越长，胶束内部的体积就越大，就会吸纳越多的有机物，有机物的增溶度就越大。当表面活性剂浓度增大时，胶束量也会增多，因此对有机物的增溶度会随着活性剂的浓度增加而提高。然而，随着被增溶物质碳原子数的增加，其增溶度减小。在高表面活性剂浓度下，加入电解质可以增大胶束尺寸，就能容纳更多的有机物，从而提高增溶度。

8.4.3.4 亲水亲油平衡值

表面活性剂的亲水亲油平衡值（hydrophilic lipophilic balance），简称 HLB 值，是一个用来衡量表面活性剂分子中的亲水部分和亲油部分对其性质所作贡献大小的物理量。HLB 值是一个相对值，规定亲油性强的石蜡（完全无亲水性）的 HLB 值为 0，亲水性强的聚乙二醇（完全是亲水基）的 HLB 值为 20，以此标准制定出其他表面活性剂的 HLB 值。HLB 值越小，亲油性越强；反之，亲水性越强。HLB 值可以通过 Davis 法进行计算。Davis 法是将表面活性剂分解成若干个基团，每个基团均对 HLB 值有一定的贡献。基团对 HLB 值的贡献可以通过查表得到的该基团相应的基团常数来评价。在确定好表面活性剂中存在哪些亲水基和亲油基后，通过查表得到相应的基团常数，根据式（8-1）求和，即可得到 HLB 值。

$$HLB = 7 + \sum 亲水基常数 - \sum 亲油基常数 \tag{8-1}$$

8.4.4 生物表面活性剂的提取

生物表面活性剂主要有三种制备方法，分别是微生物法、天然生物材料提取法和酶合成法。微生物法制备生物表面活性剂是在细胞内部利用多种酶联合催化，对生物进行转化。天然生物材料提取法是利用天然的动植物材料，从中提取生物表面活性剂的方法。酶合成法是指利用外源酶催化合成的方法。

生物表面活性剂的生产成本较高，主要是因为其浓度较低，分离起来纯化难度较大。通常情况下，产物的提取及后续的浓缩处理等工艺会占整个产物生产费用的 60%～70%。因此，通过选择合适的提取方式来降低生产成本，也是保证生产工艺成功的关键环节。

8.4.4.1 萃取

溶剂萃取是一种常用的化学分离方法，根据物质在不同溶剂中溶解度的不同和分配系数的差异，对物质进行分离和浓缩，是提取生物表面活性剂比较常用的方法。常用的有机溶剂有甲醇、乙醇、丙酮、氯仿、二氯甲烷和戊烷等，萃取溶剂的选择通常根据相似相容原理。研究表明，甲基-叔丁基醚具有低毒、可生物降解、易回收、不易燃和不易爆炸等优良特性，可用于生物表面活性剂的大规模生产。

8.4.4.2 超滤

作为生物表面活性剂提取的新方法，超滤是指在外压的作用下，让不易过滤的样品通过膜的方法，具有速率快、回收率高等优点。利用截留分子量为 10000 的超滤膜（YM210）分离鼠李糖脂，其回收率可达 92%。

8.4.4.3 泡沫分离

微生物在发酵过程中会产生一定量的泡沫，能够产生生物表面活性剂的微生物在这一过程中产生泡沫的现象则会更加显著。泡沫的产生会使得产品、营养成分和细胞发生流失。加入一些化学抑泡剂虽然可以抑制泡沫的产生，但是这不仅增加了运行费用，降低了氧的传递效率，还会对微生物产生负面影响。然而，研究发现，合理利用产生的泡沫可以对表面活性剂进行有效的回收。Davis 等利用泡沫分离法成功浓缩了一种生物表面活性剂。

8.5 微生物固定化材料

生物处理技术在环境工程领域，尤其是在污水处理中占据着十分重要的地位。生物反应材料是生物膜法处理废水中的核心部分，主要作用是吸附和固定微生物，为微生物提供生长繁殖的稳定环境。固定化微生物技术是将特定的微生物固定在选取的载体上，使其高度密集并保持生物活性，并在适宜条件下能够快速、大量增殖的生物技术。固定化微生物技术有利于保持高浓度生物量，承受更高的有机负荷，并且有利于固液分离，在污水处理中具有广阔的应用前景。根据应用场合的不同，可以将微生物固定化材料分为生物填料和生物载体材料。

8.5.1 微生物固定的方法

微生物固定就是将微生物细胞通过物理或化学的方法固定在微生物固定化材料上，使得微生物细胞与这些固定的水不溶性材料相结合，既保持了微生物的生物活性，又有利于微生物的活动。目前，微生物固定的方法较多，根据对各种方法的分析，可以将其分为包埋法、吸附法、共价交联法、介质截留法和无载体固定法五种方法。

8.5.1.1 包埋法

包埋法是将微生物细胞均匀地包埋在半透性的聚合物凝胶或高分子载体网格的紧密结构中，是微生物固定的常用方法。高分子网络结构可以防止微生物或者细胞渗出载体，因此小分子的底物和产物可以自由出入，但是微生物不会流出来。细胞和包埋材料不发生任何反应，细胞也处于最佳的生理状态。但这种方法酯化速度慢，颗粒常出现溶胀现象，容易粘连。

微生物固定化的细胞过程对包埋载体具有一定要求：固定化过程简单，能在常温常压下形成一定的形状；成本低廉；固定化过程及其固定后对微生物均无毒无害；基质的通透性较好；固定化细胞密度较大，载体内细胞渗出较少，外面的细胞难以进入载体材料内部；物理强度和化学稳定性好；具有一定的抗微生物分解能力，易沉降分离。

8.5.1.2 吸附法

吸附法是基于微生物和载体之间的黏附力和静电作用力，通过物理吸附、化学共价键或离子键的作用，将微生物吸附在载体表面的方法。该方法简单易行，条件温和，对微生物活性影响较小，应用比较广泛。但是这种方法所能固定的微生物细胞数量有限，不够牢固，反应稳定性和重复性较差。根据吸附作用力的不同，可以将吸附法分为物理吸附和离子吸附两类。

利用吸附载体将微生物吸附到其表面的方法称为物理吸附法。微生物与吸附载体之间的作用力主要包括范德瓦耳斯力、氢键和静电作用。所用的吸附剂是具有高吸附能力的物质，如硅胶、活性炭、多孔玻璃、碎石、卵石等。离子吸附是利用微生物细胞表面的静电荷在适当条件下与离子交换树脂进行离子结合和吸附从而制成固定化细胞，又称为载体结合法。常用的离子交换剂包括 DEAE-纤维素和 CM-纤维素等。这种方法对微生物活性影响较小，但所结合的微生物数量有限，重复性和稳定性较差。

8.5.1.3 共价交联法

共价交联法，也称为共价结合法，其原理是通过微生物中酶分子的氨基和羟基与具有两个或两个以上官能团的试剂反应，交联形成共价键，使微生物菌体相互连接成网状结构而达到微生物固定化的目的。两者结合紧密，稳定性好，但是基团结合时反应比较剧烈，操作比较复杂，反应过程难以控制。最为常见的多功能交联剂为戊二醛、双重氮联苯胺和乙烯-马来酸酐共聚物等。

8.5.1.4 介质截留法

介质截留法是指利用半透膜、中空纤维膜及超滤膜等进行截留，将生物催化剂以可溶的形式限定在一定的区域空间里的方法。这种方法可以使基质与微生物细胞充分有效地反应，并且有利于选择性控制底物和产物的扩散。但是，介质截留法容易导致截留膜的污染和堵塞等。

8.5.1.5 无载体固定法

无载体固定法是利用某些微生物自身具有的自絮凝特点形成颗粒，使微生物自固定，是一种新型的微生物固定方法。在自絮凝颗粒形成的过程中，还能同时创造适宜微生物生存的生态环境，有利于微生物的新陈代谢。该方法与其他固定方法相比具有显著的优势，未来在污水处理工艺中有望得到广泛应用。

不同微生物固定方法各有其自身的优势及缺点，表 8-4 在制备难易、稳定性、细胞活性以及空间位阻等方面对五种微生物固定方法的性能进行了比较。固定材料的浓度通常会直接影响固定化细胞的性能。材料浓度越高，固定化小球的强度越大，黏度和操作难度就会增加，不利于基质的传递。同样，菌体浓度越高，处理效率就越高，但容易造成微生物供氧不足。比如，使用不同浓度的海藻酸钠固定双歧杆菌，随着海藻酸钠浓度的增大，细胞的回收率有所提高，但变化不大，而体系的黏度则会大幅度增加，使得操作难度增大。

表 8-4　不同微生物固定方法的性能比较

微生物固定方法	制备难易	结合力	细胞活性	适用性	稳定性	空间位阻
吸附法	易	弱	高	低	适中	低
包埋法	适中	适中	适中	低	高	高
共价交联法	难	强	低	高	高	高
介质截留法	适中	强	强	低	高	低
无载体固定法	适中	强	低	适中	高	高

8.5.2 生物填料

在环境工程领域中，生物填料一般应用于流化床和生物接触氧化池。常用的生物填料分为软性填料、半软性填料和硬性填料。硬性填料的比表面积大，质轻强度高，但容易堵塞，主要有波纹板和蜂窝填料等。软性填料的比表面积大，强度高，不会出现堵塞现象，主要由涤纶和维纶（聚乙烯醇缩甲醛纤维）等纤维束组成，长期运行后会产生结块和纤维绳脱落等情况。为了防止生物膜生长于纤维束上并结成小球，导致生物填料的比表面积减小，通常以硬性塑料为支架,再将软性纤维覆盖其上制成半软性填料,也称为复合纤维填料。此外,根据生物填料安装方法的不同,可以将其分为固定式填料、悬挂式填料、悬浮式填料和分散性填料等。

8.5.2.1　固定式填料

固定式生物填料始于 20 世纪 70 年代,主要有蜂窝状填料和波纹状填料,多用玻璃纤维增强塑料和各种薄形塑料片制成。固定式填料的材质包括酚醛树脂加玻璃纤维及固化剂、不饱和树脂加玻璃纤维及固化剂、塑料等。

蜂窝状填料如图 8-1(a) 所示,质轻且纵向强度大,蜂窝管壁面光滑没有死角,使得衰老的生物膜容易脱落。这种材料耗费较少,比表面积较大,而且孔隙率大,壁厚 0.1mm、内切圆直径 10mm 的蜂窝管的孔隙率可以达到 97.9%。但蜂窝状填料横向不流通,容易造成布气不均匀,导致管内水流流速不均匀,从而影响传质效果。另外,当管壁内生物膜量过多时,容易出现堵塞现象,不适合处理高浓度有机废水。

波纹状填料具有孔径大、不易堵塞、处理效率高和安装运输方便等优点,如图 8-1(b) 所示。但废水在波纹通道内流动不均匀,不利于微生物的更新,因此近年来波纹状填料在水处理中并不常用。

(a) 蜂窝状填料　　　　　　　　　　　　　　(b) 波纹状填料

图 8-1　固定式填料外观图

8.5.2.2　悬挂式填料

悬挂式填料是始于 20 世纪 70 年代末的一类填料,使用寿命较长,价格适中,具有很大的市场竞争力,应用较为广泛,一般分为软性填料 [图 8-2(a)]、半软性填料 [图 8-2(b)]、组合填料 [图 8-2(c)] 和弹性立体填料 [图 8-2(d)] 等。

软性纤维填料,简称软性填料,以醛化纤纶为基本材料,其基本结构是在一根中心绳索上系扎软化纤维束。软性填料模拟天然水草形态加工而成,具有比表面积大、利用率高、孔隙可变不堵塞(孔隙率一般＞90%)、适用范围广、造价低、运费少等优点。软性填料近年来推陈出新,形式多样,结构合理,效果愈佳,出水水质稳定,通常 COD 和 BOD_5(五日生化需氧量)的去除率均高于 80%。然而,当有机废水浓度过高或水体中悬浮物过大时,填料丝会结团,在结团中心区容易发生厌氧反应,从而发生断丝、中心绳断裂等情况,不仅严重影响了填料的使用性能,还大大缩短了使用寿命。

半软性填料又称为"雪花片"填料,是由聚丙烯、聚乙烯制成的软性纤维填料,是

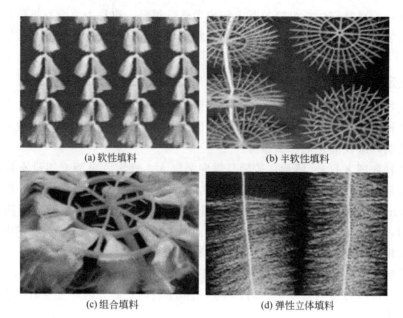

(a) 软性填料　　　　　　　　(b) 半软性填料

(c) 组合填料　　　　　　　　(d) 弹性立体填料

图 8-2　悬挂式生物填料外观图

模拟天然水草形态加工而成的。这种材料具有合理的结构形式，挂膜和脱膜效果好，不易堵塞，具有良好的切割气泡和二次布水布气功能，可使氧气的利用率由 6%～8% 提升至 40%～60%，从而大大减少能量的浪费。但半软性填料也存在一些不足，如运行时，虽然每根填料两端固定在支架上，但是中间部分依然会随着气流和水流被扰动，导致生物膜更新太快，而剥落的生物膜也会随着水流被及时冲走。这种材料比表面积较低（87～93m^2/m^3），导致在实际运行过程中生物膜总量不足，光滑的表面也致使微生物附着性能较差，生物膜易脱落。

组合填料是在软性填料和半软性填料的基础上发展而成的，由纤维束、塑料环片、套管、中心绳组成。纤维束在中间塑料环片的支撑下，避免了纤维束中心结团的现象，同时能起到良好的布水布气作用，接触传质条件好，氧气的利用率高。其比表面积高达 1000～2500m^2/m^3，孔隙率为 98%～99%，具有挂膜快、生物总量大、不易结团、容积负荷率高、耐冲击、运行稳定和生化处理效果好等优点，是一种经济高效和生化性能良好的新型生物填料。其在污水处理工艺中应用广泛，污水处理能力优于软性填料和半软性填料，在正常水力负荷条件下，COD 去除率达 70%～85%，BOD 去除率达 80%～90%。

弹性立体填料的丝条呈辐射立体状态，具有一定的柔性和刚性，回弹性较好，使用寿命较长，布水布气性能良好，氧传递系数高，挂膜和脱膜容易，比表面积大，不容易发生结团堵塞，可以满足大型工程的需要。

8.5.2.3　悬浮式填料

由于当前国内外固定式或悬挂式填料的不足，受生物流化床工艺的启发，研究人员开发出了悬浮式生物填料。这种填料的密度接近于水，不需要支架固定，可以随着曝气搅拌而悬浮于水体中，呈均匀流化态，能耗较低，是一种具有广泛应用前景的生物填料。常用的悬浮式填料可以分为空心柱状悬浮式填料、空心球状悬浮式填料、海绵块状的软性悬浮式填料，以及外形笼架、内装丝形或条形编织填料的组合式悬浮填料四类，如图 8-3 所示。

表 8-5 列举了常用生物填料及其相关特性。

| (a) 空心柱状 | (b) 空心球状 | (c) 海绵块状 | (d) 组合式 |

图 8-3　常见的生物填料

表 8-5　常用生物填料及其相关特性

序号	填料名称	材料、组成、结构	安装方式	适合工艺	比表面积	说明
1	蜂窝斜(直)管填料	PP 或 PVC	框架支撑	生物膜法或沉淀池	较小	直管适用于小型生物膜法污水处理装置;斜管适用于沉淀池
2	软性纤维填料	PE 中心绳+醛化维纶丝花束	框架捆绑悬挂	生物膜法	较大	适合兼性好氧、厌氧处理,也可用于曝气池;污泥减量较为明显,处理效果好,成本一般,性价比较好,易挂膜、脱膜,适用于大型污水处理装置
3	组合纤维填料(多孔)	PE 中心绳+PE 环片+醛化维纶丝花束	框架捆绑悬挂	生物膜法	较大	适合兼性好氧、厌氧处理,也可用于曝气池;污泥减量较为明显,处理效果好,成本较低,性价比较好,易挂膜、脱膜,适用于大型污水处理装置
4	组合纤维填料(夹片)	PE 中心绳或环片+醛化维纶丝花束	框架捆绑悬挂	生物膜法	不大	适合兼性好氧、厌氧处理,也可用于曝气池;污泥减量较为明显,处理效果一般,成本较低,性价比较低,易挂膜、脱膜,适用于小型污水处理装置
5	弹性立体填料	PE 中心绳+PP 弹性丝	框架捆绑悬挂	生物膜法	较小	适合兼性好氧、厌氧处理,也可用于曝气池;污泥减量较为明显,处理效果较差,成本较低,性价比较低,易挂膜、脱膜,适用于中小型污水处理装置
6	悬浮填料	PP	池内随意放置	生物膜法或流化床	略小	适合兼性好氧、厌氧处理,也可用于曝气池;污泥减量效果一般,整体使用效果一般,成本较高,易挂膜、脱膜,适用于改造或小型污水处理装置及流化床
7	纤维球填料	涤纶纤维	塔内自然投放	塔式过滤器	较大	适用于空气处理过滤塔、污水处理装置和流化床装置

8.5.2.4 其他生物填料

生物填料是生物膜水处理技术中的重要部分，随着研究的不断深入，新型生物填料也随之被生产出来。在材料开发的过程中，主要侧重于填料的比表面积、填料的结构与布水布气性能，但在实际应用中，填料的挂膜速度和挂膜量都明显表现不足，因此需要对填料进行亲水性和生物亲和性的改进。生物填料的亲水性改性通过对填料进行表面处理和在原材料中引入亲水基两种途径来实现。生物亲和活性填料通常指填料具有很好的生物相容性，不会对生物造成任何的损害或有任何的副作用。生物亲和性是生物填料的一个重要指标，如微生物固定化填料大多以生物亲和性较好的海藻酸钙和琼脂糖等物质作为载体。

8.5.3 生物载体材料

生物载体材料是微生物固化和生长繁殖的场所，对其的要求是尽可能有较多的生物量，要有利于微生物代谢过程中所需氧气、营养物质及代谢产物的传质过程。根据载体材料的组成，可以将其分为无机载体、有机高分子载体和复合载体三大类。

8.5.3.1 无机载体材料

无机载体一般是具有多孔性的物质，主要靠吸附作用和电荷效应将微生物固定在其表面。载体材料的孔隙为微生物提供了生长和繁殖的空间，大大增加了细胞密度，具有机械强度大、传质性能优良、对微生物无毒性和不易被微生物分解等优点。另外，无机载体材料的制作成本较低，使用寿命较长，具有很大的应用价值。但是这类载体也存在密度较大、微生物负载量有限、附着在其表面的微生物易脱落等缺点。目前，常用的无机载体材料包括硅藻土、硅胶、分子筛、陶瓷、高岭土和氧化铝等氧化物及无机盐。

由于硅藻土具有极大的比表面积和优良的吸附性能，其在污水处理过程中不仅能够去除颗粒态和胶体态的污染物，也能够有效地去除色度、重金属离子和以溶解态存在的磷。

硅胶，又称为硅酸凝胶，是一种高活性吸附材料，具有开放的多孔结构，吸附性能强，所吸附的物质种类较多。硅胶的化学组分和独特的物理结构决定了其具有许多同类材料难以比拟的优点，包括吸附性能高、热稳定性好、化学性质稳定和机械强度较高等。

分子筛是具有立方晶格的硅铝酸盐化合物，为粉末状晶体，有金属光泽，可以对不同极性程度、不同饱和程度、不同分子大小及不同沸点的分子进行分离，因此具有"筛分"分子的作用，故称为分子筛。分子筛有很大的比表面积，高达 $300\sim1000\,\mathrm{m^2/g}$，内晶的表面高度极化，是一类高效吸附剂。

近年来，微生物的固定化通常将固定化方法与载体的合成联系在一起，根据微生物的特性，为其制备合适的载体。表 8-6 列举了一些无机载体吸附固定微生物菌体的应用。

表 8-6 无机载体吸附固定微生物菌体的应用

无机载体材料	固定化微生物	发生反应
硅酸硼玻璃	黑曲霉（*A. niger*）	孢子及菌丝的生成
	枯草芽孢杆菌（*B. subtilis*）	菌体繁殖
	大肠杆菌（*E. coli*）	菌体繁殖
	产黄青霉（*P. chrysogenum*）	菌体生成
	酿酒酵母（*S. cerevisiae*）	菌体繁殖

无机载体材料	固定化微生物	发生反应
硅烷化硅酸硼玻璃	大肠杆菌（*E. coli*）	菌体繁殖
氧化锆陶瓷	黑曲霉（*A. niger*）	孢子及菌丝的生成
	产黄青霉（*P. chrysogenum*）	菌体生成
	酿酒酵母（*S. cerevisiae*）	菌体繁殖
翠绿泥石	黑曲霉（*A. niger*）	孢子及菌丝的生成
	产黄青霉（*P. chrysogenum*）	菌体生成
	酿酒酵母（*S. cerevisiae*）	菌体繁殖
陶瓷环	酿酒酵母（*S. cerevisiae*）	乙醇发酵
陶瓷	热带念珠菌（*C. tropicalis*）	吸附
	红酵母属（*Rhodotorulu* sp.）	吸附
	毛孢子菌属（*Trichosporon* sp.）	吸附
多孔砖环	卡尔斯伯酵母（*S. carlsbergensis*）	啤酒酿造
	酿酒酵母（*S. cerevisiae*）	乙醇发酵
硅藻土	卡尔斯伯酵母（*S. carlsbergensis*）	乙醇发酵
黏土	热带念珠菌（*C. tropicalis*）	吸附
	红酵母属（*Rhodotorulu* sp.）	吸附
	酿酒酵母（*S. cerevisiae*）	吸附
	毛孢子菌属（*Trichosporon* sp.）	吸附
砂	反硝化微生物（Denitrification microorganisms）	脱氮
不锈钢	枯草芽孢杆菌（*B. subtilis*）	α-淀粉酶
	酿酒酵母（*S. cerevisiae*）	菌体繁殖
多孔质硅烷	卡尔斯伯酵母（*S. carlsbergensis*）	啤酒酿造
石棉	甲烷氧化菌（Methanoxidizing bacteria）	甲烷生产

8.5.3.2　有机高分子载体材料

有机高分子载体可以分为两大类：一类是高分子凝胶载体，如海藻酸钙、纤维素、甲壳质和胶原等；另一类为有机合成高分子凝胶载体，如聚丙烯酰胺凝胶、聚乙烯醇凝胶、聚丙烯酸凝胶和光固化树脂等。

海藻酸是从海藻植物中提取出来的多糖类物质，海藻酸盐的分子式为（$C_8H_8O_8$）$_n$，聚合度为 $80\sim750$，这种天然线性高聚物无毒，一价盐为水溶性物质，二价及以上的均为水不溶性物质，因此可以形成耐热性较好的凝胶或薄膜，具有力学性能好、化学稳定性好和耐热性良好等优点。虽然海藻酸盐常作为微生物固定化载体材料，但研究发现在厌氧条件下海藻酸盐易被微生物分解，细胞或酶容易流失，强度低，这些缺点严重限制了海藻酸盐载体的推广。为了克服海藻酸钙凝胶在使用过程中的不稳定性质，用聚乙烯亚胺-戊二醛交联强化法和聚乙烯亚胺-高氯酸钠氧化强化法处理海藻酸钙凝胶颗粒，可以提高其抗磷酸盐的能力和机械强度，操作稳定性好，对酶的活性没有影响。随着对其改性技术的深入研究，海藻酸盐凝胶的强度和稳定性会有进一步的提高，其应用也会更加广泛。

纤维素是地球上最古老和最丰富的天然高分子，纤维素中含有大量的羟基，通过氧化、酯化、醚化、取代、接枝共聚和交联等反应可获得含有不同活性基团的纤维素衍生物，并且这些纤维素具有不同的形状，如粉状、片膜状以及溶液等形式。纤维素作为自然界中储量最丰富的天然生物降解材料，微生物可以将其完全降解，且对环境不会造成污染，它还具有很好的亲水性、生物相容性和较好的机械强度，因此纤维素在生物法处理废水领域得到了广泛应用。

甲壳质是地球上仅次于纤维素的第二大可再生资源，广泛存在于甲壳纲动物、软体动物、昆虫、真菌、高等植物细胞壁以及海藻中，自然界中每年生成的甲壳质约有100亿吨。当甲壳质经过浓碱处理后的脱乙酰度超过70%时，称其为壳聚糖。壳聚糖具有良好的化学稳定性、耐热性和机械刚性，容易再生，可以吸附蛋白质，亲水性好，具有与细胞表面基团相互作用的官能团，具有良好的生物相容性。另外，壳聚糖通过发生酰基化、羧基化、醚化、N-烷基化、酯化、氧化、卤化和接枝共聚等反应，可以引入更多新的官能团，得到各种系列的衍生物。总之，壳聚糖及其衍生物已经成为性能优良的微生物固定化载体材料。

人工合成高分子有机载体主要包括聚乙烯醇（PVA）、聚丙烯酰胺（PAM或PAAM）和酚醛树脂等。PVA具有优异的亲水性和良好的反应性，对生物的活性基本没有影响，而且廉价易得，是常用的生物载体材料之一。聚丙烯酰胺是由丙烯酰胺单体自由加聚而成的聚合物，是重要的水溶性聚合物，连接在分子主链上比较活泼的侧链酰氨基不仅可以进行多种化学转化反应，并且与很多含有氢键的物质都具有很好的亲和性。因此，PAM及其衍生物具有絮凝、增稠、黏合、防静电、凝胶化和一些生物功能等作用。

近年来，随着高分子合成技术的快速发展，通过控制聚合工艺，可以改变聚合物的孔结构、亲水性等特性。根据设计目的，可以制备出符合人类需求的生物载体材料，并且通过对比其废水处理效果，可筛选出微生物固定性能优良的高分子多孔载体材料。表8-7对比了天然高分子和人工合成高分子载体材料的部分性能。

表 8-7　天然高分子和人工合成高分子载体材料的部分性能比较

性能	琼脂	海藻酸钙	卡拉胶	聚丙烯酰胺	PVA-硼酸
压缩强度/(kgf[①]/cm²)	0.5	0.8	0.8	1.4	0.75
耐曝气强度	差	一般	一般	好	好
扩散系数/(10^{-6} cm²/s)		6.8(30℃)	3.73(25℃)	5.44～6.67 (60～75℃)	3.42(25℃)
有效系数	75	68	58	60	
耐生物分解性	差	较差	好	好	好
生物毒性	无	无	较强	较强	一般
固定的难易	易	易	难	难	较易
成本	便宜	较便宜	贵	贵	便宜

① 1kgf=9.80665N。

复习思考题

1. 请简述环境生物技术的含义并列举几种常用的环境生物材料。
2. 简述生物絮凝剂的絮凝机理。

3. 影响生物吸附剂吸附性能的因素有哪些？

4. 生物降解材料分为哪几类？

5. 简述生物表面活性剂的组成及分类。

6. 生物表面活性剂的理化性质有哪些？请简要叙述。

7. 常用的生物表面活性剂提取方式有哪些？

8. 微生物固定的方法有哪几种？

9. 组合填料的组成有什么？具有什么特点？

10. 根据载体材料的组成，可以将生物载体材料分为哪几类？

11. 无机载体材料具有哪些优点？请举例说明。

12. 如何克服海藻酸钙凝胶在使用过程中的不稳定性质？

第9章 环境材料的绿色设计

9.1 绿色设计的理念、原则及要素

9.1.1 绿色设计的理念

现代科技不平衡的发展造成了环境及生态的破坏，绿色设计正是来源于人们对此问题的反思。目前环境与资源问题非常严峻，绿色设计逐渐成为世界性潮流。20世纪90年代以来，环境保护已成为全球性热点话题之一，设计师们开始高度重视设计与环境之间的关系，力图通过设计在人与环境之间建立一种可协调发展的机制。因此，绿色设计的概念应运而生。

生态和环保是紧密联系的，生态学是一门近代的科学，它与自然科学和社会科学在相互渗透的过程中不断得到了发展，并在解决资源、环境、可持续发展等重大问题上发挥了重要作用。现代生态学的核心集中于生态系统，它是以生态学和植物群落学为基础，并结合现代化技术，通过不同学科之间的相互渗透而发展起来的新兴学科。物质循环和能量流动在任何一个生态系统中总是不断地进行着，但在一定时间范围内，生态系统中的生物和环境之间、生物和各个种群之间能够保持 种相对平衡的状态，这种平衡状态就称为生态平衡。生态系统的平衡是动态的平衡，而非静止的平衡。所谓动态平衡是指平衡值在其周围一定范围内波动，而不要求绝对等于某一数值。这个波动的临界值称为阈值，当变化超过了阈值，改变就会发生，最终导致生态失衡。

绿色设计从人与自然生态平衡关系的角度出发，在各环节的设计过程中，都充分考虑到产品的环境效益和环境影响，将环境属性作为产品设计的目标和出发点，以此来保护人们赖以生存的环境。绿色设计与制造是一个技术性、组织性活动，它通过合理使用资源，以最小的生态公害，尽可能在各方面获得最大的利益或价值。绿色设计与制造是人类可持续发展的必经之路，它将联结起生态环境与经济社会，使其成为一个协调发展的有机整体，要求经济发展建立在生态环境的承载能力之内，使环境与资源在满足当代人需求的同时，还能考虑到子孙后代长远生存的需要。

绿色设计的内涵与环境设计、生命周期设计、生态设计或环境意识设计等概念相近，都强调消费与生产需要力求一种对环境影响作用最小的设计。绿色设计主要根据产品生命周期中各种与产品相关的信息，借助模块化设计、并行设计等理论指导，使所设计的产品具有先

进的技术性、合理的经济可行性和良好的环境协调性。

与传统设计不同的是，绿色设计包括了产品从概念形成到生产制造、使用乃至废弃后的回收再利用及后续处理的各个阶段，涉及产品的整个生命周期。绿色设计在很多方面与传统设计不同，如设计目的、思想、本质、生命周期等。表 9-1 将绿色设计与传统设计进行了详细的比较。

材料产品的绿色设计与传统设计相比，在涉及的知识领域、设计方法和过程等方面更为复杂，着重考虑原料选择，制造过程的资源节约、能源节约和污染减少，以及产品废弃后的可循环再生。绿色设计具有明显的多学科交叉性，所涉及的学科包括机械制造科学、材料科学、社会科学、环境科学、电子技术等。因此，绿色设计是现代设计方法和过程的集成，是一种综合的系统化设计方法，是综合了材料的产品质量、功能、寿命、绿色属性等性能的设计系统。

表 9-1 绿色设计与传统设计比较

比较项目		传统设计	绿色设计
不同点	设计目的	以需求为主要设计目的	满足实际需求，符合可持续发展要求
	设计思想	基于传统设计思想	基于环境意识和可持续发展思想，来源于传统设计，但又高于传统设计
	实质	考虑产品的基本属性，如产品的功能、质量和成本，而忽略产品的环境属性，亦即产品生命周期全过程各个阶段的环境影响。对于产品使用阶段的使用成本、保修期后的维修成本以及产品淘汰废弃后的回收等考虑较少	考虑产品整个生命周期各个阶段对环境的影响及作用。着重考虑产品废弃后的回收、再生和再利用。最大限度减小产品对环境的影响，尽可能提高资源循环利用率
	可制造性	仅限于考虑与产品制造阶段有关的可制造性，较少考虑与使用、维护及回收处理阶段有关的可制造性	不仅考虑与产品制造阶段有关的可制造性，而且系统考虑与使用、维护及回收处理阶段有关的可制造性
	生命周期	线性、开环的产品生命周期	闭环的产品生命周期
	设计方式	串行工程方式	并行工程方式
相同点		都考虑了产品的功能、质量、制造性、成本等基本属性，都要解决产品的总体结构、材料选择、零件结构的形式等基本问题	

9.1.2 绿色设计的基本原则

日本学者山本良一提出绿色设计的概念为"设计＋生命周期评价（life cycle assessment，LCA）"。LCA 是从原材料的采掘到生产、产品制造、产品使用以及产品废弃处理的整个生命周期过程中，对产品产生的环境影响进行跟踪、定量分析与定性评价的技术方法。绿色设计的中心是产品的生命周期，认识产品的三个要素：一是成本，包括原料、制造、运输、循环再生、处理等生命周期全程的费用；二是环境影响，包括温室效应、臭氧层破坏、资源枯竭等给地球造成的影响；三是性能，包括安全性、实用性、美观性等。绿色设计在设计过程中充分考虑材料产品的回收性能、废弃物减量化、产品寿命的延长、材料的环境适宜性、能源节约、安全保障等因素。

不同学者对于产品绿色设计的原则有不同的看法，Fiksel 定义的产品绿色设计原则是一种系统地在产品生命周期中考虑环境与人体健康的议题，而 Hill 提出产品绿色设计中的基本原则主要包括工艺改善、资源节约和能源节约三个方面。他所提出的绿色设计基本原则包括以下内容。

① 资源最大化利用原则。该原则主要体现在两个方面：一是要尽可能采用可再生人工资源，避免过分消耗非再生资源；二是选材确定后，在整个生产过程中充分利用材料，减少浪费。

② 能源最大化利用原则。主要体现在两个方面：首先应尽量选择可再生能源，尽可能减少不可再生能源的使用量；其次是尽可能让产品耗能最小，尽可能实现能源的节约。

③ 污染最小化原则。减少甚至从根本上消除污染是绿色设计的目的体现，所以设计师在进行产品设计时要有"绿色"的思想，在产品设计的各个环节尽可能保证产品的"绿色性"。

④ 人性化原则。原则绿色设计要符合人机工程学、设计美学等要求，只有产品满足了这些要求，才能更好地服务于消费者。绿色设计产品不仅要有助于消费者的身心健康，还要求给产品生产者和使用者提供宜人舒适的作业环境。

⑤ 技术先进性原则。该原则包括两方面内容：一是技术上的创新；二是功能先进实用，尽可能满足消费者的需求。

⑥ 综合效益最佳原则。经济合理性是绿色设计一定要考虑的因素，绿色产品的诞生是设计生产者考虑环境效益、经济效益、生态经济效益的综合结果。

9.1.3 绿色设计的要素

在材料的生产和使用过程中，绿色设计目标主要考虑了产品的先进性、经济性、协调性、舒适性。材料产品绿色设计实质上就是提供实现产品功能、经济效益与环境效益之间的平衡逻辑结构的设计。根据产品生命周期不同阶段的特点，绿色设计要素主要包括以下几点。

(1) 材料选择阶段

选择适合产品使用需求的材料；尽可能使用可被生物降解的无毒无害原料；尽可能使用单一化材料；尽可能使用可再生材料；尽可能减少材料用量；尽可能减少对材料进行化学处理，使用相容性好的材料。

(2) 产品结构设计阶段

尽量避免一次性使用的产品设计；尽量减小产品体积；尽量保持材料结构的单一；尽量使产品易于组装和拆卸；尽量使用容易替换的零件结构；尽量提高产品的结构强度，易于维修和保养。

(3) 产品生产制造阶段

尽可能选择节约材料的制造工艺；尽量减少废料的产生；尽量采用自然能源；尽量减少废水、废气、毒性物质的排放；进一步开发节约能源的工艺，提高能源的利用率。

(4) 产品包装设计阶段

包装方式尽可能简易；包装结构应尽可能简单耐用；尽量使用天然资源或纸质包装等无毒材料；尽量选用单一化的包装材料；包装设计尽量考虑消费者的安全。

(5) 产品运输销售阶段

尽可能采用经济的运输方式，同时降低产品在运输过程中所带来的环境污染。

(6) 产品使用阶段

提高消费者使用效率与满意度；使产品易于操作，同时减少错误率，保证使用者的安全；尽可能提高能源利用率，减少污染物的排放。

（7）产品废弃与回收利用阶段

引导、帮助用户进行资源分类与回收；建立完善的回收系统；尽量促进资源的回收及循环再生；选择最适当的废弃物处理方式。

（8）与产品有关的法律法规

遵循各国的环保法规与环境标准；尽量获得环保标志认证。

9.2　环境材料的绿色设计方法

9.2.1　并行绿色设计方法

并行工程是现代产品开发的一种模式，在设计产品时，它的特点主要体现在集成和并行，要求在产品设计初期将产品生命周期全过程考虑进去，它与生命周期设计方法类似，不同点在于它将现代产品开发的系统方法转变为一种模式。

并行绿色设计与传统设计相比具有更多优点。首先，并行绿色设计实现了产品开发各个环节之间的信息交流与反馈，在各个决策中都能从优化产品生命周期的角度考虑问题，从而避免产品设计过程中的多次修改。其次，在设计过程中对产品寿命终结后的拆卸、分离、回收、处理处置等各个环节进行综合考虑，使所设计的产品从概念形成到寿命终结后的回收处理能够形成一个闭环，使其满足产品整个生命周期的绿色要求。图 9-1为并行绿色设计流程图。

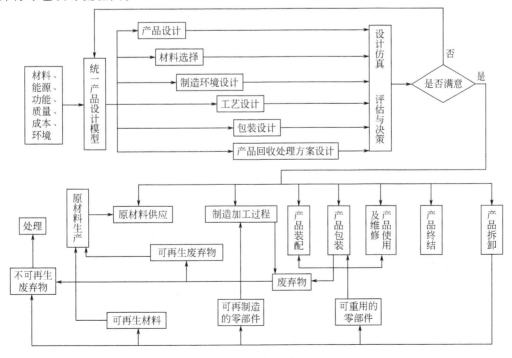

图 9-1　并行绿色设计流程图

9.2.2　生命周期评价方法

生命周期评价（LCA）又被称为环境协调性评价、生命周期评估或者寿命周期评价等。它主要通过确定和量化相关的能源、物质消耗和废弃物排放量来评价某个产品在生产或使用过程中的环境负荷，并定量分析出由于使用这些能源和材料对环境造成的影响，通过分析这些影响，寻找改善环境的机会。评价过程包括产品生产过程或产品使用的寿命全程分析，还包括从原材料的提取加工、制造、运输到产品的分配、使用、再使用、维护和循环回收直到最终废弃在内的整个生命循环过程。

目前，LCA 在环境影响评价领域已被广泛采用，在材料工程领域也成为度量材料环境影响大小的基本手段，可以实现材料在生产、制造、加工、使用、再生的全过程中的环境影响的综合评估。LCA 方法还能与产品设计联系在一起，为产品材料的选用和绿色产品的开发等提供依据。研究发现，按照生命全周期进行产品设计，对于保证其"绿色性"具有重要意义。生命全周期设计要求从产品设计开始考虑产品的各个环节，包括设计、研制、生产、供货、使用和废弃后的拆卸回收或处理处置等，使产品具有绿色环保的属性。LCA 始于20 世纪 60 年代。70 年代后，随着世界各国的广泛关注，LCA 逐渐被部分企业接受，成为开发新产品或者制定产品计划的参考工具。到了 90 年代，LCA 技术发展成为一种主要的环境管理工具，其具体环节可用图 9-2 进行描述。目前，用户及市场需求分析、设计开发、生产制造、销售、使用后或者淘汰废弃后的回收处理都属于产品生命周期的环节。

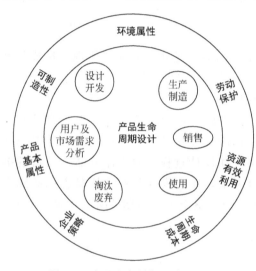

图 9-2　产品生命周期设计示意图

设计层、评价层和综合层是生命周期设计过程的三种层次。如图 9-3 所示，产品生命周期的维度主要由产品生命周期设计的市场需求、产品设计、制造加工、销售、使用以及回收处理六个阶段组成。LCA 就是在产品生命周期的全过程中，综合考虑和全面优化产品的功能性能（F）、生产效率（T）、品质质量（Q）、经济性（C）、环保性（E）和能源利用效率（R）等目标函数，求得最佳平衡点。

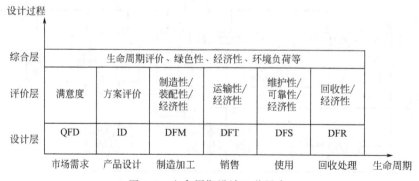

图 9-3　生命周期设计三种层次

早期通常采用单因子方法进行材料环境协调性评价，如测量材料生产过程的废气排放量和废水排放量等，后来科学家发现单因子评价并不能客观反映其对环境的综合影响程度，如全球温室效应、能量消耗、资源效率等。同时，单项指标较多，较难进行平行比较。为此，专家们后来提出了用 LCA 方法进行环境综合评价。目前，已经可以从 LCA 的评价对象、方法、应用目的、特点等各个方面去理解 LCA 的概念以及该评价方法的内涵。

(1) LCA 的起源与发展

生命周期评价即对产品从最初的原材料采掘到原材料生产、产品制造、产品使用以及产品用后处理的全过程进行跟踪和定量分析与定性评价，是 20 世纪 70 年代初至 90 年代发展起来的环境评价理论。在 LCA 发展中，许多机构贡献了自己的力量。参照国际标准，我国曾相继推出《环境管理　生命周期评价　原则与框架》（GB/T 24040—1999）、《环境管理　生命周期评价　目的与范围的确定和清单分析》（GB/T 24041—2000）、《环境管理　生命周期评价　生命周期影响评价》（GB/T 24042—2002）、《环境管理　生命周期评价　生命周期解释》（GB/T 24043—2002）等一系列标准。

(2) LCA 的方法学框架

LCA 方法学框架的发展大致可分为两个阶段。第一阶段以 1990 年国际环境毒理与环境化学学会（SETAC）研讨会上确定的三角形为基础。该研讨会上的主要决定是将 LCA 定义为一种分阶段的评价方法，主要包括生命周期清单分析、环境影响评价和环境改善评价。后来，又增加了一个部分，即目的与范围的确定。因此，LCA 的四个主要实施阶段如图 9-4 所示。范围确定、数据收集和评价结果的描述都必须与实现预定的目的相一致。

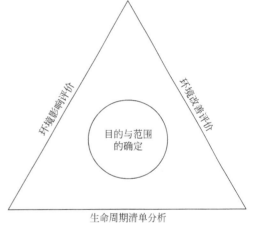

图 9-4　LCA 的四个主要实施阶段

随着 LCA 方法的进一步发展，整体技术框架又有了新的表达形式。图 9-5 为 2006 年 ISO 14040 标准定义的技术框架，包括定义目的与范围、清单分析、影响评价和结果解释等四个组成部分，这种技术框架体系一直延续至今。其中，定义目的与范围和清单分析这两个部分的发展相对比较完善。

定义目的与范围是清单分析、影响评价和结果解释的基础。生命周期清单分析是对产品系统输入和输出的量化，主要涉及数据的收集和计算。生命周期影响评价（life cycle impact

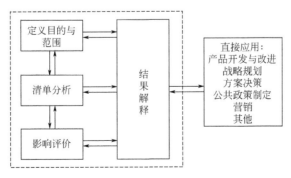

图 9-5　LCA 的评估过程与技术框架

assessment，LCIA）目前还没有确定的概念，大家普遍将影响分类、特征化/表征和量化归于其中。LCIA 的目的是评估产品系统生命周期清单分析的结果，促进对产品系统影响程度的了解。生命周期结果解释是生命周期评价中根据规定的目的与范围的要求，对清单分析和影响评价的结果进行归纳以提出建议并形成结论的阶段。

（3）LCA 评价模型

随着 ISO 14000 环境管理系列标准在全球的实施，在 LCA 评价过程中，常需要用到一定的数学模型和数学方法，简称为 LCA 评价模型，具体如下。

① 输入输出法。目前最简单常用的 LCA 评价模型是输入输出法，它主要考虑系统的输入和输出量，从而定量计算出该系统对环境所产生的影响。该模型具有处理数据简单、计算简便、定量具体等优点，但同时具有输入输出的指标数据分类较细、对环境影响综合评价困难等缺点。

② 多目标优化模型。简单的输入输出模型通常不适用于实际情况，需满足工艺生产能力、原料和能源不受限制的条件才适用，所以需要寻求更为实用的系统分析和优化方法。结果发现，多目标优化模型能满足这一需求。其主要建立在多种环境影响以及优化的理论基础之上，所提供的最终结果是最优值，便于决策者根据实际情况进行取舍。由于环境影响的多方面性，目前进行的评价大部分局限于少数的主要环境影响或经济性能。

③ 线性规划法。线性规划法是一种传统的分析方法，主要是在一定约束条件下寻求目标函数的极值。当约束条件和目标函数都属线性问题时，即可被称为线性规划法。在环境影响评价过程中，资源和能源消耗、污染物排放和其他环境影响（如温室效应）等一般情况下都在线性范围内，可用线性规划法对系统的环境影响进行定量分析。

④ 层次分析法。层次分析法是一种实用的多准则决策方法。近年来，层次分析法在 LCA 中得到了广泛应用。层次分析法的具体过程是根据问题的性质以及要达到的目标，把复杂的环境问题分解为不同的组合因素，并按各因素之间的隶属关系和相关程度分组，形成一个不相交的层次，上一层次的元素对相邻的下一层次的全部或部分元素起着支配作用，从而形成一个自上而下的逐层支配关系。

⑤ 简化模型。有时通过对传统的 LCA 进行简化，或选出系统中认为比较重要的部分进行评价，或采用定性的方法对各个阶段的环境影响的相对重要性进行评价，不仅可以实现 LCA 时间和费用的节省，而且可以实现其形式的简化。

（4）环境材料数据库

LCA 的整个评价过程主要是对环境影响数据的处理过程。数据作为生命周期评价分析的基础，在很大程度上影响分析结果的准确性。根据应用系统的数据处理方式，可以将数据分为生命周期环境影响数据和评价软件分析数据。前者是通过对环境负荷数据进行采集、分析、建模等过程生成的基础数据；后者则是在生命周期环境影响数据的基础上，应用评价方法生成的评价数据，可以是文本、数据表、图形、图像，也可以是一些中间过程数据。

为了增强对生命周期环境影响数据、评价软件分析数据的管理，研究人员开发了应用数据库技术。LCA 的研究实现了从个案分析到建立环境影响数据库的全过程。目前，全世界围绕 LCA 研究所建立的环境影响数据库已超过 1000 个。较著名的 LCA 数据库包括 SPOLD、TEAM、SimaPro、GaBi 等，这些数据库在 LCA 的研究中发挥了重要的作用。

（5）LCA 的局限性及发展

虽然人们应用 LCA 的经验已较为丰富，但 LCA 并不具有普适性，也只是风险评价、环境行为评价、环境影响评价等环境管理技术中的一种，在很多方面仍然存在一定的局限性。

① LCA 在范围上的局限性。首先是在应用范围方面的局限性。环境协调性评价主要针对产品系统的环境评价，未能涉及经济、社会、文化等方面的因素，尚未考虑生产质量、成本、利润方面的问题，所以它仅仅是帮助决策的一种参考工具。其次是评价范围存在局限性。LCA 的评价需要一个条件范围，在实践过程中，由于定义范围的变化容易产生误差。受时间和地域等限制，得到的评价结果也不同。最后是在风险范围上的局限性。LCA 的评价范围并未覆盖所有环境问题，所以并不能定量描述未来的、不可知的环境风险，从而产生了 LCA 的风险范围局限性，而且 LCA 方法尚未考虑环境法律的规定和限制。

② LCA 在评价方法上的局限性。虽然 LCA 的方法已逐渐标准化，但要实现覆盖 LCA 评价中每一环节的具体问题还有较长一段距离。目前，LCA 在评价方法上的局限性主要有以下几个方面。首先是量化模型的局限性。LCA 的量化模型受到假定条件的限制，对于某些特定影响及应用并不适用。虽然 LCA 模型尽量避免主观，使其建立在客观的基础上，但实际应用过程中并不能回避主观，所以评价的结果会因人而异，导致客观性的缺失。其次是权重因子的局限性。不同环境影响指标依赖于权重因子的归一化，而权重因子的选择和确定也具有不确定的因素。在归一化的过程中容易引入一些无量纲的权重因子，而这些权重因子往往由 LCA 实施者自由选择和定义，从而导致了主观因素的增加。最后是造成检测精度上的局限性。结果表明，并不是每项 LCA 评价工作都能参考已有的数据，很多时候需进行现场的检测和试验，由于仪器和方法上的局限性，有时根本无法达到较高的精确度。

③ LCA 在分析数据上的局限性。LCA 在分析数据上的局限性也体现在三个方面。第一是数据来源的局限性。目前限制生命周期评价准确性的因素较多，比如数据无法获取、缺失相关数据或者数据质量问题等。第二是数据分配的局限性。LCA 主要对产品系统所有单元过程的输入与输出进行清查和计算，而实际生产过程中，并不是只有一种原料的输入或输出，而是多种原料或配料混合输入输出，即涉及多产品系统的输入输出问题，导致量化数据的分配十分困难。第三是数据库的标准化和适用性。虽然不同国家建立了多个 LCA 数据库，由于不同国家的标准存在差异，这些数据并不一定能直接用于我国产品的 LCA 分析，其标准化和适用性并不能满足实际需求。

除了以上所提到的局限性，LCA 在实际运用中还存在一些不足，比如费用高、耗时长。因此，生命周期评价方法还需要不断改进和完善。相关学者提出了以下八个需改进和完善的方面：生命周期的环境和生态风险分析；生命周期的环境和生态决策方法；生命周期废弃物的减量化、无害化和资源化生态工程技术；生命周期管理标准；生命周期管理政策和手段；生命周期的生态经济评价方法；生命周期的信息系统；产品生命周期设计。这些问题的解决将促进生命周期分析的系统化和完善化。

9.2.3 可拆卸性设计与绿色设计数据库

(1) 可拆卸性设计

为了达到节约自然资源和保护环境的目的，绿色设计要求把可拆卸性作为产品结构设计的一项评价准则。通过可拆卸性设计，可以使产品报废后的零部件能够高效地、不加破坏地被拆卸下来，一方面降低了维修成本，另一方面则实现了零部件的重新利用。可拆卸性设计的基本原则主要包括：减少拆卸的工作量，明确可拆卸的零部件，将多个零部件的功能集中到一个零部件上；预测产品的构造，避免相互影响的材料组合，避免零部件的污损；易于拆卸；易于分离，尽量避免辅助操作；减少零件的多样性，采用标准化的零部件。

（2）绿色设计数据库

绿色设计数据库应满足多种要求，比如应该包括材料产品生命周期中与环境、经济、技术等有关的一切数据与知识，例如材料成分、环境影响、降解周期、附加物数量，同时还要满足环境评估准则所需的各种判断标准、设计经验等。此外，绿色设计还要求设计人员在产品开发设计过程中提出系统观点，掌握设计的全盘性和不同设计之间的相互联系及制约的细节。其设计思想应具有整体性、综合性、最优性。

9.3　降低材料环境负荷的技术

环境材料被认为是具有良好使用性能、与环境具有良好协调性的材料，其中，材料与环境良好的协调性表现在以下两方面。

① 材料作为一种资源应当能够充分地循环再生。

② 材料应当具有较低的环境负荷。环境材料的绿色设计目标就是在满足材料基本性能和功能的条件下，降低材料产品在整个生命周期各个阶段的综合环境负荷。低环境负荷材料开发技术是环境材料学研究的基本内容之一，降低材料环境负荷的技术主要包括避害技术、污染控制技术、再循环利用技术、补救修复技术、清洁生产技术等。

9.3.1　避害技术

避害技术是在材料产品生产过程中，由于原料或工艺需求，需引入对环境和人体有害的物质时，为减轻环境污染，通常采用生产方式改变、技术更新和工艺置换来减少有害物的产生，尽量减少其环境负面效应。避害技术力求在形成产品的过程中对有害物进行相关处理，在其进入环境之前将其转化为无害物质，避免环境污染。目前，材料生产及加工行业大多采用无害材料代替有害材料、环境友好工艺代替污染较严重的生产工艺等技术达到避害目的。

（1）无害材料代替有害材料

材料产品生产过程中的原料路线由多种因素决定，包括资源、技术、经济等。原料路线的选择与生产过程中污染物的产生密切相关，显然，以牺牲环境为代价，或付出高昂的废物处理费用来弥补原料路线的不足都不合适。因此，采用无害材料代替有害材料，是一种减少环境污染的明智方式。典型的例子如下。

① 无氰电镀技术。在各类电镀工艺中，通常需要添加大量氰化物作为配位剂，而氰化物属于剧毒物质，使用过程中容易在镀槽表面散发出剧毒的氰化物气体，导致环境污染，影响人体健康。因此，人们开发了无氰电镀技术并广泛推广，其原理是采用对环境和人体无害的物质代替氰化物作为配位剂，进而消除氰化物的危害。

② 无铅表面涂层。涂料在材料表面的保护和装饰中发挥着重要作用。但涂料中通常需要添加铅，容易导致铅污染。近年来，人们广泛使用无铅涂料代替含铅涂料，例如用锌钡白粉或钛白粉代替铅白粉作为表面涂料的白色添加剂，用氧化铁红代替红丹用于防锈底漆，等

等，成功地减少了铅及其化合物对人体和环境的危害。

③ 无铬表面处理钢。电镀钢板表面在粉碎或煅烧过程中，一部分氧化铬通常有可能变成六价铬，易导致环境污染。为了解决这一问题，当前钢材生产者研制出了无铬钢板，不仅保持了钢板的性能，还从根本上消除了六价铬的污染。

（2）环境友好工艺代替污染较严重的生产工艺

技术革新作为减少环境污染的有效手段被广泛推崇，技术革新所追求的目标是开发环境友好生产工艺。在实践过程中，生产工艺的开发对技术革新有较大依赖，通常还需投入大量的时间、人力、物力和财力。因此，在谋求工艺改进的同时，对生产设备或工艺中某一工序进行置换改造也是行之有效的途径。典型例子如下。

① 苯胺工艺改进。传统苯胺生产采用铁粉还原硝基苯的工艺路线，生产过程中会产生大量铁泥、废渣、废水，其中含有对人体危害极大的硝基苯和氨基苯。而现在则采用流态化技术，改用氢气催化还原，使生产过程连续化，大大减少了生产中有害物对人体健康的危害及对环境的污染。

② 化学清洗方法改进。如今，各产业部门都着力于技术改进，使化学清洗过程更简单、更迅速、更环保、更经济。对于黄铜材料，一些企业采用内装玻璃磨料或钢球的振动装置代替硝酸酸洗的工艺，既使得清洗过程更加经济，又从根本上解决了硝酸盐的二次污染。另外，采用丝和碳化物的机械抛光方法代替碱洗处理也能减少化学污染。某发电厂应用现有清洗设备，改进清洗方式，同样取得很好的效果，处理过程如图 9-6 所示。

③ 其他改进。对钛及其合金的清洗可采用机械刮膜的方法代替化学清洗，同样能去除钛的表面氧化层。过去硅芯的清洗工艺主要利用酸腐蚀的化

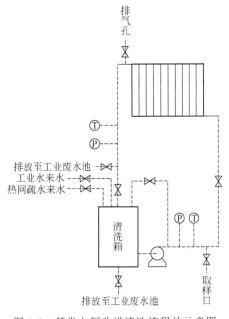

图 9-6　某发电厂改进清洗流程的示意图

学方法来达到清洗目的，现在则采用多种清洗方法重新组合的方式工作，并且达到了更好的清洗效果。

9.3.2　污染控制技术

污染控制技术指对在生产过程中难以内部消化或循环利用、不得不排放到环境中的废弃物，在其排放之前进行处理的工艺过程和技术。图 9-7 是控制技术原理示意图。对于污染物的排放控制，一般包括分离处理、无害化转化处理、有害物收集储存等，具体污染控制手段如下。

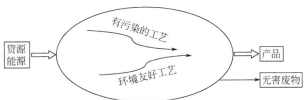

图 9-7　控制技术原理示意图

（1）分离处理

分离处理的目的是将生产过程产生的有害物和无害物进行分离，实现有用成分的回收利用。典型污染物分离处理方法是进行成分分离处理，对于单相多组分共存体系，将不同成分的离子或分子进行分离。此外，相分离工艺也是一种有效减小有害物体积和回收资源的方法。如在镀铬工艺中，收集雾化的镀铬废液进行液化处理，过滤后，再用隔膜电解或脱水，得到的镀铬液可再次使用。

（2）无害化转化处理

无害化转化处理方法主要分为物理处理和化学转化。物理处理方法包括沉淀、过滤、吸附、吸收技术等，化学转化方法主要包括氧化、还原、催化及生物处理等。无害化处理的本质是通过对一些污染物进行物理或化学转化处理，使其转变成无害物质再向环境中排放。

（3）有害物收集储存

工业废气、废水、废渣中存在许多有害物质，需要收集这些物质并进行储存处理。对于工业废气的处理，需在排放前进行除尘，收集固体颗粒物并脱除。废水、废渣在处理前先进行清污分流、减量化和有用组分回收等预处理，然后用化学或生物方法进行无害转化。

9.3.3 再循环利用技术

环境材料强调材料产品寿命全过程，即从摇篮到坟墓全程考虑其环境效应，因而材料再循环利用技术是降低环境负荷的重要组成部分。其技术途径包括资源再生化、废物回收再利用和能源回收再利用等。

传统的材料设计生产为追求材料高性能、高产量以及低成本，通常是以消耗大量能源和资源，并产生大量废弃物为代价的，这种生产方式势必导致不可挽回的环境危害。再循环利用技术追求在生产的输出端尽量输出产品，使工业废料在某个适当层次返回生产过程中，不产生或较少产生废弃物，资源得到最大程度的利用。

图9-8为再循环利用技术示意图。再循环利用技术是把原料—工业生产—使用—废弃物这一传统开环模式转变为一次资源或原料—生产—产品—废品—二次资源的闭环系统，使原料或资源在生产、消费过程中多次循环。

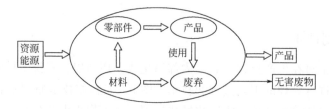

图 9-8　再循环利用技术示意图

（1）资源再生与回收利用

再生化技术既包括废弃物的直接回收利用，也包括废弃物的再生加工使用等。资源再生利用技术是指某种废弃物不经过加工过程，而是将其作为"二次原料"直接进行再生利用。资源再生利用要求不同生产部门、不同行业之间进行合作，同时也需要开发新的工艺，不断适应新的原料形式，提高原料利用率。例如，高分子材料如硫化橡胶的固相剪切挤出法、带涂层材料的多层夹心注塑法、热裂解和催化裂解等回收加工技术。

材料生产技术的革新和开发在资源回收再利用中起着举足轻重的作用。比如，针对废旧汽车保险杠材料的回收利用，日本采用一种特殊的改性剂与废旧汽车保险杠碎粒反应，在双螺杆挤出机中将两者进行反应共混，由于改性剂破坏了涂料分子的醚键，使涂料的三维结构变为线性结构，进而增强涂料与聚丙烯的黏合性和相容性。

建筑材料是国民经济发展中量大面广的材料之一。利用各种固体废物如尾矿、钢渣、灰渣等可生产建材。对于有机废料，可用于制备化学助剂。例如，在氮气气氛中于 600℃ 将废弃的酚醛树脂炭化，所得产物可作为热塑性塑料的填料；炼锌副产品镉可用作聚氯乙烯的稳定剂，在建筑中用作门窗材料。

对于兼具钢铁、陶瓷和高分子性质的复合材料，其回收利用技术一直是环境材料研究的重点。一般根据尾矿渣、煤矸石、废橡胶、废塑料和非金属等废弃资源的不同特性，通过不同废弃物之间的复合机理和复合工艺研究，开发出废弃物聚合物基复合材料、硅酸盐基复合材料和金属复合材料等系列产品。

(2) 能源回收利用

生产过程中的余热回收和利用一直是环保领域的研究热点，对能源的回收利用不仅可以得到直接经济利益，而且可以减少煤耗和由燃煤引起的二氧化硫污染，是环境保护的重要举措。如垃圾焚烧发电技术就是能源回收的一项重要技术，从废弃物中分拣出可燃性废弃物，经破碎后增大比表面积，进行焚烧并回收其热能用于发电或供热。此外，对有机废弃物进行化学处理，例如基于一种超临界水油化工艺，利用高温高压的超临界水将塑料分解为油分、煤气，实现了废弃物的无污染回收利用。

9.3.4 补救修复技术

补救修复技术是指对排放到环境中的废弃物所造成的环境污染采取补救和修复措施，最大限度地降低环境危害。从某种程度上讲，该技术是将污染控制技术转移到生产过程的外部进行，因此可以针对几个生产工艺过程用相同的控制工艺进行处理，既保证了独立的环境污染处理系统，也提高了处理效率。图 9-9 为补救修复技术原理示意图。

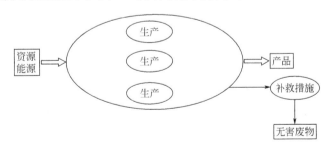

图 9-9 补救修复技术原理示意图

对于材料产品行业，目前可采取的环境补救措施主要包括以下方面。

① 在生产过程中推行清洁生产，节能降耗，减少排污量，降低污染物的毒性。

② 建立高效生产工艺，削减污染源，建立从原料投入到废物循环回收利用的生产闭合圈，实现可持续发展。

③ 开发对废旧材料的综合利用技术，降低对环境的危害。

9.3.5 清洁生产技术

面对日益严峻的资源与环境问题，可持续发展理念已成为人类共识，基于可持续发展理论的工业生态学，清洁生产理论应运而生，并逐步在世界范围内不断实施和推广，成为支持可持续发展的重要战略措施。

自工业化以来，传统的资源—生产/消费—污染排放的线性粗放发展模式虽然实现了国民生产总值的大幅度增长，满足了人类社会大量物质需求，但这种高增长、高污染、高消耗的生产方式致使投入的生产资源难以得到有效利用，并最终转化为废弃物排入到自然环境中，继而造成相关环境污染与资源枯竭问题。随着人类社会不断发展，自然资源的耗竭和生态环境的污染与破坏日益严重，其影响范围已从局部地区逐步发展到区域乃至全球。20世纪60年代左右，西方发达国家为应对环境污染，率先大规模采取措施，在污染产生后的末端对其进行控制，采用各种技术手段对在生产末端产生的废物进行处理，即所谓的"末端治理"。然而末端治理理念仍然存在很多弊端，比如它强调污染后治理，将原本一体的污染产生、控制、排放系统强行割裂，但却尚未触及生产的核心工艺和工业污染的本质，所以导致其存在效率低、成本高、能耗大等缺陷。

20世纪70年代开始，发达国家对"末端治理"污染控制模式不断进行反思，并尝试采用"废物最小化""污染预防""无废技术""零排放技术"和"环境友好技术"等方法和措施控制污染。这些尝试获得了较好的经济和环境效益，同时促进了污染控制技术和生产过程的结合。联合国环境规划署于1989年在工业污染防治理论和实践基础上，提出"清洁生产"战略和推广计划，通过联合国工业发展组织、联合国环境规划署的共同努力，清洁生产在世界范围内不断发展和实践。

清洁生产的产生及发展是不断演进的历史过程，其内涵在该过程中得到不断丰富和拓展。当前国际上对清洁生产并未形成统一的定义，不同国家和地区对其有不同的理解。总体而言，清洁生产可以分为广义和狭义，前者为一种理念或指导思想，后者多指组织开展的具体的清洁生产活动。

9.3.5.1 清洁生产的概念与内涵

（1）清洁生产的概念

联合国环境规划署（UNEP）在广义上对清洁生产作如下定义：清洁生产即在过程、产品和服务中坚持不懈地应用综合性、预防性的环境策略，以全面提高效率，降低对人类和环境的风险，其可应用于任何行业，包括产品及对社会提供的各种服务。清洁生产是一种具有预防作用的环境管理理念，其根本目的在于通过这种理念进行环境管理以减少对人类和环境的影响与风险，其中包含生态效率、减废工艺、污染防治和绿色生产力等概念。污染预防主要包括生产过程和清洁产品两个方面，主要方式是将环境影响与产品及其生产过程相结合，加入产品与环境的融合。在UNEP的概念中，清洁生产的基本要素参考图9-10。

我国自2003年1月1日起实行的《中华人民共和国清洁生产促进法》中也对清洁生产进行了定义。清洁生产是指不断采取改进设计、使用清洁的能源和原料、采用先进的工艺技术与设备、改善管理、综合利用等措施，从源头削减污染，提高资源利用效率，减少或者避免生产、服务和产品使用过程中污染物的产生和排放，以减轻或者消除对人类健康和环境的危害。

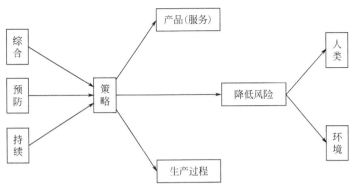

图 9-10　清洁生产的基本要素

(2) 清洁生产的内涵

清洁生产的概念中包含两层含义。首先是持续的要求。实践证明，仅仅通过一次或者几次清洁生产是不能实现污染防治的。清洁生产技术是一个动态的过程，它伴随着科技进步、生产力水平提高等，将会是一个永不停止的过程。其次是综合的要求。虽然末端治理存在一定的弊端，但清洁生产仍然需要它发挥重要作用。清洁生产的目的是尽可能在生产发展阶段减少废物的产生。所以，清洁生产相对于末端治理而言更侧重于生产的前端，旨在从源头削减污染物，进而降低环境污染风险。

9.3.5.2　清洁生产的理论基础

清洁生产是在工业污染治理实践经验基础上提出的一种新型污染预防和控制策略，是实现经济和环境协调可持续发展的重要手段。它的理论基础包括四方面：可持续发展理论、废物与资源转化理论、生产过程最优化理论及社会化大生产理论。

(1) 可持续发展理论

自工业革命以来，随着人口急剧增加与经济规模不断扩大，自然生态系统严重破坏，出现退化，资源短缺、枯竭和环境污染日趋严重，面对这些威胁人类生存与发展的危机，为应对挑战，解决问题，人类提出了可持续发展理论。

可持续发展包含两个基本要素："需要"和对需要的"限制"。满足需要，首先是要满足贫困人口的基本需要。对需要的限制主要是指为了不至于对未来满足需求的能力造成威胁，对现在的需求进行限制。决定两个基本要素的关键性因素为：收入再分配，以保证不会为了短期生存需要而被迫耗尽自然资源；降低低收入群体对遭受自然灾害和农产品价格暴跌等损害的脆弱性；广泛提供可持续生存的基本条件，如卫生、教育、干净的水和新鲜空气，保护和满足社会弱势群体的基本需求，为全人类，特别是为贫困人口提供发展的平等机会和选择自由。

同传统发展思想相比，可持续发展表现出丰富的内涵。首先，可持续发展突出了发展的主题，明确了可持续发展以经济发展为手段。经济发展是促进社会发展、扩大个人和数额的选择范围的原动力，是可持续发展的核心；可持续发展鼓励经济增长，尤其是发展中国家的经济增长，但其反对以追求最大利润或利益为取向，以贫富差距悬殊和资源掠夺性开发为代价的经济增长。通过优化或替代资源配置，推动技术进步、结构变革和制度创新等手段，从总体成本收益分析的角度出发，公平合理地循环利用有限的环境资源，改变传统的生产消费模式，建立经济与资源、环境、人口、社会相协调的可持续发展模式。其次，可持续发展要以自然资源为基础。人类社会发展和经济建设不能超越自然资源和生态环境的承载能力，可持续发展要实现社会进行、经济增长和环境保护三个目标的协同，这是其核心内容——协同和公平的具体体现。可持续发展以自然资源为基础，同环境承载能力相协调。可持续发展要增强资源再生能力，不断指引技术变革，使再生资源替代非再生资源的可能性变大，这也是可持续性发展理论的重要内容。可持续发展承认并要求体现出环境资源的价值，主要体现在环境对经济系统的支撑和服务上以及对生命支持系统不可缺少的存在价值上。此外，可持续发展以改善和提高人们的生活质量为目标，其最终目的是实现社会可持续发展。具体体现在以下方面：人口控制；克服贫困；经济可持续增长；改善增长质量；保护生态环境，恢复生态平衡；非再生资源得到有效的保护和发展，再生资源、核能得到十分安全的利用；社会公正、社会稳定与法治；长期发展战略与社会价值和习俗相一致；通过教育与培训，提高公众的环境意识；等等。

（2）废物与资源转化理论

废物超过了自然的净化能力，就会破坏生态环境。随着经济的发展，废物的体量越来越大，成分越来越复杂，因此需要投入大量人力、物力和财力进行环境保护。物质不灭和能量守恒定律是废物与资源转化理论的基础。生产过程中所有物料都遵循物质平衡原则。随着经济的发展，人们逐渐发现自然系统吸纳废物的速率远低于废物的排放速率，所以将废物转化为资源迫在眉睫。清洁生产可使废物产生量减少，使原料得到有效的利用，因此，提高资源利用效率是清洁生产的重要内容之一。换个角度说，资源与废物是相对概念，生产过程中所产生的废物，可能作为其他生产过程的原料，使废物再生循环利用，此时废物便是放错位置的"资源"，充分体现了废物与资源相互转化的理论。

（3）生产过程最优化理论

在废物与资源转化理论的基础上，人们提出了生产过程最优化理论。实践发现，虽然废物的资源转化可以实现资源利用效率的提高，但也可通过其他方式实现资源的有效利用，如减少生产过程内部的物料消耗、提高产品产出率，即在投入原料不变的情况下，使产品产出最大化，这就是生产过程最大化理论的核心。在最优化理论下，废物产生量最小化可表示为目标函数，求其在约束条件下的最优解。具体应用可根据具体生产过程的要求、工艺路线、原料和产品的物理化学性质、废物排放的环境标准等因素进行数学量化处理和求解。

（4）社会化大生产理论

社会化大生产理论根据马克思主义经济学原理建立。其核心是用最少的劳动消耗，生产出最多的能够满足社会需求的产品。当前，世界社会化、集约化的大生产和科学的高速发展为清洁生产提供了必要条件。因此，社会化大生产和科技进步，尤其是经济发展由粗放型向集约型转变的技术经济政策，均为清洁生产的推行提供了条件。

9.3.5.3 清洁生产的主要内容

清洁生产的内容虽然具有广义和狭义之分，但其核心仍然是将对资源与环境的考虑有机融入产品及其生产的全过程中。清洁生产的内容根据其概念进行概括，包含清洁的能源及原料、清洁的生产过程、清洁的产品三个方面。

（1）清洁的能源及原料

清洁的能源方面包括：清洁利用常规能源；有效利用可再生能源，如太阳能、风能、海洋能等；积极开发新型清洁能源并对工艺设备等进行节能技术改造，提高能源利用效率。清洁的原料方面包括：尽量少用、不用有毒有害的原料；尽可能采用无毒或低毒害的原料替代毒性大、危害严重的原料；尽可能排除生产过程中的各种危险因素；尽可能实现物料的再循环；清洁的原材料和能源的合理化应用，节能降耗，淘汰有毒原材料。

（2）清洁的生产过程

① 清洁生产的途径。生产过程是生产性组织最基本的活动，通常包括从原料准备到产品最终形成的全过程。生产准备、基本生产过程、辅助生产过程以及生产服务等是生产过程的基本内容。清洁生产过程的实施依赖于清洁生产工程，主要方式包括替代技术、减量技术等，同时采用新工艺和新设备，保障生产效率的提高。完整的生产链系统，其清洁生产实施途径可主要概括为五个方面（图 9-11）。

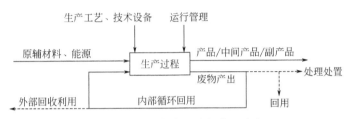

图 9-11　清洁生产实施途径的五个方面

目前清洁生产分析的内容主要包括：原料的替代，尽量使用无毒无害或危害小的原料，进而降低产品的环境危害；开发新的工艺，实现从原料到产品的高效转化；改进运行操作管理，提高能源的利用效率并降低成本；改进工艺与装置，实现资源和能源的重复利用。

② 生产过程的评价方法。实施清洁生产具有重大意义，而保证清洁生产的方式主要包括生产过程评价。生产过程评价是以生产过程系统为对象，追求资源和能源的高效利用，制定和实行污染预防方法和清洁生产方案，以应对生产过程系统存在的缺陷与问题。在产品的生产过程中，生产过程单元的物料平衡分析在生物过程评价中极其重要，是评价过程中的一项重要内容，因为基于物料平衡的分析，可以获得生产过程中能源物料消耗、资源转化率、废物产生排放量等信息。

③ 清洁生产审核。清洁生产审核是一套实用的程序方法，主要针对已建企业，主要内容包括生产全过程评价、污染预防机会识别、清洁生产方案筛选的综合分析等。清洁生产审核可实现对企业生产的指导，主要体现在以下几个方面：全面评价企业生产全过程和各个过程单元的运行管理现状，全面掌握生产过程的原材料、能源与产品、废物的输入输出状况；分析和识别废物产生量大、资源和能源利用率低、制约企业效率的瓶颈问题；制定企业在产品、原材料、技术工艺、生产运行管理以及废物循环利用等多阶段的方案与实施计划；提高企业管理者与广大职工清洁生产的意识与参与程度，促进清洁生产在企业中持续改进，从而保障企业经济效益。

（3）清洁的产品

清洁的产品要求产品在原料、生产过程、使用、再循环利用或废弃、回归自然的整个过程都是清洁的，它实现了与自然生态的完美融合。评价产品是否清洁的标准主要有以下几方面：该产品是否节约原料和能源，是否尽量减少了使用昂贵和稀缺的原料；是否尽量利用了二次资源作为原料；该产品在整个使用过程中是否危害了人体健康和生态环境；该产品是否能重复再生，便于回收利用；是否包装合理；是否具有完善的功能和较长的寿命；是否易处置、能在环境中被快速降解和被微生物转化。

9.3.5.4 实现清洁生产的途径

清洁生产是对整个生产过程以及产品的生命周期采取预防污染的综合措施，是一项综合性技术，目前被国家和企业广泛推崇。传统生产技术和管理方法存在的问题和缺陷，需要采用清洁生产的方式进行解决和弥补。针对生产过程系统的主要环节和组分，可以采取改变、替代、革除等方法。清洁生产所追求的目标是资源利用率的最大化和污染物产生的最小化。

根据生产系统全过程分析，清洁生产途径主要分为三个方面。

途径一是源头削减，实现资源的综合利用。生产过程的源头是资源，实现清洁生产，就需要将原料中所有组分通过工业加工过程都转化为产品。提高资源的综合利用率，不仅可以减少原料的使用量，还可以增加产品的产出，同时还能减少工业污染和废物的处理处置费用。目前进行资源综合利用的主要方法包括资源的综合勘探、综合评价、综合利用，发展循环经济，废物循环利用，等等。资源综合利用的具体案例在实际生产过程中较为普遍，例如矿产资源方面，在煤矿的开采过程中，对获得的煤层气和矿井水进行开采和利用；又如在锌矿开采过程中，对锌、铜、铅等金属资源进行综合采选等。

实现清洁生产的另一途径是进行过程控制。污染物通常在工业生产的过程中产生，进行过程控制是实现资源高效利用的重要手段。实践发现，不完善的工艺会造成严重的资源浪费和环境污染。所以，过程控制非常重要。目前过程控制的主要措施包括改革工艺和操作以及加强生产管理。

改革工艺是生产过程中最为普遍的现象，通过工艺和设备的更新，实现产能的提升和污染废物的减量，能够为清洁生产提供重要的保障。其主要途径包括：简化工艺流程，减少工序和使用设备的数量；更换新设备，保证系统的低能耗、高效率；优化原料和配方，使物料、热量等循环利用；进行连续操作，保持生产过程状态稳定；优化工艺条件，使系统保持最佳操作条件；使装置大型化，提高单套设备的生产能力。

除了改革工艺，加强生产管理也尤为重要。国内调查资料表明，当前工业污染 30% 以上是生产过程中管理不善造成的。所以改进操作和加强管理在清洁生产过程中具有巨大的价值，虽然生产管理不涉及任何工艺和设备开发，但它却是低成本投入、高效率产出的重要措施，是清洁生产的重要环节。生产管理的主要途径包括：建立明确、易行的规章制度和岗位责任制；建立健全劳动组织；在生产的各个工序中强调节能、降耗、减污；落实环境考核指标到各岗位；审核产品的原始物料、能量利用和废料产生情况，建立物料、能量和水量平衡关系；对物料加强检验和管理，保证原料的质量品质；制定设备维护保养的规范，保证设备正常使用；提高产品质量，减少废品率；合理安排批量生产的日程；严肃监督，赏罚分明；保证安全文明生产，改善生产场所的劳动条件。

清洁生产的第三个途径是回收利用。通常，产品使用后就变成了环境中的废弃物，随着时间推移，将会对环境造成难以预知的危害。目前，回收利用的主要途径为革新产品体系，需要考虑的因素包括：环境标志产品；产品的物耗和能耗；产品的耐用性；原材料的再生性与强度；产品的回收和可生物降解性。

9.4　环境材料绿色设计案例

9.4.1　水处理悬浮填料绿色设计

悬浮填料是典型的材料绿色设计案例之一，它是污水处理过程中常用的环境材料。悬浮填料的设计同样可以通过结合绿色和优化设计来实现。设计前需搭建悬浮填料优化模型，从而在保证产品性能的基础上，又能实现环境保护的目标。塑料悬浮填料是悬浮填料中最为常见的。它的绿色设计关键环节是材料的选择、结构的设计以及回收处理设计。研究者通常以环境属性为目标，建立目标函数，同时建立多目标优化模型。

在材料选择方面，悬浮填料主要考虑了材料的加工性和环保性、填料在废弃后的处理难易性、废弃处理过程中的环境污染性等。分别以这些因素作为选择参数，定义为变量，以选用材料的总污染与总加工及处理难度（PD）为选材目标，建立优化模型：

$$\text{minPD} = F(x_1, x_2, x_3, x_4, x_5) = x_1 x_2 x_3 x_4 x_5 \tag{9-1}$$
$$0 \leqslant x_i \leqslant 1, i = 1, 2, 3, 4, 5$$

式中，x_1 为材料自身制备过程的环境污染度；x_2 为材料的加工难度；x_3 为材料在加工成悬浮填料过程中的环境污染度；x_4 为填料在废弃后的处理难度；x_5 为废弃处理过程中的环境污染度。

塑料悬浮填料的水力特性、生物膜附着性、空间体积及形状、机械强度等是设计结构时需要考虑的方面，所以设计要求悬浮填料不仅能满足这些性能，而且也要考虑材料结构易加工、无废料的环境属性。以填料结构对水力特性作用 x_1、填料结构对生物膜附着性作用 x_2、填料结构对空间体积及形状的作用 x_3、填料结构对机械强度的作用 x_4 作为结构设计变量，以整个悬浮填料产品的易加工性和少或无废料（PW）为设计目标，建立优化模型：

$$\text{minPW} = F(x_1, x_2, x_3, x_4) = a_1 x_1 + a_2 x_2 + a_3 x_3 + a_4 x_4 \tag{9-2}$$
$$0 \leqslant a_i \leqslant 1, i = 1, 2, 3, 4$$
$$x_{i\min} \leqslant x_i \leqslant x_{i\max}$$

式中，a_i 为权重因子。

最后，关于材料回收的绿色设计，也需要考虑实现广义回收所采用的手段或方法。塑料悬浮填料以高分子材料塑料为原料，有回收的可能性及回收的价值。在进行悬浮填料回收设计时，资源回收和再利用是回收设计的主要目标，其对环境的污染受到回收处理方法、回收处理工艺的影响。以回收处理方式对环境污染的作用 x_1、回收处理工艺对环境污染的作用 x_2 为设计变量，以产品的资源回收和再利用（PR）为设计目标，建立针对塑料悬浮填料的回收处理绿色模型为：

$$\text{minPR} = F(x_1, x_2)/V \tag{9-3}$$
$$x_{i\min} \leqslant x_i \leqslant x_{i\max}, i = 1, 2$$

式中，V 为产品回收处理的总体积。

根据以上设计优化的模型对悬浮填料的选材、结构设计、回收处理等进行以环境属性为目标的优化，确保设计阶段所设计的悬浮填料功能和环境属性的有机统一。

选择塑料悬浮填料时，主要考虑悬浮填料的功能及塑料材料在生产和使用后对环境所造成的污染，从聚乙烯、聚氯乙烯、聚丙烯等工程塑料中通过筛选最终选择聚丙烯材料。在结构设计时，采用基于减少试制过程的产品设计流程（图9-12）进行设计。回收处理设计主要采用四氯乙烯、二甲苯溶剂等基于溶剂化再生技术对聚丙烯悬浮填料进行回收处理。

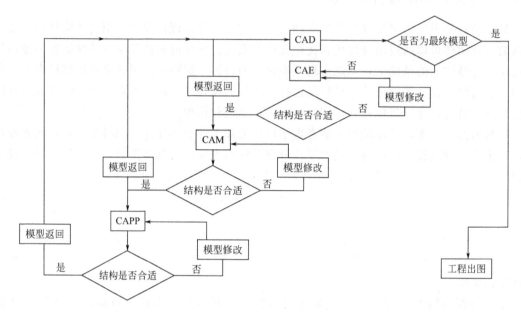

图9-12 悬浮填料绿色设计流程图

CAPP—计算机辅助工艺过程设计；CAM—计算机辅助制造；CAD—计算机辅助设计；CAE—计算机辅助工程

最终，成功实现了塑料悬浮填料的设计和开发，并建立了基于该理论的优化设计模型，根据该优化模型对悬浮填料的选材、结构设计、回收处理三个环节进行以降低环境影响为目标的进一步优化，保证了悬浮填料在生产过程中环境污染小及废弃后能有效地回收再利用。同时融合了几何结构、塑料流动分析、模具设计、模具加工工艺等一体化设计平台进行设计实践，成功实现了产品设计一次合格、降低成本、减少污染的目标。

9.4.2 塑料垃圾桶的绿色设计

垃圾桶在环境保护中的地位举足轻重，环境材料生命周期绿色设计方法对于垃圾桶的绿色设计具有重要意义，其目的是将垃圾桶的环境协调性放在首位，以便进行生命周期评价。塑料垃圾桶设计的选材不仅要考虑垃圾桶的使用要求和性能，而且更要考虑产品的环境性能。在塑料垃圾桶的生产过程中不仅要考虑低能耗和低污染，而且要考虑产品报废后的材料具有便于回收、再生、重新利用或易于降解的良好的环境协调性。

塑料垃圾桶因其方便实用的特点备受人们的青睐，大多集中在家庭、办公地点、生活小区等使用。塑料是利用单体原料通过加成或缩合反应聚合而成的材料，由合成树脂及填料、增塑剂、稳定剂、润滑剂、色料等添加剂制成。塑料的特性主要包括：质轻，化学性质稳定，不会锈蚀；耐冲击性好；具有较好的透明性和耐磨耗性；绝缘性好，导热性低；大部分塑料耐热性差，热膨胀率大，易燃烧；尺寸稳定性差，容易变形；多数塑料耐低温性差，低温下容易变脆；易老化；一般成形性、着色性好，加工成本低。

塑料垃圾桶的绿色设计要求材料实用性强、对环境友好、可以低成本回收或低成本再生资源化。目前，塑料垃圾桶的绿色设计主要体现在可降解塑料设计和废旧塑料再生循环设计两方面。

（1）可降解塑料设计

可降解塑料是为实现环境保护而发展起来的新材料。目前，马铃薯、玉米、小麦和水稻等的淀粉是可降解塑料的主要成分，通过添加生物降解助剂最终制成天然高聚物。通过注塑、挤出、吹塑等工艺，可以制成包装容器或盖子，还可以制成薄膜产品。在堆肥处理或污水处理后，可降解塑料所产生的废弃物还能完全降解成无毒物质。若垃圾桶所应用的塑料材质为可降解塑料，便可实现生态环境的保护。根据引起降解的客观条件和机理，可降解塑料可分为光降解塑料、生物降解塑料、光生物降解塑料或由这类材料组合而成的环境降解塑料。目前开发较多的可降解塑料是光降解塑料和生物降解塑料。

光降解塑料是指该塑料在日光照射下吸收紫外光后发生光引发作用，在这个过程中伴随着键能减弱、长链分裂成较低分子量的碎片、完整性降低、物理性能下降等现象，接着，较低分子量的碎片在空气中进一步发生氧化作用，发生自由基断链反应，降解成能被生物分解的低分子量化合物，最后被彻底氧化为 CO_2 和 H_2O。

理想的生物降解塑料，其废弃物进入环境以后，能被微生物侵蚀或通过微生物代谢作用发生降解，并最终无机化，同时具有优良的使用性能。生物物理降解法是让微生物黏附在高分子材料表面，其黏附方式受高分子材料表面张力、表面结构、多孔性、环境的搅动程度以及可侵占的表面大小等的影响。微生物攻击侵蚀高分子材料后，由于生物细胞的增长，高分子材料发生水解、电离或质子化而分裂成低聚物碎片，而聚合物的分子结构不变，这是高分子聚合物在生物物理作用下发生的降解过程。生物化学降解法是指真菌或细菌分泌的酶使非水溶性聚合物分解成碎片，微生物吸收或消耗分子量低的碎片，最终产生生物质和能量。但高分子材料的生物降解性能与其结构关系十分紧密，只有极性高分子材料才能与酶黏附并很好地亲和。目前的生物降解高分子材料主要包括生物破坏性塑料和全生物降解塑料。

（2）废旧塑料再生循环设计

将分拣后的塑料废弃物破碎、熔融造粒或粉末化，可作为再生原料用于制造化工产品、轻工产品和建筑材料。对于废旧塑料，可以直接利用，也可以改性后利用。废旧塑料的直接利用是指不需进行各类改性，将废旧塑料经过清洗、破碎、塑化直接加工成形或通过造粒后加工成制品。这种直接利用的主要优点是工艺简单，再生制品的成本低廉；缺点是再生塑料的制品力学性能下降较大，不宜制作高档次的制品。

在废旧塑料的改性及利用中，为提高再生塑料的力学性能，需对其进行各种改性，如活化无机粒子填充改性、加入弹性体的增韧改性、混入短纤维增强改性、与其他树脂并用的合金化改性等。经过改性的废旧塑料的某些力学性能能达到甚至超过原树脂制品的性能。目前这些处理方法备受青睐。现有的改性方法主要包括物理改性和化学改性。

综上，实现高分子材料塑料绿色设计的方法总体上分为两种：一种是使用可降解塑料，包括光降解塑料和生物降解塑料；另一种是实现废旧塑料的再生循环。所以，今后在垃圾桶的设计过程中，应尽可能使用可降解塑料和再生循环的废旧塑料，以实现保护环境的目标。

复习思考题

1. 简述绿色设计的理念。
2. 简述绿色设计的基本原则和要素。
3. 简述典型环境材料的绿色设计方法。
4. 简述生命周期评价（LCA）方法。
5. 什么是可拆卸性设计和绿色设计数据库？
6. 简述降低材料环境负荷的技术的种类。
7. 再循环利用技术的意义和价值是什么？
8. 简述清洁生产的概念和内涵。
9. 清洁生产的理论基础包括哪些？
10. 简述清洁生产的主要内容。
11. 请举例简述典型的环境材料绿色设计案例。
12. 什么是光降解塑料？什么是生物降解塑料？它们各自的特性包括哪些？

参考文献

[1] 山本良一，王天民.环境材料 [M].北京：化学工业出版社，1997.

[2] 翁端.环境材料学 [M].北京：清华大学出版社，2001.

[3] 钱晓良，刘石明.环境材料 [M].武汉：华中科技大学出版社，2006.

[4] 张震斌，杜慧玲，唐立丹.环境材料 [M].北京：冶金工业出版社，2012.

[5] 石磊，翁端.国内外环境材料最新研究进展 [J].世界科技研究与发展，2004，26（3）：47-55.

[6] Ji L L, Chen W, Duan L. Mechanisms for strong adsorption of tetracycline to carbon nanotubes：a comparative study using activated carbon and graphite as adsorbents [J].Environmental Science & Technology，2009，43（7）：2322-2327.

[7] Fan L, Luo C, Li X. Fabrication of novel magnetic chitosan grafted with graphene oxide to enhance adsorption properties for methyl blue [J].Journal of Hazardous Materials，2012，215-216：272-279.

[8] Pan B, Xing B S. Adsorption mechanisms of organic chemicals on carbon nanotubes [J].Environmental Science & Technology，2008，42（24）：9005-9013.

[9] 马煜，郭会明.无机吸附剂的制备及在污水处理中的应用 [J].科技创新导报，2009（9）：96.

[10] Li J, Wang F, Liu C Y. Tri-isocyanate reinforced graphene aerogel and its use for crude oil adsorption [J].Journal of Colloid and Interface Science，2012，382：13-16.

[11] Yalcinkaya Y, Arica M Y, Soysal L. Cadmium and mercury uptake by immobilized *Pleurotus sapidus* [J]. Turkish Journal of Chemistry，2002，26（3）：441-452.

[12] Ozer A, Ozer D. Comparative study of the biosorption of Pb（Ⅱ），Ni（Ⅱ）and Cr（Ⅵ）ions onto *S. cerevisiae*：determination of biosorption heats [J].Journal of Hazardous Materials，2003，100（1-3）：219-229.

[13] Romera E, Gonzalez F, Ballester A. Biosorption with algae：a statistical review [J].Critical Reviews in Biotechnology，2006，26（4）：223-235.

[14] 谭和平，侯晓妮，孙登峰.纳米材料的表征与测试方法 [J].中国测试，2013，39（1）：8-12.

[15] Ma J, Yu F, Zhou L. Enhanced adsorptive removal of methyl orange and methylene blue from aqueous solution by alkali-activated multiwalled carbon nanotubes [J].ACS Applied Materials & Interfaces，2012，4（11）：5749-5760.

[16] 曾汉民，符若文.纤维状活性炭材料的进展 [J].新型炭材料，1991（3）：108-114.

[17] 张旭，迟广秀，李怀珠，等.《活性炭分类和命名》国家标准解读 [J].中国个体防护装备，2015（5）：23-26.

[18] 窦智峰，姚伯元.高性能活性炭制备技术新进展 [J].海南大学学报（自然科学版），2006，24（1）：74-82.

[19] 陈传盛，刘天贵，陈小华，等.碳纳米管的表面修饰及其应用 [J].机械工程材料，2007，31（11）：1-9.

[20] 杨孝智，高静，贺婷婷，等.碳纳米管对水体重金属污染物的吸附/解吸性能研究进展 [J].应用化工，2011，40（4）：692-695.

[21] 马杰，虞琳琳，金路，等.改性碳纳米管原始样品吸附亚甲基蓝的性能研究 [J].环境化学，2012，31（5）：646-652.

[22] Long R Q, Yang R T. Carbon nanotubes as superior sorbent for dioxin removal [J].Journal of the American Chemical Society，2001，123（9）：2058-2059.

[23] 高静，徐殿斗，马玲玲，等.碳纳米管对水体有机污染物的吸附研究进展 [J].化工新型材料，2011，39（11）：6-8.

[24] 苗茵，王红宇，刘新华，等.内蒙古天然沸石的吸附、交换能力及热稳定性 [J].内蒙古大学学报（自然科学版），1996，27（2）：198-202.

[25] 张寿庭，赵鹏大，陈建平，等.天然沸石吸附性能与阳离子组分之间的关系 [J].地球化学，2001，

30（5）：477-482.

[26] 李筱一，缪旭红.针织气体过滤材料的应用与开发 [J].产业用纺织品，2015（7）：34-37.

[27] 吴小缓，廖述聪，何仕均，等.水处理用陶粒滤料的研究现状 [J].粉煤灰综合利用，2015（3）：49-52.

[28] 李建平.过滤用多孔陶瓷的制备及其渗透性能研究 [D].天津：天津大学，2012.

[29] 赵春辉.复合沸石滤料的制备及其处理生活污水试验研究 [D].济南：济南大学，2010.

[30] 叶玲.蒙脱土的改性及其应用研究 [D].厦门：华侨大学，2005.

[31] 李永峰.现代环境工程材料 [M].北京：机械工业出版社，2012.

[32] 陆雪非，张玉先，李风亭.刻蚀电子线路板废液制取混凝剂研究 [J].给水排水，2001，27（3）：60-62.

[33] Baylis J R. Silicates as aids to coagulation [J]. Journal of the American Water Works Association，1937，29（9）：1355-1396.

[34] 惠泉.反相乳液聚合和水分散聚合制备阳离子聚丙烯酰胺及其絮凝性能研究 [D].青岛：青岛科技大学，2008.

[35] 刘中卫，熊蓉春，魏刚.两性聚丙烯酰胺的制备及其絮凝性能研究 [J].北京化工大学学报（自然科学版），2008，35（6）：45-48.

[36] 吴宣宣.碱木质素基阳离子絮凝剂的合成及其应用研究 [D].上海：东华大学，2015.

[37] 李永峰.现代环境工程材料 [M].北京：机械工业出版社，2012.

[38] 冯玉杰，刘峻峰，崔玉虹，等.环境电催化电极——结构、性能与制备 [M].北京：科学出版社，2010.

[39] 国家环境保护总局，《水和废水监测分析方法》编委会.水和废水监测分析方法 [M].4版.北京：中国环境科学出版社，2002.

[40] 曲长红.不同结构纳米二氧化钛的制备及其物性研究 [D].长春：吉林大学，2007.

[41] 宋优男.改良型 ZnO 光催化剂的制备及其光催化降解抗生素废水的研究 [D].西安：长安大学，2013.

[42] 裴鹏.纳米二氧化钛光催化降解水中污染物 [D].上海：复旦大学，2011.

[43] 赵小川.中空球型纳米 Bi_2WO_6 的制备及光催化降解水中有机污染物的研究 [D].新乡：河南师范大学，2011.

[44] 刘志峰.绿色设计方法、技术及其应用 [M].北京：国防工业出版社，2008.

[45] 翁瑞，冉锐，王蕾.环境材料学 [M].2版.北京：清华大学出版社，2011.

[46] 杨建新.产品生命周期评价方法及应用 [M].北京：气象出版社，2002.

[47] 张剑波.环境材料导论 [M].北京：北京大学出版社，2008.

[48] 聂祚仁，王志宏.生态环境材料学 [M].北京：机械工业出版社，2004.

[49] 应启肇.环境·生态与可持续发展 [M].杭州：浙江大学出版社，2008.